桑德斯兽医实践解决方案丛书

SAUNDERS SOLUTIONS IN VETERINARY PRACTICE

小动物胃肠病学图谱

Small Animal Gastroenterology

丛书主编：Fred Nind　　原著：Marjorie Chandler

译：胡延春　　主审：夏兆飞

- 精典的病例和处理方案
- 精心的设计，图文并茂
- 临床宠医和进修用书的最好选择

中国农业科学技术出版社

著作权合同登记号：图字 01-2016-2657

图书在版编目（CIP）数据

小动物胃肠病学图谱 /（英）马乔里钱德勒
(Marjorie Chandler) 著；胡延春译 . — 北京：中国农业
科学技术出版社，2016.4

ISBN 978-7-5116-2538-0

Ⅰ. ①小… Ⅱ. ①马… ②胡… Ⅲ. ①动物疾病 – 胃
肠病学 – 图谱 Ⅳ. ① S856.4-64

中国版本图书馆 CIP 数据核字（2016）第 050891 号

责任编辑　徐　毅　张志花
责任校对　贾海霞

出 版 者　中国农业科学技术出版社
　　　　　北京市中关村南大街 12 号　　邮编：100081
电　　话　（010）82106636（编辑室）
　　　　　（010）82109702（发行部）
　　　　　（010）82109709（读者服务部）
传　　真　（010）82106631
网　　址　http://www.castp.cn
经 销 者　各地新华书店
印 刷 者　北京卡乐富印刷有限公司
开　　本　787mm×1 092mm　1/16
印　　张　16.5
字　　数　370 千字
版　　次　2016 年 4 月第 1 版　2016 年 4 月第 1 次印刷
定　　价　198.00 元

ELSEVIER

Elsevier (Singapore) Pte Ltd.
3 Killiney Road
#08-01 Winsland House I
Singapore 239519
Tel: (65) 6349-0200
Fax: (65) 6733-1817

Saunders Solutions in Veterinary Practice: Small Animal Gastroenterology, 1/E
© 2011 Elsevier Ltd. All rights reserved.
ISBN-13: 9780702029103

This translation of Saunders Solutions in Veterinary Practice: Small Animal Gastroenterology, 1/E by Marjorie Chandler was undertaken by China Agricultural Science & Technology Press and is published by arrangement with Elsevier (Singapore) Pte Ltd.

Saunders Solutions in Veterinary Practice: Small Animal Gastroenterology, 1/E by Marjorie Chandler 由中国农业科学技术出版社进行翻译，并根据中国农业科学技术出版社与爱思唯尔（新加坡）私人有限公司的协议约定出版。

小动物胃肠病学图谱（胡延春　译）

ISBN: 9787511625380

Copyright 2015 by Elsevier (Singapore) Pte Ltd.

Notice

This publication has been carefully reviewed and checked to ensure that the content is as accurate and current as possible at time of publication. We would recommend, however, that the reader verify any procedures, treatments, drug dosages or legal content described in this book. Neither the author, the contributors, the copyright holder nor publisher assume any liability for injury and/or damage to persons or property arising from any error in or omission from this publication.

致　谢

我要感谢我的先生吉姆·阿香博（Jim Archambeault），感谢他的支持与疼爱，以及忍受失去许多美好的周末假期时光。

感谢妮琪·利德（Nicki Reed）贡献了 3 个极具参考价值的猫病例。

感谢弗雷德·尼德（Fred Nind）对我的鼓励，并非常努力地为我审阅每个病例。

感谢爱丁堡大学小动物教学医院的同事和朋友对我一如既往的鼓励、帮助和对复杂病例的洞察。特别感谢协助本书绘图的人员：卡罗来纳·乌拉卡·德尔·洪科（Carolina Urraca del Junco，也感谢他热心提供病例）、托比亚斯·施瓦茨（Tobias Schwarz）、唐纳德·佑尔（Donald Yool）、埃尔斯佩思·米尔恩（Elspeth Milne）、马塞尔·科瓦里克（Marcel Kovalik）、埃尔森·芮代德（Alison Ridyard）、杰夫·卡尔索（Geoff Culshaw）和丹尼尔·冈摩尔（Danielle Gunn-Moore）。

感谢住院医师的辛劳以及对工作的热诚。

格兰特·吉尔福德（Grant Guilford），兽医胃肠科学与营养学家，也是我卓越的导师。感谢他从我担任住院医师以来的指导、启发和鼓舞。

感谢许多兽医师将病例转诊至本校教学医院，也感谢病宠以各种方式督促我们学习，并让我们从诊疗之中获得了惊喜。

内容简介

　　《桑德斯兽医实践解决方案》是一套涵盖所有伴侣动物临床实践学科的系列丛书。本系列丛书并非详尽地介绍各项主题的所有知识，也并非标准的教科书。其内容来自常见的案例和极具挑战性的转诊病例，希望能以临床上常见的真实状况提供给读者更实用的信息。本丛书适用于对特定领域有兴趣的临床医师，或正准备专科医师认证的兽医师阅读。本书以病患出现的临床症状（而不是病理学特征）编排，正符合兽医师的诊疗程序。

　　每个病例除了介绍病理外，也涵盖了在动物医院与家中需注意的护理细节。因此，希望本书对于即将接触本科目的兽医系学生，以及临床医生和兽医护理人员有所帮助。

　　许多兽医师有接受继续专业教育的义务，也建议其他相关从业人员进行再教育。本系列丛书将提供您继续专业教育的资源，不但方便查找，而且可与同事好友共享，且可随时阅读。对于繁忙的兽医从业人员，也可透过饶有兴趣及挑战性的病例，在诊断和治疗方面提供极具权威性的知识。出版本系列丛书的灵感源自乔伊斯·瑞迪珲斯（Joyce Rodenhuis）与玛丽·西格（Mary Seager），感谢两位对出版本系列书籍的远见，以及在出版过程中的鼎力支持和指导。

胃肠病学

　　宠物胃肠失调会让几乎所有宠物主人都感到非常苦恼。尽管简单的病例可以通过管理的改变达到康复的目的，复杂的胃肠道疾病却可能持续数月或数年甚至难以根治，严重的胃肠道疾病还可造成病宠迅速死亡。本书帮助您在令人眼花缭乱的胃肠疾病检验中抓住重点，了解错综复杂的致病机制，宠物主人也会因为省去清理卧室内的稀便与呕吐物而由衷地感谢您。

作者的话

在小动物临床实践中，胃肠道紊乱是最为常见的临床症状。它可能源于胃肠道本身的疾病，如炎症、梗阻或肿瘤，也可能继发于其他器官的疾病，如肾上腺皮质功能低下或肝门脉分流等。

由于多种潜在的病因和某些病例的复杂性，本书采用对诊断病例有所帮助的问题导向法。在以问题为导向的医学中，每个临床病例皆需进行鉴别诊断。这种分析方法有助于临床医师选择优先进行的诊断检验，并降低错诊问题的可能性。

本书以主要临床症状进行分类。每一节病例介绍开始之前，有关于正常功能和疾病的病理生理学的简短讨论。本书范围包括吞咽障碍和逆流、呕吐、小肠性腹泻、血便与黑便、结肠疾病。病患常出现多个临床症状，因此讨论范围明显相互有叠加。病例主要根据临床症状来分类。本书无法囊括所有的胃肠道病例，但我们试图将常见至罕见、简单至复杂的病例呈现给读者。

针对每个病例，我们也进行了病理生理学、治疗、结果和预后的讨论。附录中还提供了更多的相关信息。

目　录

部分 1　吞咽困难与障碍

部分 2　呕　吐

部分 3　腹　泻

部分 4　血便与黑便

部分5 结肠与结肠疾病

附 录

部分

1

吞咽困难与障碍

1 吞咽与逆流

食道与吞咽

食道可分为颈段、胸段和腹段 3 部分。

颈段食道位于颈部腹侧及气管左侧；胸段食道在气管分叉之前位于气管左侧，气管分叉后移至位于背侧的主动脉弓右侧；腹段食道位于横膈膜和胃之间。狗的食道肌肉层均为横纹肌，而猫的后段食道（胸、腹段食道）为较多的平滑肌，最后 2~3 cm 完全由平滑肌组成。

胃－食道括约肌（GES）的功能主要是维持食道和胃之间的高压状态，使胃内容物不易逆流进入食道。食物的种类可影响 GES 的压力，蛋白质可使 GES 压力上升，可能与胃泌素（gastrin）分泌增加有关；脂肪可刺激胆囊收缩素（cholecystokinin）分泌，并抑制造成压力上升的胃泌素分泌，使 GES 的压力降低。

GES 可短暂松弛以便排出气体，此时液体也可能逆流进入食道。这是一种正常现象，但有些狗可能会发生过度逆流现象或因食道清除胃酸的速率过缓而造成食道炎。

吞咽包括 3 个协同阶段：咽、食道和胃－食道。咽部与食物接触后刺激其产生蠕动性收缩，从舌基部将食物推送至咽部，再进入食道内。食道内的食团，最初是由咽产生的第一次蠕动波推进的。如果第一次蠕动波无法将食团带进胃内，局部食道扩张会产生第二次蠕动波。狗的食道蠕动速度比猫快，以水为例，狗为 80~100 cm/s，猫则为 1~2 cm/s。

吞咽障碍

吞咽障碍是指由于功能失调或物理性的阻塞引起的吞咽困难。功能失调可能出现在口腔、咽或食道。

逆流

逆流是指食物或唾液从咽部或食道喷出，常常因为食道疾病而引起。

尽管有动物呕吐与逆流同时发生，但逆流与呕吐是有区别的。逆流通常是一种被动行为，无反胃症状。有些动物会因食物在咽部而干呕，被误认为是主动行为。

逆流的食物是未经消化的，并可能在食道内形成圆筒状。其 pH 值并非偏酸性，尽管胃内容物也不一定永远都维持酸性，不能通过 pH 值来区分逆流和呕吐。逆流出的物质几乎不含胆汁，除非逆流之前发生过胃－食道逆流。逆流可能在进食后立即发生，也可能在进食过数小时后才发生，尤其当病灶位于颈部食道后段或胸部食道段时更明显。

部分逆流的动物可能出现吞咽困难，甚至出现试图反复吞咽的现象。逆流和出现咳嗽、呼吸困难或发烧的动物易继发吸入性肺炎。一些患有食道疾病的动物，也可能因消化物通过鼻咽部开口进入鼻腔，而出现鼻分泌物。

慢性逆流除了引起动物吸入性肺炎外，因其无法摄取足够的营养，出现体重下降或生长缓慢。

逆流的诊断

根据临床症状可以初步诊断为食道疾病，确诊为逆流可配合放射学和内窥镜检查。除了饮水不足造成脱水之外，逆流通常不会影响血液学和血清生化学指标。

放射学检查

由于食道的密度和颈部及纵膈周围结构的密度差异不大，因此在 X 线平片中不易分辨，只有在吞咽时正常的食道处于塌陷状。犬的食道黏膜具有平行纵向线（图 1.1），而猫的后段食道具有斜向黏膜皱襞（图 1.2）。

若食道内有空气，可能是吞气症（aerophagia）、巨食道症（megaoesophagus）、食道炎（oesophagitis）或食道阻塞所致。食道的放射学不透明度增加，可能是食道阻塞或食物滞留造成的。

确诊食道功能障碍常采用正造影荧光透视法，评估食道运动功能。当出现急性窒息、干呕、急性或慢性逆流、吞咽困难或食入异物时，可采用此法进行检查。

近段食道扩张但远段食道正常，表示血管环异常（vascular ring anomaly）或食道狭窄（oesophageal stricture）。其他原因引起的巨食道症（megaoesophagus）通常会造成全段食道扩张。一旦确诊为全食道巨食道症，如果可能应进行诊断性检查，查明重要发病原因。

临床小提示：口服造影剂

病宠应在检查前 4~6 h 禁食。使用造影剂前先进行透视镜检查，以确保病宠的姿势可清楚地看到食道。通常此时也会拍摄 X 光平片。建议尽可能不使用镇静剂，因为镇静会增加吸入性肺炎的风险并影响食道的运动。一些病例可使用低剂量的乙酰丙嗪（acetylpromazine，0.01 mg/kg，缓慢静脉注射或肌内注射）而不会影响食道的运动。缓慢口服或混入食物给予液态钡剂，可评估固态物体的吞咽功能。也可将钡剂注入棉花糖内让病宠食入，用于检查液态钡剂无法检查到的食道壁内疾病（此方法不适用于猫）。如果怀疑有穿孔，建议使用含碘造影剂，相对钡制剂而言，刺激性更小。

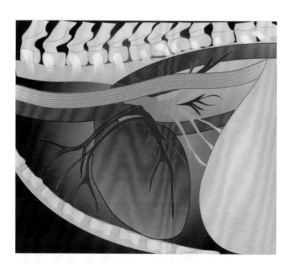

图 1.1　犬的正常食道

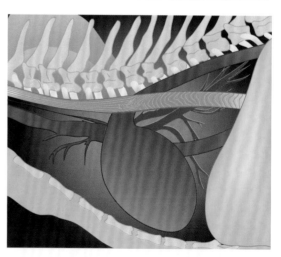

图 1.2　猫的正常食道

正常犬猫口服钡剂后应立即侧卧保定，部分钡剂会残留在颈部食道后段和胸部食道前段，一般不会发生逆向蠕动（即食物退到食道内，或从胃回流至食道）。通常可以在第一阶段的吞咽过程中看到食物团块与钡剂进入食道内，有时需要第二阶段的吞咽过程才能将所有食物移入胃内。吞咽后食道内出现长条纹的钡剂是正常现象（图 1.3）。

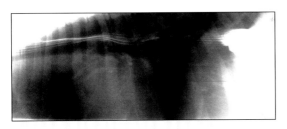

图 1.3　正常食道内钡餐残留所呈现的长条纹影像（摘自 Dr. Tobias Schwarz）

食道内窥镜可以用来排除巨食道症的病因，如食道炎、肿瘤和放射线可穿透的异物，尽管在麻醉状态下难以评估动物的食道大小。正常猫的食道由于横向的食道褶皱，可见环状构造（图 1.4）。

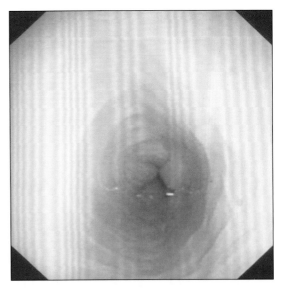

图 1.4　正常的猫食道内视镜影像（摘自 Prof. Danielle Gunn-Moore）

若已诊断为全食道巨食道症，应进行其他检查，找出重要病因。检查内容包括：全血计数、血清生化检查、尿液分析、血铅水平、肌酸激酶（creatine kinase）含量、乙酰胆碱受体（acetylcholine receptors）、抗体检测（检查重症肌无力）、肾上腺及甲状腺功能评估。根据动物的症状、病史和神经系统检查，判断是否需要进行其他附加的诊断性检查，如肌电图、神经传导速度和肌肉活检等。

2 犬自发性巨食道症

基本资料与主诉

基本资料：德国牧羊犬，2 岁，雄性，已绝育，体重 23.1 kg。

主诉：病犬每 1~3 d 呕吐与逆流一次，至少持续 6 个月；并发体重减轻和咳嗽（最近 2~3 周）。

病史

病犬 6 个月前在宠物救助中心，主人收养后，从宠物商场购买驱虫药物定期进行驱虫，并在领养时接种了疫苗。

病犬吐出的食物大多是不含胆汁未消化的食物，偶尔为含胆汁经过消化的食物。病犬会在进食后数分钟至一个小时左右吐出食物，吐出食物时腹部无明显表现，虽然有时出现一系列的呕吐动作，但经确认为逆流。

病犬在 2 周前偶尔出现咳嗽，并伴有运动耐受度下降。病犬的排便正常，饮水量和尿量并没有变化。主人估计病犬在过去几周内体重减轻了 8 kg。

病犬的平日饮食是混合干饲料与罐头，且通常每日采食两次，病犬不吃残羹剩饭，也没有在垃圾堆中找食物的习惯。过去 2~3 周病犬的食欲下降，但在此之前正常。

病犬先前的治疗包括口服西咪替丁与胃复安，主人认为呕吐或逆流的频率略有缓解。

理学检查

病犬精神良好，反应敏捷。身体状况评分（BCS）为 2/9，黏膜呈粉红色，微血管再充血时间（capillary refill time）少于 2 s，胸腔听诊时未发现心音和呼吸音异常，心跳 90 次/min，呼吸 36 次/min。触诊腹部时没有疼痛反应，肛温为 38.8 ℃。

观察病犬进食时发现，病犬能衔咬食物，形成正常的食团并能正常吞咽。因此排除咽部疾病导致逆流的可能。

临床小提示

鉴别逆流与呕吐具有一定挑战性，且某些病患两者皆会发生。进食后呕出的时间点不一定能用来鉴别逆流与呕吐，有些病患会在进食后立刻呕吐，而有些可能在进食后数小时才发生逆流，尤其是巨食道症患者（表 2.1）。

问题与讨论

- 呕吐
- 逆流
- 体重减轻

尽管病犬偶尔出现呕吐表现，但主要问

表 2.1　逆流与呕吐的鉴别

临床症状	逆流疾病 / 食道疾病	呕吐
腹部收缩状态	无	有
进食后吐出食物的时间	立刻延时至数小时	延迟数小时后发生，或立刻发生
食物的外观	未消化	部分消化，可能带有胆汁
内容物的 pH 值	中性或碱性	一般为酸性，碱性食物也可能呕吐

题是逆流。体重减轻可能是由于逆流造成对食物的吸收不良所致。

鉴别诊断

关于逆流

- 食道炎
- 巨食道症，可能由自发性原因或因其他潜在疾病造成
- 食道阻塞性疾病，如狭窄、肿瘤、异物等
- 食道裂孔疝（Hiatal hernia）
- 血管环异常：幼犬常出现，成年犬发生的可能性低
- 感染狼尾旋线虫（Spirocerca lupi）造成的肉芽肿：几乎不可能，因为英国并非这种寄生虫的流行区域，病犬也没有离开英国的记录
- 食道憩室

关于呕吐

- 胃部疾病
  - 异物
  - 胃炎
  - 溃疡
  - 慢性部分扩张 - 扭转
  - 肿瘤
- 小肠疾病
  - 异物
  - 炎性肠道疾病

- 肿瘤
- 寄生虫
- 肠套叠
- 大肠疾病（不太可能，因为没有结肠疾病的症状）
  - 结肠炎
  - 顽固性便秘
- 全身性疾病
  - 胰脏疾病
  - 肾上腺皮质功能低下症（hypoadrenocorticism）
  - 糖尿病
  - 肝脏疾病
  - 腹膜炎
  - 肾脏病 / 尿毒症（不大可能）
- 饮食因素
  - 对食物的不良反应（过敏或不耐受）
  - 饮食不当

病例的检查与处置

常规检查

进行血液学、血清生化学和尿液常规检查。

血液学检查结果显示有轻微的正常红血球正常色素性贫血，血容比为 0.334 L/L（参考范围 0.37~0.55 L/L），成熟嗜中性粒细胞数量升高，为 18.5×10^9 L/L [参考范围（3.6~12）× 10^9 L/L]。血清生化检验结果除了白蛋白 22 g/L

（参考范围26~35 g/L）略低之外，其余无异常。

尿检未见异常。尿比重1.038，验尿试纸结果在正常范围之内，尿渣无异常。

粪检发现蛔虫卵，因此每天口服芬苯达唑 50 mg/kg，连续 3 d。

影像学检查

胸腔 X 线检查发现：有明显的巨食道症和气管向腹侧偏移，且气管有明显的环状条纹（图 2.1）。X 线侧位片发现，在心尖和心脏前侧的肺部影像不透明度增加，呈现间质性 – 肺泡性形态（interstitial-alveolar pattern），该特征与吸入性肺炎相符。

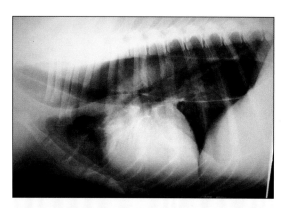

图 2.1　胸部 X 线检查发现食道扩张（摘自 Dr. Tobias Schwarz）

诊断

巨食道症伴吸入性肺炎。巨食道症可能由某些潜在疾病引起，也可能是自发性的；较常见的潜在疾病鉴别诊断包括：

- 重症肌无力
- 多发性肌病（polymyopathy）
- 自律神经失调
- 食道阻塞性疾病（异物、狭窄、肿瘤、食道外部压迫）
- 铅中毒
- 肾上腺皮质功能低下症（hypoadrenocorticism）

- 甲状腺功能低下症（有可能）

进一步检查

病犬症状与多发性肌病或自律神经失调一致。进一步的检验包括血清肌酸激酶（serum creatinine kinase）和 AST 浓度，结果皆在正常范围内，因此罹患多发性肌病的可能性不高。

理学检查、泪液分泌试验（Schirmer tear test）和毛果芸香碱反应试验，也证实与自律神经失调无关。

血铅浓度为 0.02 μmol/L，在正常参考范围内。数值大于 1.21 μmol/L 表示可能铅中毒。

促肾上腺皮质激素刺激试验（Adreno-corticotropic hormone stimulation test）：刺激前后血清皮质醇（cortisol）浓度分别为

临床小提示：毛果芸香碱反应试验

怀疑自律神经失调的病例，如果瞳孔受到影响将稀释的毛果芸香碱（0.05 %）滴一滴在一只眼睛内，每 15 min 观察一次瞳孔直径，共 1 h。大部分正常的狗不会对 0.05 % 毛果芸香碱有反应，因此在 60 min 内的反应也不大。若滴入毛果芸香碱造成瞳孔缩小，表示失去神经支配造成过度敏感现象（denervation supersensitivity），可证实自律神经失调。但是，并非所有自律神经失调病例都会对稀释的毛果芸香碱有反应，可能需要一段时间，才会诱发失去神经支配造成的过度敏感现象。抗胆碱类药物中毒可能会出现许多自律神经失调症状，毛果芸香碱反应测试可有效排除抗胆碱类物质（anticholinergic）中毒。使用抗胆碱药物会阻断瞳孔对毛果芸香碱的反应（第 8 章）。

89 mmol/L、321 mmol/L，可排除非典型的肾上腺皮质功能低下症（这类的肾上腺皮质功能低下症，只有皮质类固醇浓度不足，但盐皮质激素浓度足以维持正常的血钾与血钠水平）。

病犬血清乙酰胆碱受体抗体效价为 0.02 nmol/L，正常。数值大于 0.6 nmol/L 可诊断为重症肌无力，但有 15% 罹患重症肌无力的犬，其抗体效价可能不会上升。

病犬的血清总甲状腺素（total scrum thyroxine）浓度略低于参考范围，为 12.9 nmol/L（参考范围 13~52 nmol/L），促甲状腺激素（TSH）浓度为 0.13 ng/mL，参考范围为 0.41 ng/mL 以下。此病最有可能诊断为轻度甲状腺功能正常病态综合征（euthyroid sick），即其他因素引起的甲状腺功能低下，并非真正的甲状腺疾病。

内窥镜检查

内窥镜检查发现：食道非常大且弛缓，食道褶皱内有发酵的食物和液体，并可见远端食道有轻度食道炎、胃炎和十二指肠炎。胃和十二指肠黏膜的组织病理学检查发现，轻度淋巴球性浆细胞性（Lymphocytic plasmacytic）炎症。

讨论

胃和小肠的轻度炎症可能是病犬呕吐的原因。每日口服两次甲硝唑（10 mg/kg），持续一个月，并给予新的蛋白质和易消化食物，呕吐症状已成功治愈。

逆流现象可能与此疾病无关。逆流性食道炎会造成逆流，进而导致食道扩张，但此病犬的食道扩张程度，远大于逆流性食道炎

可能造成的程度。尽可能排除潜在病因后，最有可能的诊断结果为自发性巨食道症。

自发性巨食道症的治疗

内科治疗

采用支持疗法来治疗自发性巨食道症，包括将食物与水盆置于高处，利用重力帮助吞咽（图 2.2），并饲喂高热量的食物。有些犬喜欢液体或软性食物，有些则喜欢肉丸类食物，因此要为病犬量身制定适当的食物。

图 2.2　高处给食法

目前已试过许多促进胃肠蠕动的药物，试图以药物来改善罹患自发性巨食道症病犬的食道动力，但均不成功。能减少胃食道括约肌张力的抗胆碱药物，理论上应有所帮助，但事实上却非如此，反而可能对患有吸入性肺炎或有逆流性食道炎的病犬有害。而本病例似乎这两种状况皆有。

外科治疗

曾尝试以类似治疗食道失弛症（achalasia）的肌切开术（myotomy）来治疗巨食道症，但经手术治疗的病犬，比手术前更加严重，因此不建议进行外科治疗。

流行病学

食道扩张常造成逆流，先天性自发性巨食道症是犬最常见的形式。刚毛猎狐㹴（wirehaired fox terrier）的自发性巨食道症是单一常染色体隐性基因遗传的（simple autosomal recessive gene），迷你雪纳瑞则为单一常染色体显性基因遗传（simple autosomal dominant），或60%外显率（penetrance）的常染色体隐性遗传。德国牧羊犬、大丹犬、爱尔兰雪达犬和中国沙皮犬也是巨食道症的好发品种。

病理生理学

自发性巨食道症可能是由于吞咽反射传入神经支的损伤，造成食道丧失蠕动功能。食道内需要有食物或液体来产生感觉刺激，以触发吞咽过程，或许就是这种吞咽反射受到影响所致。

预后

自发性巨食道症患犬的预后有待观察，有些年轻患犬经过一段时间后会康复。一旦出现慢性扩张，食道可能形成不可逆的损伤。许多病患最终会死于吸入性肺炎，或由于慢性营养不良导致衰弱而被安乐死。

3 犬重症肌无力

基本资料与主诉

基本资料：2 岁龄，雄性，已绝育的杂交牧羊犬，体重 19.8 kg。

主诉：逆流，咳嗽且虚弱 / 运动乏力。

病史

病犬就诊前 2 个月，运动耐受度逐渐下降，开始出现食物及水分的逆流。逆流通常发生在进食后几分钟内，偶尔会在没有进食的状况下吐出泡沫。逆流出的食物是成形且未消化的。病犬的食欲良好，当病犬逆流出大量食物时，主人会改喂极少量的食物。

病犬逐渐不愿散步，且散步几分钟后，会坐下或躺下休息。坐卧时意识清醒，且通常经过短暂的休息后愿意继续散步。在一周前开始咳嗽，且呼吸吃力。病犬的粪便成形，并可正常排便，排尿亦无异常。

宠物主人饲养该犬一年左右，疫苗接种和驱虫记录完整。

理学检查

病犬虽然文静但反应灵敏，在检查过程中较喜欢躺在诊室的地板上。病犬在户外不愿意走路，且步态异常（图 3.1）。身体状况的评分为 4/9。病犬的黏膜呈粉红色，微血管再充血时间少于 2 秒，脉搏强度良好。

胸腔听诊时心音正常，但左肺有爆裂音。心跳每分钟 140 次；呼吸每分钟 60 次，略显吃力。

腹部触诊时无疼痛反应，未发现异常。肛温为 39.1 ℃。

问题与讨论

- 逆流
- 虚弱和运动乏力
- 咳嗽

病犬逆流的状况可能是由于：
- 巨食道症
- 食道狭窄
- 食道炎
- 食道运动功能障碍
- 食道裂孔赫尔尼亚（Hiatal hernia）
- 由于病犬逆流已持续一段时间，因此不太可能是食道中有异物

多种全身性疾病会引起虚弱和运动乏力，包括心肺疾病、代谢性疾病（如甲状腺功能低下症、肾上腺皮质功能低下症）、神经系统疾病（如多发性神经病变、重症肌无力）、肌肉病变或因其他疾病引起的疼痛。

上、下呼吸道疾病或心脏疾病皆可造成咳嗽。由于听诊病犬时肺部出现爆裂音，因

图 3.1　罹患重症肌无力的病犬，呈现虚弱、步态异常等症状

此怀疑罹患下呼吸道（肺）疾病。爆裂音为不连续且不悦耳（non-musical）的声音，原理为呼吸道压力波动，或当空气快速通过充满液体或黏液的肺泡时，产生爆裂音，当有液体在食道内时，偶尔也可以听到爆裂音。

病例的检查与处置

临床病理学检查（常规检查）

进行血液学、血清生化学检查和尿常规检查。血液学检查结果显示：嗜中性粒细胞增加且核轻微左移，与发炎症状相符。血清生化与尿检。结果皆无异常。血清基础皮质醇为 132 nmol/L（参考范围 20~230 nmol/L）。

> **临床小提示：基础血清皮质醇**
>
> 血清基础皮质醇浓度数值为 70 nmol/L 或更高，可有效地排除罹患肾上腺皮质功能低下症的可能性。如果该值小于 70 nmol/L，应进行促肾上腺皮质激素刺激检测（ACTH stimulation test）以确认是否罹患此病。

影像学检查

> **临床小提示：逆流病例的影像学检测**
>
> 胸腔 X 线平片检查有助于排除巨食道症，并可筛检心肺疾病。钡餐造影，配合使用透视镜检查，来确认是否有食道运动障碍或裂孔赫尔尼亚，但本病例有咳嗽的情况，可能增加吸入性肺炎的风险。

胸腔 X 线检查显示食道扩张，且呈现支气管肺泡形态（bronchial alveolar pattern），特别是左前腹侧肺叶，显示有吸入性肺炎（图 3.2 和图 3.3）。

神经系统检查

尽管在散步数分钟后，病犬的步态开始呈现僵硬、不连贯且会弓背，但神经系统检查的结果大致无异常。病犬躺下，后腿开始震颤，短时间内无法再次站立。经过一段时间休息后，病犬又可以再度行走，但相同的情形会再次发生。由于此病犬有典型的重症肌无力症状，因此施行 edrophonium（短效胆

> **临床小提示：腾西隆试验**
>
> 氯化腾西隆 [Edrophonium chloride（Tensilon）] 反应测试可用来诊断重症肌无力。让猫或犬运动（如有必要）直到它们坐下、躺下或步态开始变得异常，静脉注射 0.1~0.2 mg/kg 的氯化腾西隆。若测试结果为阳性，动物的运动状态会在数分钟内暂时改善。腾西隆无法改善食道肌肉的运动情形。本测试结果不易判断，假阳性、假阴性可能大，因此常作为辅助测试而非用于确诊。

碱酯酶抑制剂腾西隆）反应测试。

　　病犬对测试的反应极大，病犬立刻站立，并愿意在走廊上小跑步，此测试反应结果与初步诊断的重症肌无力相符。

　　重症肌无力的标准诊断方法为：血清抗体对从 α - 银环蛇毒素中萃取的乙酰胆碱受体产生反应，此检测方法具有高度专一性，约有 15% 被怀疑有重症肌无力的患者其血清抗体呈阴性（附录 6）。

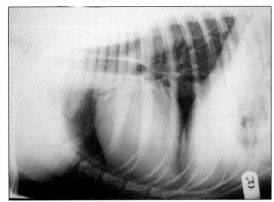

> ### 护理小提示
>
> 　　对病犬采用巨食道症的喂食方式，从高处少量多餐给食。食物的种类应依照患病动物的喜好，以罐头食品的肉丸喂食本病犬时，逆流的情况较少发生。饮水也由高处提供。
>
> 　　对于吸入性肺炎，除了抗生素治疗外（见下文），一天进行 4 次的喷雾治疗与叩击排痰（coupage），有助于缓解肺瘀血。

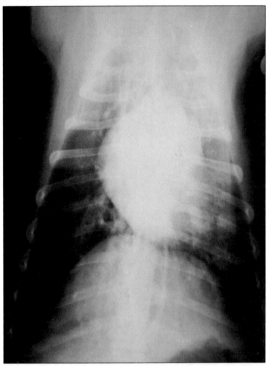

图 3.2 和图 3.3　胸腔 X 线腹背位片，可见食道扩张

内科治疗

　　治疗初期，每 8 h 口服吡斯的明（pyrido-stigmine）15 mg，投药方法为将药片藏在食物内。因有些巨食道症的病犬无法口服药物，因此治疗初期需要每 6 h 肌内注射新斯的明（neostigmine）0.04 mg/kg。

　　以抗生素治疗吸入性肺炎的选项有：每 24 h 口服马波沙星（marbofloxacin）2 mg/kg，每 12 h 口服阿莫西林 - 克拉维酸（clavulanate potentiated amoxicillin）15 mg/kg 以及每 12 h 口服克林霉素（clindamycin）7.5 mg/kg。控制吸入性肺炎，通常使用多种抗生素，对革兰氏阴性和革兰氏阳性、好氧和厌氧细菌都有良好的抑制效果。

追踪

　　送交的血清乙酰胆碱（Ach）受体抗体检测，结果为 2.8 nmol/L，高于参考值，确诊为重症肌无力。当值大于 0.6 nmol/L，即可诊断为重症肌无力。

　　病犬 2 周后复诊，步态接近正常，且已无咳嗽情形，虽仍偶发逆流，但频率已下降。

讨论与流行病学

后天性犬重症肌无力为一种自体免疫性疾病，自体抗体会直接攻击肌肉突触后的烟碱乙酰胆碱受体（nicotinic acetylcholine receptors）（图 3.4）。因持续刺激胸腺产生抗体，某些病例会并发胸腺瘤。猫罹患此病的概率比犬高。

后天性重症肌无力是犬最常见的神经肌肉疾病。研究发现下列品种罹患后天性重症肌无力的危险性相对较高：秋田犬、苏格兰㹴、德国短毛指示犬（German shorthaired pointer）和吉娃娃；阿比西尼亚猫（Abyssinian）和索马里猫（Somali）。另外，纽芬兰犬（Newfoundlands）和大丹犬有家族遗传性重症肌无力。

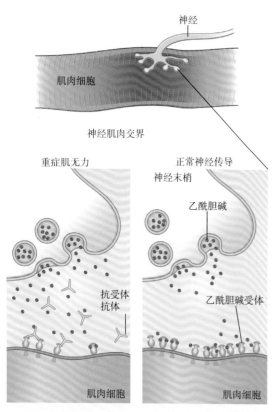

图 3.4　乙酰胆碱受体与抗体攻击受体的作用

典型的症状包括肌肉无力，可能是全身性肌肉无力（如本病例），或局部性肌肉无力（仅影响食道面部肌肉、咽或喉部）。也可能出现急性、严重性的肌肉无力，通常会导致全身性肌肉无力，造成四肢快速瘫痪和呼吸困难。大约 90% 罹患全身性重症肌无力的病犬，也同时罹患巨食道症。罹患后期重症肌无力的病犬死亡率达 50%。一位专科医师表示，食道扩张造成的逆流常被误诊为呕吐，导致死亡率过高。未及时发现逆流，通常会造成治疗方向的错误，并增加吸入性肺炎发生的风险。

以抗胆碱酯酶药物治疗，如吡斯的明（pyridostigmine），可延长乙酰胆碱与受体的作用时间。开始应先以低剂量给药后再缓慢增加，以达到治疗效果。这种治疗方法对食道运动力无副作用。有些研究建议使用氢化泼尼松（prednisolone），由于氢化泼尼松会使肌肉无力的情况恶化，不适用于肺炎的病犬，因此不应与抗胆碱酯酶药物并用。仅当用抗胆碱酯酶药物效果不理想时，才建议隔日口服低剂量的氢化泼尼松（0.5 mg/kg）。

罹患重症肌无力的雌性犬猫，在症状获得控制后应尽快绝育，因为发情周期和怀孕可能会使病情更加恶化。接种疫苗可能会加剧临床症状。另外，还应避免使用可能会影响神经 – 肌肉神经传递的药物，如氨比西林、氨基糖甙类抗生素、抗心律不齐药物、吩噻嗪类药物、麻醉剂和肌肉松弛剂。有机磷滴剂也可能添加吡斯的明，导致胆碱危机（cholinergic crisis），即抗胆碱酯酶药物过量。

预后

许多罹患重症肌无力的动物，在确诊后一年之内会自行康复，但整体的预后有待观察，约 50% 的病患因吸入性肺炎死亡。本病例的初期反应良好，且初期的预后是审慎乐观的（图 3.5）。

图 3.5　重症肌无力病犬，经治疗后可见肌肉力量逐渐恢复

4 猫食道狭窄

基本资料与主诉

基本资料：9 岁，雄性，已绝育的暹罗猫，体重 3.5 kg。

主诉：逆流。

病史

病猫就诊前 3 周曾进行例行性麻醉洗牙，在此之前并无罹患过任何疾病。洗牙之后病猫开始出现逆流，逆流物为泡沫和未消化的食物，不含胆汁，偶尔出现干呕的现象。

病猫定期驱虫，每年接种疫苗。曾罹患关节炎，并曾以美洛昔康治疗。病猫可在室内外随意走动，但不知是否接触过有毒物质。平日饲喂猫罐头与鸡肉，在就诊 3 周前，此猫开始食欲不振。会衔咬食物和吞咽，饮水正常，但饮水量减少。

病猫能正常排尿排便，粪便外观正常。另外没有服用其他药物或营养补充品。

理学检查

病猫的精神良好，对刺激反应良好。身体状况评分（BCS）为 4/9，约有 5% 的脱水。黏膜呈粉红色，微血管再充血时间少于 2 s。

胸腔听诊结果为心音和呼吸音正常，心跳 190 次 /min，呼吸 30 次 /min。腹部触诊时没有疼痛反应，也无其他异常发现。肛温为 38.0℃。

鉴别诊断

食道炎

● 阻塞性食道疾病
  ● 异物
  ● 狭窄
  ● 肿瘤
  ● 食道周围团块

食道神经肌肉疾病

● 巨食道症，包括影响吞咽功能的全身性疾病，如重症肌无力和自律神经失调
● 食道运动异常

问题与讨论

● 逆流

逆流出现通常表示有食道异常。

病例的检查与处置

为病猫办理住院及进行检查，为矫正脱水进行静脉晶体溶液输液治疗。

临床病理学检查（常规检查）

进行血液学与血清生化学检查，检查结果皆在参考范围内。

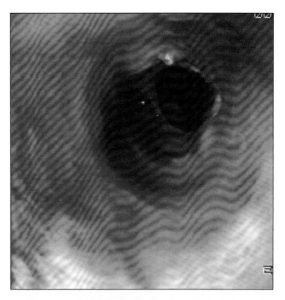

图 4.2 内窥镜检查确诊为食道狭窄，进行扩张术后，可见黏膜撕裂和食道炎

临床小提示

虽然胸腔 X 线检查可用于评估肺部及许多食道疾病，但 X 光检查不易对食道狭窄进行确诊，液态钡剂可能因为太快通过狭窄处而无法检测。将食物混合钡剂吞咽后，虽然可能发现食道开始变窄处，但如果到达第一个狭窄区的食物发生逆流，也不一定能侦测到其他多处的狭窄。无论是液态钡剂或是与食物混合的钡剂吞咽检查，均有造成吸入性肺炎的风险，特别是当病患必须侧躺拍摄 X 线片时更易发生。

影像学检查

病猫的胸腔 X 线检查未见异常。为了避免肺脏吸入钡餐的风险，本病例以内窥镜取代钡剂造影检查来进一步评估食道功能。

内窥镜检查

检查结果发现，大部分胸段食道有严重的向心性狭窄（concentric stricture）（图 4.1）。狭窄处的宽度 3~4 mm。随后进行气球导管扩张术，将患部食道扩张约 1 cm。执行气球扩张术后，发现黏膜有数处撕裂伤和严重的食道炎（图 4.2）。胃贲门处也出现溃疡。

追踪

可能因为病猫食道狭窄的范围和严重度，导致狭窄的情况重复发生，使得一周内执行气球扩张术多达 11 次（图 4.3）。执行第 12 次气球扩张术后，病猫终于可以顺利吃软的食物，因并未完全康复，建议继续给予柔软食物。

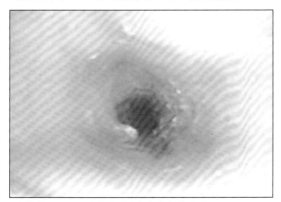

图 4.1 利用内窥镜检查对食道狭窄进行确诊

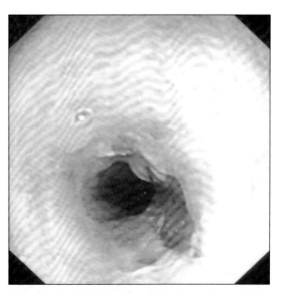

图 4.3 气球扩张术后，重复形成狭窄的食道内窥镜影像

内科治疗

进行完气球扩张术后，本病例的治疗主要着重于食道炎和胃溃疡。

治疗食道狭窄的目标是减少任何进行中的逆流，因逆流会损伤食道黏膜，降低下食道括约肌的肌肉张力，导致病情恶化。因此，要控制炎症，防止复发。

使用胃酸抑制剂（如雷尼替丁），可减少胃酸和胃蛋白酶的生成。人类医学研究指出，食道炎患者使用组织胺 H_2 受体颉颃剂（Histamine H_2 receptor antagonists）可减轻症状。这些药物可有效治疗轻度至中度的食道炎，但对重度食道炎可能效果不大。如奥美拉唑的质子泵抑制剂（Proton pump inhibitor），抑制胃酸的效果比 H2 颉颃剂更好，且作用时间更长，经常用于人医病例中。人若突然停用奥美拉唑，可能会造成疾病复发；而在犬猫病例中尚未有研究报告，应谨慎停药。

硫酸铝（Sucralfate）对食道黏膜有保护作用。虽然硫酸铝只有在酸性环境中才能发挥作用（即发生逆流时），但有人认为硫酸铝在中性以及酸性环境下都有效。

另外也建议在内窥镜辅助下对扩张部位注射皮质类固醇；但由于没有所需的仪器，所以没有在此猫身上进行此项疗法。有些医师在进行气球扩张术之后会使用全身性类固醇治疗。

有些医师也会使用抗生素来治疗食道炎。但如果有吸入性肺炎，应使用适当的抗生素治疗，若给予全身性类固醇，也应使用抗生素作为预防性投药。

每 48 h 给予本病例口服秋水仙素（Colchicine）0.03 mg/kg，以避免发生食道纤维化与再狭窄。此药物对食道狭窄的有效性尚无研究报告。秋水仙素会抑制胶原蛋白合成，副作用包括

护理小提示

本病例主要的护理原则为止痛和给予营养。若发现有吞咽困难或疼痛，表示需更加重视疼痛的控制。气球扩张术后或有严重的食道炎时，建议先给予流质食物。病情有所改善后再给予固体或半固体食物。食道内有食物通过会降低食道狭窄复发的风险；倘若动物无法经口进食，需放置胃管。总之，不建议禁食或让食道休息。

呕吐、腹泻和腹痛。

每 8 h 静脉注射丁丙诺啡（Buprenorphine）0.01 mg/kg 作为病猫的术后止痛药物。最初给予流质食物，一旦能忍受疼痛之后，开始喂较柔软的食物。

手术治疗

已有文献记录治疗纤维化食道狭窄的手术方法，但在没有肿瘤的情况下，成功率比气球扩张术低。虽然食道狭窄的预后仍有待观察，但大多数病患对气球扩张术的反应良好。有文献指出成功率可达 88%。

病例讨论

气球扩张术是目前治疗食道狭窄的首选方法。尽管许多病患需要反复进行气球扩张术，直到食道扩张到病患进食时不再发生逆流，但重复进行 12 次手术是很特殊的案例（也需要主人和兽医师极大的耐心）。大部分病患仅需 3 次手术，便足以缓解食道狭窄。

致病机制

麻醉后出现严重食道炎和食道狭窄，一般是由于胃食道逆流所致。影响食道炎的风险因子包括：下食道括约肌的肌肉张力、胃

内容物逆流量、逆流物成分、逆流物停留在食道的时间和食道的自愈能力。

全身麻醉前给药，如阿托品与赛拉嗪会增加胃食道逆流的风险。麻醉前禁食若超过24 h，导致胃内容物进一步酸化，也会造成逆流的概率增加。pH 值大于 7.5 的碱性逆流也可能引起食道炎。然而，通常认为酸性逆流造成的伤害较大。

当逆流造成食道深层损伤时，极有可能形成瘢痕和狭窄。当食道发生环状损伤和发炎，或食道的两侧受伤害时，也可能形成狭窄。炎症会刺激淋巴细胞、成纤维细胞，活化巨噬细胞并形成胶原蛋白。初步反应会立即发生，数天后才会形成胶原蛋白。狭窄的症状可能会在损伤数天至数周后才出现。

预后

食道狭窄病例的预后，随气球扩张术技术的进展而有所改善。一项研究报告指出，以气球扩张术治疗的成功率达 88%，且大多数病例能吃罐头食品、糊状的食物或干粮，且不会发生逆流。

5 犬苯巴比妥反应性干呕

基本资料与主诉

基本资料：犬，6 岁龄，雄性，已绝育，杰克罗素狸与狮子犬杂交，体重 6.6 kg。

主诉：出现恶心、干呕和呕吐，长达 10 d。

病史

根据病犬的临床症状和饮食习惯，怀疑为上呼吸道疾病或食道异物，转诊至本院。病犬进食时有疼痛反应，采食量减少，但仍有进食的欲望。病犬能够衔咬及吞咽食物，但会在进食 5~30 min 后出现呕吐，呕吐之前和发生期间都可出现病犬的腹部强力收缩。呕吐物含有胆汁、消化和未消化的食物，呕吐频率已增加到每天数次。病犬的排便、饮水及排尿皆正常。病犬平日主食为混有罐头食品的干粮，也会吃残羹剩饭（包括猪骨头）和洁牙棒。疫苗接种和驱虫纪录完整。

病犬体重下降，散步时比以往体力差，较容易出现疲累。

理学检查

病犬神情呆滞但对刺激反应良好，身体状况评分为 4/9。黏膜呈粉红色但黏度略高，估计脱水 6% 左右。微血管再充血时间少于 2 s。口腔检查发现有过度流涎、口臭和轻度牙结石。

病犬颤抖，触诊颈部腹侧时有明显的疼痛反应，并表现为颈部痉挛、磨牙、呻吟。颌下唾液腺轻度肿大且非常坚硬。

胸腔听诊心音和肺音皆正常，心跳 80 次 /min，呼吸 24 次 /min。肛温 36.7℃。

问题与讨论

● 呕吐时恶心、干呕严重

病例的检查与处置

为病犬办理住院，并进行静脉晶体溶液输液治疗以纠正脱水。

常规检查

进行血液学、血清生化学和尿常规检查。

血液学检查发现，成熟嗜中性粒细胞为 14.89×10^9/L [参考范围（3.6~12.0）$\times 10^9$/L]，单核细胞为 2.1×10^9/L [参考范围（0~1.5）$\times 10^9$/L]，结果与发炎或感染相符。

血清生化学检查发现，高白蛋白血症，数值为 40.8 g/L（参考范围 26~35 g/L），与脱水症状相符。钾离子浓度为 3.1 mmol/L（参考范围 3.6~5.6 mmol/L），呈低血钾状态，静脉输液给予氯化钾以进行矫正。

尿液常规检查发现，尿比重为 1.041，偏高，与脱水相符，显示肾脏浓缩能力良好。其余尿检指标未发现异常。

鉴别诊断

带有恶心和干呕的呕吐，鉴别诊断可能包括以下几类疾病。

- 本病犬出现口腔／咽／食道疾病且伴随呕吐，呕吐症状可能与上消化道有关。而某些罹患下列疾病的患犬也会出现呕吐
  - 唾液腺坏死
  - 食道炎
  - 咽、食道或气管内异物
  - 胃食道逆流
- 胃部疾病
  - 异物
  - 胃炎
  - 溃疡
  - 慢性局部扩张—扭转
  - 肿瘤
- 小肠疾病
  - 异物
  - 炎性肠道疾病
  - 肿瘤
  - 肠套叠（根据病犬的年龄和症状可排除）
- 饮食因素
  - 食物过敏
  - 饮食不当

影像学检查与组织病理学

胸腔与腹腔的 X 线检查未见异常。腹部超声检查也未见异常。

在上消化道的内窥镜检查发现：接近下食道括约肌的远段食道附近有糜烂和红斑（图 5.1）。未发现异物或团块。胃和十二指肠黏膜正常，活检采样的组织病理学结果未见异常。对其中一肿大的唾液腺进行外科组织病理切片检查发现，有部分坏死。

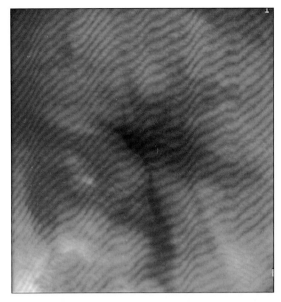

图 5.1 远段食道内窥镜检查显示食道炎

诊断

本病例的检查结果排除了许多造成恶心与呕吐的原因，可能性最高的疾病为唾液腺坏死，又称为苯巴比妥反应性过度流涎症（phenobarbitone responsive hypersialism）。在某些病例中，唾液腺的组织病理学检查是正常的。除此之外，此病犬还有食道炎。

病理生理学和流行病学

目前对这种疾病的了解甚少，可能是边缘叶癫痫（limbic epilepsy）的一种形式。报告指出患病的犬有许多不同的种类，年轻到中年的杰克罗素梗和刚毛狐狸猎犬容易患本病。

内科治疗

口服苯巴比妥（phenobarbitone），2 mg/kg 体重，2 次 /d。病犬的磨牙症、食道痉挛、过度流涎和呕吐在 48 h 内即有改善。

针对并存的食道炎进行治疗：口服雷尼替丁（ranitidine），2 mg/kg 体重，1 次 /12 h；

口服硫糖铝（胃溃宁）1 mL，1 次 /8 h；静脉注射丁丙诺啡，20 μg/kg 体重，1 次 /6 h。

追踪

将病犬送回转诊处，评估临床症状改善的情况，并进行血清苯巴比妥浓度检测，结果为 23 μg/mL，是治疗自发性癫痫时使用剂量范围偏低的数值，但已足以控制此犬的临床症状。常用的血清苯巴比妥浓度参考范围为 15~45 μg/mL，然而一些神经学家认为，低于 20 μg/mL 可能无法控制临床症状，超过 40 μg/mL（或者甚至超过 35 μg/mL），即有造成肝毒性的风险。因此建议若有接受苯巴比妥治疗的病犬，都需监测肝指数。

临床小提示：血清苯巴比妥浓度

最有用的单一样本为苯巴比妥浓度最低时，即为每次投药之前的血清浓度。如果无法在此时采集样本，可选择在用药周期内的同一时间点采集样本。一些学者主张使用苯巴比妥浓度高点（投药后 2~4 h）以及浓度低点（到给药前），以检查血清中苯巴比妥的最高浓度。研究认为，大部分的病例是不必要的。

预后

对治疗有反应的病例预后很好。在大多数报告病例中，病犬在诊断 3 个月后逐渐减少苯巴比妥用量，诊断 6 个月内可停止用药。

6 犬食道异物

基本资料与主诉

基本资料：拉布拉多犬，8月龄，雄性，未绝育，体重20 kg。

主诉：吞咽困难、逆流。

病史

病犬逆流已经发生2 d左右，食欲仍良好，但在尝试吞咽时感到不适。吞咽后，通常在5 min内会逆流出未消化的食物。病犬能正常饮水，偶尔也会逆流出喝下的水。病犬的粪便外观正常，在入院前一天起未见排便。

病犬在此之前未罹患任何疾病，已接种1次疫苗，并用芬苯达唑驱虫过两次。宠物主人日常给予病犬优质的幼犬食物，并以人的食物作为零食。主人怀疑病犬有从垃圾堆中找骨头吃的可能。

理学检查

就诊时病犬文静不活泼但保持警觉。身体状况评分为5/9，估计脱水有6 %左右。病犬黏膜呈粉红色但黏度略高；微血管再充血时间约为3 s。口腔检查发现口臭，嘴巴周围有干涸的唾液。病犬有作呕反射，可正常移动舌头，口腔外观正常。

胸腔听诊与腹部触诊均未发现异常，淋巴结大小正常。体温为38 ℃，呼吸40次/min，心跳80次/min。

问题与讨论

病犬出现逆流和口臭，在尝试吞咽时感到不适，推测与食道吞咽困难有关，也可能是造成逆流的原因。病犬有流涎的现象且嘴角有干涸的唾液，出现脱水对于吞咽问题而言是次要的。

流涎可能是由于唾液分泌过多或未能充分吞下唾液所致。有些狗在等待喂食时会流涎，有些猫在发出呼噜（purring）声时也会流涎。与伴随逆流的病史一起考虑，推测此病犬流涎的原因，与吞咽问题或食道不适有关。

鉴别诊断

逆流的原因如下

- 咽部疾病
  - 咽部阻塞性疾病，咽后淋巴结肿大
  - 咽神经肌肉疾病，如重症肌无力、颅神经（IX、X）的神经病变、脑干或小脑疾病、肌迟缓不能动症（cricopharyngeal achalasia）、肉毒梭菌中毒、狂犬病（但狂犬病在英国罕见）
- 食道疾病
  - 食道炎

- 食道阻塞性疾病，如异物、狭窄、肿瘤、血管环异常、食道周围团块
- 食道神经肌肉疾病，如巨食道症或运动障碍
- 食道憩室
- 裂孔赫尔尼亚（Hiatal hernia）

口臭的鉴别诊断如下

- 与饮食相关，如食物残留在嘴、咽或食道内以及食粪症
- 唇炎
- 口腔或咽疾病，如异物或发炎性病灶
- 带有发炎或坏死的鼻腔或鼻窦疾病
- 牙科疾病
- 食道疾病使食物残留于食道内
- 食物吸收不良（malassimilation）
- 全身性疾病，如尿毒症或肝脏疾病

病例的检查与处置

初步治疗包括静脉输液治疗，以矫正约6%的脱水。

常规检查

血液学检查：血容比为 0.516 L/L（参考范围 0.39~0.55 L/L），结果虽然在参考范围内，与一般拉布拉多犬预期的血容比相比，此数值偏高。数值的上升推测与脱水有关。血清生化学检查：除了尿素为 8.1 mmol/L（参考范围 1.7~7.4 mmol/L）略高于参考范围上限之外，其余结果包括电解质，都在参考范围内。血清肌酐值为 111 μmol/L，在参考范围内（参考范围 40~132 μmol/L）。尿素上升可能与脱水造成的血液浓稠有关，但也可能发生于肾脏疾病、他处出血流入消化道或消化道出血。

病犬尿比重为 1.047，表明尿浓缩能力良好，也与脱水情形相符，血清肌酐未升高，因此尿素升高的原因，不大可能源于肾性或肾后性疾病。

影像学检查

胸腔与腹腔 X 光检查结果显示：后段食道横膈裂孔（diaphragmatic hiatus）处有一个相当于矿物质密度的异物（图 6.1 和图 6.2），

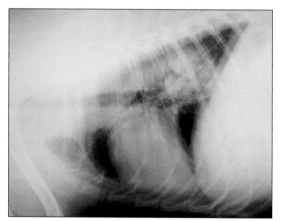

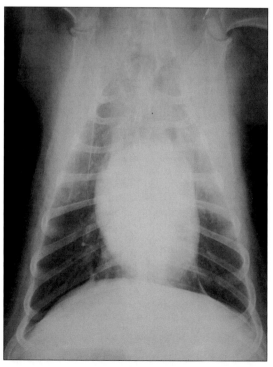

图 6.1 和图 6.2　胸腔侧位与腹背位 X 光检查，可见位于远段食道有放射线无法穿透的异物（courtesy of Dr Tobias Schwarz）

胃内还有一个矿物质密度的异物。没有证据显示有吸入性肺炎、纵膈炎或纵膈气肿，因此异物应在食道内。

诊断和治疗

内窥镜检查

输液治疗脱水后，将病犬麻醉并进行食道内窥镜检查，可见骨头样异物（图 6.3）。用夹除钳（retrieval forceps）取出异物（图 6.4）后，食道壁呈现溃疡，异物将食道黏膜撕裂（图 6.5）。

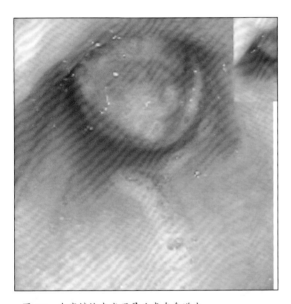

图 6.3　内窥镜检查发现骨头卡在食道内

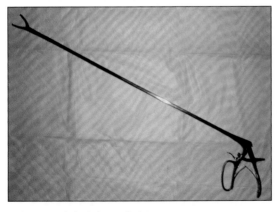

图 6.4　取出食道异物的夹除钳

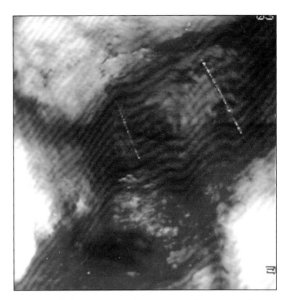

图 6.5　取出骨头后出现食道内创伤和食道黏膜撕裂现象（courtesy of Alison Ridyard）

内科治疗

取出骨头异物后，治疗病犬的方式为：每 8 h 口服胃溃宁（sucralfate）悬浮液 4 mL，每 12 h 口服雷尼替丁（ranitidine）2 mg/kg 来抑制胃酸和促进胃肠蠕动，以及每 12 h 口服克拉维酸 – 阿莫西林（clavulanate–potentiated amoxicillin）15 mg/kg。以定速为病犬静脉输液，在术后 24 h 开始饮水，接着喂予流质食物，病犬能顺利吞咽，无不适或逆流情形出现。

追踪

病犬于移除骨异物后 48 h 出院，嘱咐宠物主人一周内持续投药，并喂予软性食物。2 周后复诊，病犬进食良好，吞咽时无不适，也无逆流出现。

讨论与流行病学

食道出现异物是临床上犬猫常见的问题。犬比猫更常发生，原因可能是由于猫比较挑食。小型犬特别是西高地白㹴以及约克夏犬易发生此病，但有研究报告指出：伯恩山犬发生此病的概率也高。

与本病例相同，最常见的犬食道内异物为骨头或骨头碎片，鱼钩也很常见。其他犬发现过的异物包括硬币和坚硬的食物（如未煮过或半熟的马铃薯，坚硬的水果等）。而猫较常见的是玩具或其他游戏的物品，目前发现过许多不同种类的异物，包括布料、磁铁、枝条、针头，或任何动物想尝试吞下去的物品。洁牙骨也可能造成食道阻塞，因此案例也有增加的趋势。

许多异物会造成逆流，或进入胃或小肠，但那些过大而无法通过食道的异物则会引起机械性阻塞。食道损伤的严重程度取决于异物的大小、物体是否有棱角或尖锐点以及阻塞持续的时间。最常见的位置是在入胸处、心基部与横膈裂孔，这些区域都是食道内最缺乏延展性的部分。异物的压迫可能进而导致食道壁压迫性坏死，造成穿孔或狭窄。

大多病例都有误食异物的病史。某些病例因主人没注意到误食异物的种类，特别是在翻找垃圾堆后所食入的异物。出现的临床症状取决于食道阻塞的严重程度。食道完全阻塞的病患，往往会出现急性症状；不完全阻塞的病患，可能会在食入异物数天到数周后开始出现症状。临床症状包括逆流、过度流涎、吞咽时疼痛、厌食、吞咽困难、干呕与呼吸急促等。

有时可以触诊到卡在颈部食道中的骨头异物，但仍需进行 X 光检查才能确认诊断。X 射线无法穿透的异物可用 X 光检查，但放射线可穿透的异物则需使用显影剂来做确认。如果怀疑有穿孔，应使用碘显影剂而非钡制剂。可使用内窥镜检查来确认异物的存在，并通常会在使用的同时将异物夹除。

最重要的鉴别诊断包括食道狭窄、肿瘤、裂孔赫尔尼亚和胃 – 食道套迭（gastro-oesophageal intussusception）。可用 X 光和内窥镜检查来区别这些疾病。

食道异物应迅速清除。异物卡在食道内的时间越长，造成食道黏膜损伤、溃疡和穿孔的机会就越大。虽然已有文献记录以透视镜引导（fluoroscopic guided）来夹取异物的方法，但硬式或软式的光纤内窥镜，仍为夹取食道异物的首选设备。夹取大型异物（特别是骨头或骨碎片）最有用的是硬式内窥镜，大型抓取钳（grasping forceps）通过硬式内窥镜夹取异物。无法安全地通过口腔夹除的大型异物，有时可以将异物推到胃中，再行胃切开术取出。较小的异物最好用软式光纤内窥镜与网钳（basket）、三脚钳（tripod）或圈套钳（snare forceps）取出；软式光纤内窥镜对于夹取鱼钩特别有效。一项研究报告指出，利用内窥镜夹除犬食道内异物的成功率高达 90.2%。

取出食道异物后，应以内窥镜仔细评估食道的损伤情况，也应以 X 光检查来评判是

> **护理小提示：食道前段异物取出后的**
>
> 将食道异物取出后，食道炎疼痛的情况可能会相当严重。将液体食品或罐头食品以果汁机榨呈细的流质样，可能较容易下咽。如果加水到罐头食品中，应确认食物所含的热量是否足够。由于这些食物对病患而言可能是全新的饮食，特别是当病患在过去 3 d 或更长的时间都没有适当进食，所以一开始的喂食量，不宜超过每日休息时所需能量的 1/3。3 d 后可以逐渐增加食物量。如果病患不愿进食或出现吞咽困难，需重新评估食道状况，而且可能需要使用更多的止痛药。

否出现食道穿孔继发的气胸或纵膈气肿。

异物取出后病患应禁食 24 h。如果食道坏死，可能需要禁食更长一段时间，在这种情况下，内窥镜检查时可顺便安置胃管，以便绕过食道供给食物。

针对食道炎的治疗应包含每 8 h 口服胃溃宁（sucralfate）悬浮液 0.5~1.0 g，悬浮液比完整的胃溃宁药片更有疗效。有些医师建议对具有食道狭窄风险的病患，投予消炎剂量的葡萄糖皮质素（glucocorticoids）；然而，尚没有证据证明口服葡萄糖皮质素有任何好处。对已形成食道狭窄的病患执行气球扩张手术，再经内窥镜对食道局部注射皮质类固醇（如去炎松），已证明对病患有所帮助，也能降低病患食道狭窄的风险，但也可能会延迟愈合。180 度或较大范围黏膜溃疡的病患，发生狭窄的风险最高。有严重溃疡或小型穿孔的病患应考虑使用广谱抗生素。

轻微的食道撕裂伤或长度小于 1 cm 的裂伤，通常可用保守疗法处置。当内窥镜治疗失败，或有较大的食道穿孔时，才建议进行手术。处理远端食道异物时，胃切开术优于食道切开术。因为食道不但愈合能力较差，且可能形成食道狭窄。然而，胃切开术无法取出异物的病例，仍建议进行食道切开术以及手术修复食道穿孔。

预后

大多数食道异物的病例其预后在整体上是良好的，特别是立即取出异物的病患犬。研究报告指出，有 92% 的病犬出院后没有出现并发症（但这项研究包括预后较佳的胃异物）。预后差的病例与异物较大、较尖锐或停留时间过长有关。立刻产生的并发症包括：完全性肠阻塞或撕裂伤、因逆流造成的吸入性肺炎。晚期并发症可能发生在异物取出一周后或更久，包括穿孔、血胸、瘘管和憩室、分节运动力下降或形成狭窄。

7 犬持久性右主动脉弓症

基本资料与主诉

基本资料：边境牧羊犬，3月龄，雄性，未绝育，体重11 kg。

主诉：断奶后开始逆流，主要逆流出食物。

病史

病犬就诊前约一个月从农场买回时即有频繁的逆流现象（每日数次），主要逆流物为食物，偶尔也有水。病犬吐出的食物未经消化也不含胆汁，逆流发生在被动状态下而腹部没有用力。以前通常发生在进食后几分钟之内，但最近却在采食一个小时左右才发生，有时在逆流后出现干呕。病犬可正常衔咬食物，进行吞咽时无异常表现。病犬精神良好但身体状况不佳。

犬主一开始让病犬干食幼犬粮，自由采食。主人曾尝试将水加到食物内软化后饲喂，但并未改善其临床症状。刚开始饲养时，病犬的食欲良好，但在入院前一周其食欲开始减退，主人也试图用各种食物来鼓励病犬进食。病犬的粪便外观正常，但在饮食改变后偶尔形成软便。

理学检查

病犬的精神良好且对刺激反应佳，但发育不良，体型消瘦，身体状况评分为2/9。病犬的黏膜呈粉红色，微血管再充血时间少于2 s。口腔检查发现扁桃体稍微肿大。

胸腔听诊心音和肺音正常，心跳140次/min，呼吸24次/min。腹部触诊无疼痛反应，唯一的异常为小肠气体增加。体温为38.6℃。

问题和鉴别诊断

逆流为病犬的主要问题。此病犬逆流的鉴别诊断包括：

- 巨食道症
- 食道狭窄
- 食道炎
- 血管环异常（如持久性右主动脉弓，PRAA）
- 裂孔赫尔尼亚（Hiatal hernia）
- 食道运动障碍

因临床症状已持续一段时间，此病犬的问题不大可能为食道异物（但并非完全不可能）。因为是幼犬，也不大可能发生免疫介导性疾病（如重症肌无力）与肿瘤。

辅助诊断

建议本病犬进行的诊断性检查包括胸腔

X 光，有助于巨食道症和异物的诊断。使用钡剂混合狗粮进行造影，有助于定位和发现其他如食道狭窄、PRAA 和运动功能障碍等食道疾病。食道内窥镜也可用于检查食道黏膜。

病例的检查与处置

常规检查

为病犬办理住院，并进行血液学、血清生化学和尿常规检查。检查结果均无异常。

影像学检查

影像学检查显示：前胸区食道可能为巨食道症。钡剂正造影检查发现：心基部的食道收缩，收缩区前侧的食道明显扩张（图 7.1 和图 7.2）。

内窥镜检查

食道内窥镜检查，发现食道有部分区域受损及黏膜发炎。

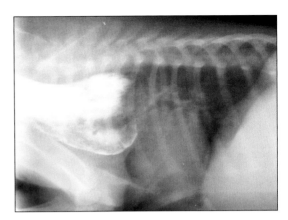

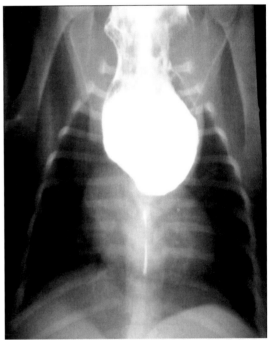

图 7.1 和图 7.2   胸腔对比放射线造影侧位与腹背位，显示位于心脏高度的食道扩大（courtesy of Dr Geoff Culshaw）

诊断

诊断为血管环异常和食道炎。

治疗–外科

治疗方式为横向切断形成血管环的韧带。在本病例中，进行左侧开胸，找到持久性右动脉导管韧带，切断、分离，并进行胸管放置，以便于术后的立即治疗。

临床小提示：胃溃宁（SUCRALFATE，硫糖铅）

胃溃宁可与溃烂的黏膜结合形成保护层，并通过刺激前列腺素介导途径（prostaglandin-mediated pathways）以刺激部分的修复机制。它的副作用少（用于人有便秘的报告，猫或狗很少见），但可能会影响其他药物的生物利用度，故应分开投药。它在胃的酸性环境中效果可能最佳，在中性的 pH 值下也有效，因此当食道糜烂或溃疡时建议使用。

喂食流质食物以尽量确保维持病犬足够的营养。确定了病犬的热量需求后，均分于每天四餐的饮食中。第一天的饮食仅供给病犬所需能量的1/3，并在第三天增加到足以供给病犬全部所需的能量。与巨食道症患犬一样，由高处给食。给予营养支持的另一种选择为放置胃管。

治疗–内科

针对食道炎的治疗包括每24 h口服奥美拉唑1 mg/kg，每8 h（喂食或给予其他药物前1 h）口服胃溃宁悬浮液1.5 mL。

追踪

病犬术后2周复诊，精神良好，依然有逆流现象，但已减少到每周一次或两次，身体状况评分改善至3/9，体重增加了2 kg，主人仍坚持喂予流质食物。

讨论与流行病学

断奶后发生逆流对血管环异常（vascular ring anomalies）的患犬而言是很典型的现象，几乎所有的病犬都会在6月龄前发病。血管环异常难以与自发性巨食道症鉴别，血管环异常的正造影检查，病灶通常位于心基部前侧，而自发性巨食道症则通常会造成心脏后侧的食道扩张。用内窥镜检查血管环异常的病例也可发现狭窄处。所有出现逆流的患者，都有吸入性肺炎的风险，应监测有无此症状。许多食道疾病患者，常因饮食摄取不足，造成身体状况欠佳。

最常见的血管环异常，为持久性右主

临床小提示：幼犬的饮食

幼犬每千克体重需要的热量比成年犬更多，为休息时所需能量（resting energy requirements，RER）的2.5~3倍。幼犬对蛋白质的需求较高，为干物质的22%~32%；钙也需要增量至干物质的0.7%~1.7%，优质的幼犬粮可提供足量的营养成分。

针对本病例体重过轻（11 kg）的幼犬，RER初估为 $70 \times$ 体重（kg）0.75，即：

$$70 \times 110.75 = 443 \text{ kcal}$$

3月龄的病犬能量需求为RER的3倍，即约1 330 kcal。应根据病犬目前的体重计算最初的喂食量，并逐渐增加进食量，以提高身体状况评分。

典型的幼犬食物中含有3.8 kcal/g左右的热量，因此病犬每天需要约350 g的食物。

动脉弓（PRAA）。胚胎在正常发育下，主动脉弓是由左侧第四主动脉弓和左背侧主动脉根发育而成，成熟的主动脉弓位于食道左侧。尚有其他类型的异常，例如两侧主动脉弓或源自右侧主动脉弓的左锁骨下动脉异常。当血管发育异常时，可能会造成食道缩窄（图7.3）。

本病犬并发食道炎，推测与食物长期停留在食道内造成刺激有关。

血管环异常可能有遗传倾向，常见于德国牧羊犬、大丹犬、爱尔兰雪达犬（Irish Setters）、波士顿㹴犬、灵缇犬等。虽然较少见到猫的病例，但已有文献报道。

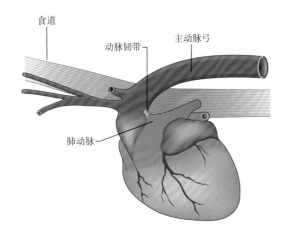

食道

动脉韧带

主动脉弓

肺动脉

预后

　　据估计，只有 10% 的病犬手术后食道功能可恢复至完全正常。高达 50% 的病患会持续有偶发的逆流。由于已形成不可逆的退行性变化，缩窄处前侧常见永久性的食道扩张。有文献报道多达 40% 的病患，由于营养不良或吸入性肺炎导致寿命缩短。本病犬的症状和身体发育的初步改善虽令人振奋，但需注意病犬仍有吸入性肺炎的风险。

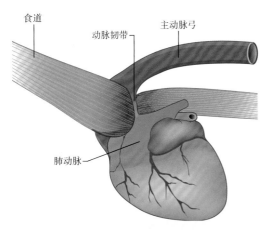

食道

动脉韧带

主动脉弓

肺动脉

图 7.3　正常心脏和持久性右主动脉弓的心脏

8 猫自律性神经功能异常

基本资料与主诉

基本资料：短毛家猫，2 岁龄，雄性，已绝育，体重 3.75 kg。

主诉：慢性吞咽困难、呕吐、便秘、体重减轻。

病史

就诊 5 周前，病猫开始每天呕吐 3~4 次，吐出泡沫状液体和部分消化的食物。病猫的食欲良好，但有吞咽困难及干呕现象。近日来发生数次逆流，粪便非常干燥且排便困难，有时在排便时也会出现干呕。主人认为病猫的饮水量减少，尿量也变得极少。病猫有打喷嚏的现象，鼻孔常有硬皮样分泌物出现，此期间瘦了约 1 kg。

病猫从小便由主人喂养，并与一只无血缘关系的健康猫一起生活，约 3 个月前两只猫均接受了驱虫和疫苗接种。病猫先前的日常饮食为猫粮混和猫罐头，但最近只能够吃下少量的猫罐头。为了鼓励病猫进食，主人也给了少量的金枪鱼罐头。

先前进行了弓形虫（toxoplasmosis）、猫免疫缺陷性病毒（feline immunodeficiency virus）和猫白血病（FeLV）检查，但以上检验结果均为阴性。

理学检查

病猫很文静但对刺激反应良好。体重明显减轻，身体状况评分为 3/9，肌肉量不足。口腔黏膜干燥呈粉红色，微血管再充血时间少于 2 s。呼吸 40 次 /min，心跳 120 次 /min。体温为 37.9 ℃，收缩压为 140 mmHg，均正常但略微偏低。胸腔听诊与压诊正常。腹部触诊发现膀胱胀满，尿液易挤出。病猫的瞳孔放大对光线没有反应，且第三眼睑脱出。病猫对威吓试验有反应，但反应不佳。病猫的四肢姿势反射（postural reactions）和膝反射（patellar reflexes）也正常。泪液分泌试验（Schirmer tear test）显示双眼泪液分泌量减少，右眼为 10 mm，左眼为 8 mm（参考范围为 1 min 内超过 15 mm）。

问题与讨论

病猫的问题包括吞咽困难、呕吐、里急后重的便秘、无反应性的瞳孔放大以及泪液分泌量减少。由于病猫无法吞咽，吞咽困难似乎是自发于口咽异常，病猫也行逆流，但更像是常见的获得性神经肌肉疾病。

病患的检查与处置

因多重器官的自主神经功能失调，结合临床症状，最有可能的诊断结果为自律性神经失调。

鉴别诊断

本病例的鉴别诊断清单如下：

吞咽困难和逆流

- 脑神经病变，如第七、第九和／或第十二对脑神经
- 炎症，如腐蚀性物质、感染与免疫介导性疾病
- 咽炎／食道炎
- 口咽／食道肿瘤
- 咽部疾病，如息肉、淋巴结肿大、血肿、脓疮、肿瘤
- 神经肌肉疾病，如重症肌无力、自律神经失调、狂犬病、肉毒中毒
- 口咽／食道异物
- 巨食道症（出现逆流而非吞咽困难）

呕吐

- 对食物的不良反应
- 胃肠道发炎性疾病，如炎性肠道疾病、淋巴瘤、胃炎、肠炎
- 胃肠道阻塞，如异物、幽门狭窄、肠梗阻、肿瘤
- 便秘
- 肠套叠
- 寄生虫感染，如沃鲁线虫属（Ollulanus triceps），蛔虫（ascarids），泡翼线虫属（Physaloptera）
- 全身性疾病和其他器官功能失调，如尿毒症、肝病、充血性心力衰竭、胰脏病变、代谢性疾病（糖尿病、电解质失衡）

便秘／里急后重

- 食入难消化的物质，如布料、毛发
- 缺乏运动
- 排便疼痛，如外伤、骨盆骨折、炎症性的肌肉骨骼疾病
- 阻塞，如肿瘤、狭窄
- 神经系统疾病，如自律神经失调、自发性巨结肠症、骶脊神经（sacral spinal nerve）、阴部神经（pudendal nerve）或会阴神经（perineal nerve）失调
- 脱水

无反应性瞳孔放大

- 视觉神经路径疾病（可能导致失明）
- 支配虹膜肌纤维的副交感神经纤维疾病（动眼神经，CN Ⅲ）
- 虹膜萎缩（不太可能发生在年轻的猫）
- 氟喹诺酮诱发的视网膜退化，导致失明，瞳孔对光的反射消失可能是早期症状（病猫没有使用氟喹诺酮纪录）
- 抗胆碱药物中毒
- 高血压（但视网膜正常）
- 猫传染性腹膜炎（前期检验为阴性）
- 隐球菌病（Cryptococcosis）
- 弓形虫病（不太可能，本病猫的血清试验效价过低）
- 淋巴瘤
- 马蝇移行症（在英国不大可能发生）
- 铅中毒（无食入铅的病史）
- FeLV 呈阳性的猫也曾有瞳孔痉挛症候群（Spastic pupil syndrome）的报告，源于睫状神经节的病变（此猫前期 FeLV 检验为阴性）

泪液分泌试验（Schirmer tear test）降低（泪液分泌量减少）

- 泪液传入反射的神经支病变
  - 角膜、结膜失去感觉
  - 三叉神经失调
- 泪液传出反射的神经支病变
  - 供应泪腺的副交感神经疾病
  - 面神经疾病
  - 严重的中耳炎或中耳肿瘤
  - 干燥性角结膜炎

常规检查

除了脱水造成的参数上升，如白蛋白为41 g/L（参考范围 28~39 g/L），其余的血液学与血清生化学检查指标皆无异常。

尿液比重为 1.051，也符合脱水的症状。尿液试纸检验结果无异常，尿沉渣发现少许上皮细胞和白血球。

毛果芸香碱试验

药物检验有助于排除其他可能的诊断，此病猫的毛果芸香碱试验结果为阳性（图 8.1 和图 8.2）。

图 8.1 毛果芸香碱试验前的病猫出现瞳孔放大（courtesy of Dr Danielle Gunn-Moore）

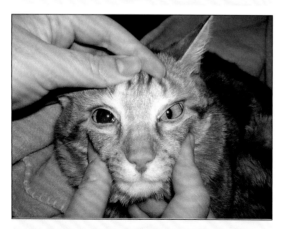

图 8.2 将毛果芸香碱滴入左侧眼睛，显示瞳孔收缩（courtesy of Dr Danielle Gunn-Moore）

临床小提示：毛果芸香碱（PILOCARPINE）检查

将稀释的 0.05% 毛果芸香碱滴一滴在一只眼睛内，并在 1 h 内每隔 15 min 观察一次瞳孔直径。大部分正常的动物不会对 0.05% 的毛果芸香碱有反应，在 60 min 内的反应也不大。若滴入毛果芸香碱造成瞳孔缩小，表示失去神经支配而造成的过度敏感现象，即为自律神经失调。抗胆碱药物中毒会阻断瞳孔对毛果芸香碱的反应。

影像学检查

病猫的胸腔 X 光检查未见异常。吸入性肺炎可能与逆流同时发生，自律神经失调的病患有时也伴随巨食道症。腹部超声发现肠道阻塞、胃中度扩张，大且胀满的膀胱，且结肠内含一些粪便。

治疗与追踪

治疗包括对脱水进行静脉晶体溶液输液。西沙比利（Cisapride）可促进结肠、胃和小肠的动力，便秘和肠阻塞以每 12 min 口服西沙比利 0.1 mg/kg 对症治疗。此剂量逐渐增加至 0.5 mg/kg 可使粪便变软，但不至于腹泻。每 12 h 口服胆碱药物氨甲酰甲胆碱 1 mg，以帮助膀胱排空，前两天每日挤压膀胱 2~4 次。每 4~6 h 使用一次眼用润滑剂。

病猫接受输液与第一天的内科疗法后精神良好，不需挤压膀胱即可少量排尿。病猫直到第 3 天才排便，且粪便仍然相当坚硬，需增加西沙比利的剂量。

安置食道喂食管以给予营养支持（图 8.3），并提供液态营养补充品，最初的饮食仅供给休息时所需能量（resting energy

图 8.3　装置食道喂管的病患

requirements，RER）的 1/3，第 3 天后增加到完整的 RER。2 周后病猫出院，嘱咐主人使用喂食管给食，并继续服用西沙比利、氨甲酰甲胆碱与眼用润滑剂。病猫愿意吃少量柔软食物，主人也可以食管给食。

病猫在 4 个月后回院复诊，精神和食欲有改善，但猫罐头仍然比猫干粮容易进食。瞳孔反应有所改善，但仍呈现异常。

讨论

自律神经失调的特征为，自主神经节退化、自主神经功能失调，以及缺乏临床反应。典型的症状包括吞咽困难、呕吐、逆流、排

尿困难、腹泻或便秘、黏膜干燥（眼、口、鼻）、瞳孔对光无反射、第三眼睑脱出，以及虽有交感神经刺激但仍出现心搏过缓。有时会发现肛门括约肌扩张，但肛门括约肌为骨骼肌，自律神经失调为何造成其扩张的原因至今不明。诊断依据是典型的临床症状，使用毛果芸香碱检验有助于排除其他疾病来鉴别诊断。

病理解剖并没有与症状相符的病理学结果。大多数的病患肌肉量不足且消瘦，有些病患也罹患巨食道症。组织病理学检查发现：交感神经和副交感神经系统普遍退化，特别是自主神经节，神经元出现异常，且密度可能减少。

导致自律神经失调的原因目前尚未明了。有关于梭菌毒素（Clostridial toxins）造成猫的自律神经失调的报告。证据显示，猫的自律神经失调与 C 型肉毒梭菌感染有关。一项研究调查罹患自律神经失调的病猫，是否有 C 型肉毒梭菌存在其食物、回肠内容物、粪便以及血清中。患病的 8 只猫中，有 4 只可以直接侦测到毒素，增菌培养后有 7 只可

监测到毒素，在病猫的干粮中也有毒素发现。健康对照组的猫并没有检测到毒素，在其罐头食品内亦监测不到。在自律神经失调发病14周后的猫，检测其粪便内抗毒素以及抗C型肉毒梭菌表面抗原的 IgA 抗体，其浓度显著高于对照组的猫。这项研究表明，肉毒梭菌毒素为自律神经失调的病因，但有些猫可能因遗传，或其他因素造成本病发生。

治疗主要为支持疗法。促动力药物如西沙比利（Cisapride）可改善胃肠道（包括结肠）的蠕动力。也可使用胃复安（ Metoclopramide ），但只能有效增进胃排空和十二指肠运动力。拟胆碱药物如氨甲酰甲胆碱（bethanechol）有助于防止便秘和尿滞留，但应谨慎使用，因为氨甲酰甲胆碱可引起心搏过缓和心律不齐，很多罹患自律神经失调的病猫有心搏过缓的问题。

本病例虽没有使用拟副交感神经药（ parasympathomimetics ），有时会用于刺激口鼻分泌，每 6 h 滴一滴 1% 毛果芸香碱于两眼内，能改善眼泪分泌量。眼用润滑剂也应用于猫眼睛干涩。

支持疗法还包括：输液、排便与排尿困难时协助排空膀胱和结肠、监测和治疗尿道感染、营养支持以及需要屈曲延伸关节和肌肉按摩的物理治疗。护理好坏可能会影响这些病例的预后。

流行病学

猫自律神经失调（又称为 Key–Gaskell 症候群）于 1982 年在英国首次出现。最初，在英国以外出现的病例很少；然而，其他国家近来报告病例数量增多，在美国常见于中西部州。同一个家庭内多只猫发病，往往是因为有血缘关系。病例数看起来呈暴发趋势，每隔几个月就会出现多起病例，暴发月份之间也有少数病例。每个年龄段的猫都有发病报道，但常见于年纪较轻的成年猫。

一份报告指出，8 只一起生活的宠物猫，有 6 只在一周内出现自律神经失调症状。病猫有两只死亡，另有一只是实施了安乐死。两只未发病的猫，荧光透视镜（fluoroscopy）检查发现其食道运动力异常，可能是疾病的亚临床（subclinical）表现。幸存的猫其心跳速率比死亡的猫更快（平均分别为 165 次 /min 与 121 次 /min），且心跳速率变动幅度较大。

对于宠物狗而言，已证实在乡村地区和超过半天时间在户外活动的患病率较高，尽管生活在室内的犬没有免疫力。尚未有研究报告指出生活在户外或室内对猫是否有影响。

预后

一般认为预后不良，有些研究估计死亡率约为 60%，细心护理照顾可能死亡率低一些。

许多幸存者无法完全康复，有的会持续出现神经症状，但仍然可以维持可接受的生活品质。即便患病严重的猫有机会康复，其预后仍不佳，出现的临床症状往往需要数个月后才能恢复，症状完全消失可能需要一年甚至更久。

部分 **2**

呕吐

9 胃肠生理学——正常的胃和小肠

胃

胃位于身体正中切面的左侧。当胃排空时位于肋弓内，正常排空的胃在体格检查时无法触诊。即使当胃充满时，检查者也需要勾起手指在肋弓下才能触诊到正常的胃。

胃的解剖结构划分为5个区域：贲门、胃底、胃体、胃窦和幽门（图9.1），从生理学角度来看，胃的近端部位负责暂时贮存食物，远端部位负责调节盐酸释放、研磨食物颗粒和控制胃的排空。当食物进入胃时，胃底部会产生扩张反应，这种容受性松弛（receptive relaxation）导致胃底的运动力和压力降低。与猫形成对照，犬常常一次食入大量的食物，而猫倾向于少量多餐，因此胃的贮存容量对犬来说可能更为重要。

胃通过分泌盐酸和胃蛋白酶完成初期消化。胃窦部肌肉磨碎食物颗粒，蠕动波由胃体朝着胃窦方向，往通常部分闭合的幽门移动。接着强烈的逆行波将食物推回近端胃窦，将食物研磨成小到能够通过幽门的颗粒。

幽门和胃窦的作用是共同控制着固体食物的排空。犬的食物在通过幽门前，颗粒通常小于2 mm，大型不易消化的食物颗粒直到消化间期（消化完成后）才会离开胃。犬在空腹时会产生消化间期复合波（移行性复合运动，migrating motor complex），波动朝着胃与肠道方向移动，从而将较大的颗粒（有

时还有异物）清除进入肠道，故也称为"管家波（housekeeping wave）"。猫与犬的电脉冲传递形式不同，运动波源于移行性尖峰复合波（migrating spike complex）的刺激，其对猫的功能可能相同。

小肠和胰脏

消化酶消化食物大部分发生在小肠内。小肠分为十二指肠、空肠和回肠，但无法以解剖学构造将其区分开。犬的小肠长度为1.80~4.80 m，猫约为1.3 m（图9.2）。胰脏位于十二指肠弯曲附近（图9.3）。

与食道和胃相似，肠包含黏膜、黏膜下层及肌肉层（图9.4）。黏膜由单层上皮细胞与下方的固有层组成，产生黏液的杯状细胞散在分布于上皮细胞层内。小肠管壁表面有许多由微绒毛组成的刷状缘（图9.5），微绒毛增加了消化和吸收的表面积，它们拥有运送单糖和氨基酸酶的特殊机制，并且含有可消化双糖、寡糖和某些小分子肽的酶。刷状缘还含有结合许多其他物质如钙、铁、钴胺素的蛋白质。

利贝昆氏腺体（Crypts of lieberkuhn）位于绒毛间，其中包含不成熟的细胞和干细胞，当细胞成熟并完全分化为绒毛上皮细胞时，可将绒毛向上移动。移行约需两天，当移行完成1/2~1/3时，细胞就成熟了。细菌数量

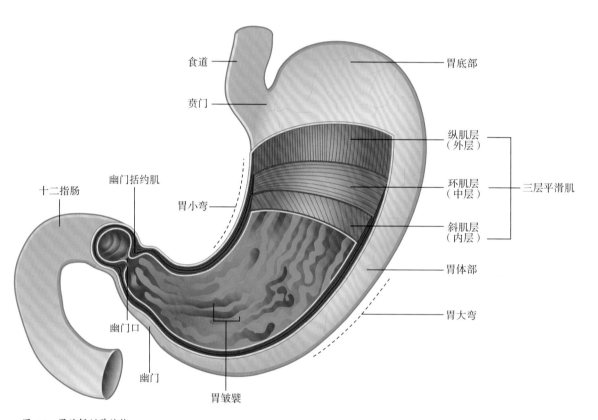

图 9.1　胃的解剖学结构

犬（家犬）
体长 90 cm

猫（家猫）
体长 50 cm

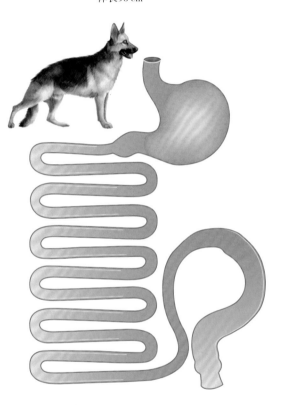
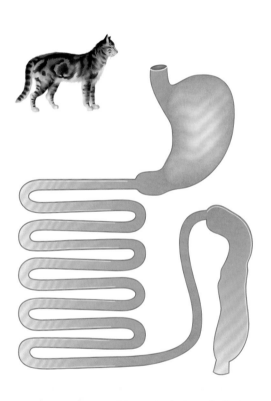

图 9.2　犬猫胃肠道比较

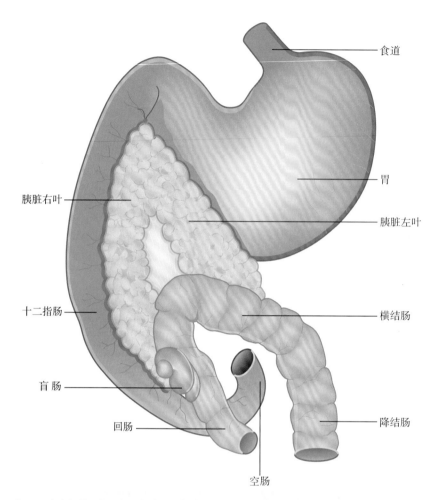

图 9.3　胰脏与胃、十二指肠和结肠的相对位置

的增加，物理创伤或化学创伤，可能会缩短上皮细胞的存活时间并导致绒毛萎缩。干扰细胞复制的药物（如许多化疗药物）与禁食，会抑制正常的细胞更新，无论是缺乏维生素 B_{12}（钴胺素）或叶酸，皆会导致黏膜萎缩。

　　维护黏膜层对于肠道的屏障功能至关重要，可防止肠道内的细菌或其他有害物质向全身蔓延。肠道喂养，尤其含有谷氨酰胺的膳食成分，可使肠道有健康的屏障功能。

　　小肠蠕动能混合内容物，减缓内容物通

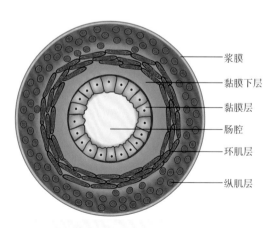

图 9.4　小肠的分层

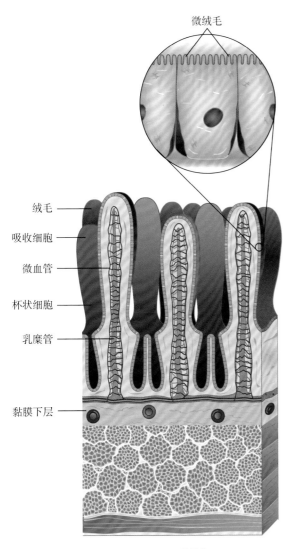

微绒毛

绒毛
吸收细胞
微血管
杯状细胞
乳糜管
黏膜下层

小肠壁的显微结构

图 9.5　小肠壁的微绒毛

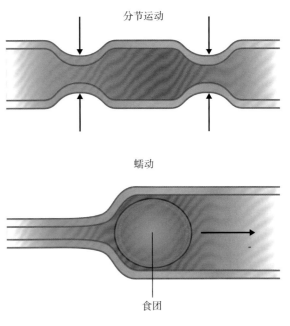

分节运动

蠕动

食团

图 9.6　小肠的分节运动和蠕动图解

过的速度，并使内容物向后方移动。节律性收缩减缓了运动速度，而蠕动会推动内容物远离口部，所以这两种运动具有"休息与加速"的协调作用（图 9.6）。食物在犬小肠的停留时间为 1~2 h，在猫为 2~3 h。

　　胰腺分泌的酶有助于消化碳水化合物、蛋白质和脂肪，小肠的刷状缘酶会进一步促进碳水化合物吸收。刷状缘酶受饮食、疾病和年龄的影响。随着动物成熟时，乳糖酶的含量下降，使得成年动物可能无法耐受牛奶中的乳糖。当饮食改变时，酶大约需要 2 d 的时间适应（上皮细胞向绒毛上方移动）。突然改变饮食习惯，可能导致未消化的碳水化合物增加，造成适应前的渗透压性腹泻。任何原因造成的肠炎，都可能导致酶丧失活性而出现腹泻。对于含有大量肠道菌群的动物，非结合型胆盐可能会增量到足以伤害微绒毛的程度。禁食也会使刷状缘酶减少，所以恢复给食时，食物量应循序渐进增多，使酶的活性逐渐增高。

　　小肠除了吸收养分之外，对于液体和电解质的分泌也很重要。一只 20 kg 的动物，每天进出肠道的液体多达 8~10 L，如果吸收不良或分泌过多液体，就会发生腹泻。

10 呕 吐

呕吐的病理生理学

呕吐是食物和液体从胃的返流。它是一种反射行为，涉及的前驱症状为恶心，可能还包括焦虑、流涎、舔唇和不安。

呕吐之前，肠道逆向蠕动使内容物进入胃部导致动物开始作呕。接着到胃窦，胃窦收缩的同时胃体会放松使食物逆行，胃—食道和咽—食道的括约肌放松，加上腹肌和横膈肌的收缩力驱动了呕吐。

呕吐是脑干呕吐中枢受到刺激而引起的反射行为（图 10.1）。呕吐中枢接收的神经传入，来自于外周脏器的受体、第四脑室底部的化学受体触发区（chemoreceptor trigger zone，CRTZ）、前庭器官和脑的更高级中枢，如大脑皮层。外周脏器的受体遍布全身器官，尤其在十二指肠内，有时称之为"呕吐或恶心的器官"。扩张或刺激肠黏膜，可能会刺激呕吐中枢；其他器官的炎症，如胰腺炎也可能导致呕吐。这些器官的传入神经纤维行经迷走神经和交感神经。CRTZ 位于第四脑室底部，能介导某些毒素（如尿毒症病例）或某些药物（如阿扑吗啡或甲苯噻嗪）引发呕吐。

前庭器官引发呕吐是由于晕车或由前庭疾病所造成。高级中枢如大脑皮层受到急性应激的刺激，可能导致呕吐，此种状况在人类比动物更为常见。

呕吐诊断

诊断呕吐时需要尽早了解以下问题：首先，它是呕吐，还是返流？接着，呕吐是由于胃肠道异常，还是身体其他系统疾病？基本资料、病史和临床一般检查通常会提供这些答案的线索。

基本资料与病史

病患的基本资料为年龄、品种和性别。了解这些因素通常可增加（或减少）对这些疾病的怀疑程度，并有助于临床医师列出鉴别诊断清单。

病史应该包括呕吐发生的步骤、频率、进食后多久发生及一天内最常发生呕吐的时间。呕吐发生在进食后超过 12 h，表示胃排空延迟。犬于清晨呕吐胆汁，可能是"胆汁呕吐综合征（bilious vomiting syndrome）"。对于呕吐物的描述有助于判断疾病，如胆汁、

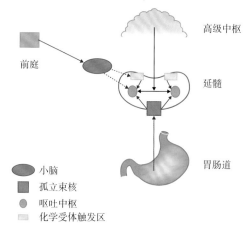

高级中枢

前庭

延髓

胃肠道

- ⬭ 小脑
- ■ 孤立束核
- ● 呕吐中枢
- ▢ 化学受体触发区

图 10.1　呕吐中枢示意

泡沫、消化过的食物、鲜血或像"咖啡渣"样已消化的血液。

仔细询问病情通常可以让兽医判断病患为呕吐或返流，虽然有些病例会同时有此两种症状。呕吐是指有力地从胃喷出胃内容物，而返流则是从食道或咽部排出食物。返流是一种被动行为，然而可能出现作呕，而作呕可能会引发干呕。返流的病患没有恶心表现，但如果吞咽功能受损，可能会流涎。

返流的食物通常不含胆汁，pH 值也不应为酸性（除非从胃里返流回食道）。比起呕吐物，更常见动物将返流物重新食入。返流的食物经常看似未经消化且可能呈食道的形状。返流可能在进食后立刻发生，也可能发生在数小时后，尤其是猫，其食道正常的运动速度较慢。

呕吐通常伴随恶心症状及用力地喷出食物，还有腹部用力的表现。呕吐物的 pH 值可能呈酸性，如果内含十二指肠内容物则可能呈碱性。咳痰，从呼吸道和咽喉咳出痰液，也是一种需要用力的行为，必须与呕吐和返流相区别。猫会以咳痰或返流的方式去除咽喉和食道的毛球。

患病动物所处环境可以提供动物接触中毒物质的相关资料，如铅、室内植物、清洁剂、地板打蜡、除臭剂和有机磷。用药史也非常重要，因为有许多药物会引起呕吐，如非类固醇消炎药、皮质类固醇、毛地黄和某些抗生素。询问是否玩了玩具、枝条、石块和丝线，对可能误食异物的诊断是重要的，尤其是年轻的动物和猎犬。

在获取病史时，应特别注意饮食，包括有无到处觅食、过食、摄取零食和邻居或儿童提供的食物等。仔细询问后，许多主人都能提供影响动物呕吐的饮食证据。切记一定要进行全身系统性检查，应当注意任何可能刺激或加剧症状的行为，还有反映腹痛的异常姿势。

理学检查

进行完整的理学检查非常重要，包括完整的腹部触诊。检查牙齿有时可看出犬是否会吞咬石头，甚至把石头吞下去，应检查舌的底面是否有丝线或其他线性异物。注意神经功能状况，有些神经系统疾病可能导致呕吐。应评估脱水状况，呕吐病史有液体摄入不足和呕吐发生，无论症状如何，估计至少约有 5% 的脱水（即亚临床脱水）。检查直肠可能发现有腹泻、黑便和血便。

病例的检查与处置

如果是慢性呕吐，且动物无其他疾病且可以正常进食，可用一种限制性新型蛋白质进行 1 个月的饲喂试验，无论是自制食品或市售食品均可使用。对于有清晨胆汁性呕吐病史的病犬，深夜给予零食或饲喂可能会减少呕吐，晚上口服甲氧氯普胺也有帮助。但改善运动力的药物如甲氧氯普胺，不应在排除误食异物可能性之前使用。理想的情况是所有动物至少有最基本的临床检查资料。

临床一般检查和其他实验室检查

对于大多数的慢性呕吐病例，有必要采取进一步的诊断性检查。呕吐的原因可分为直接由胃肠道疾病引起，或由身体其他系统疾病所致。临床一般检查有助于判断主要是消化道疾病或非消化道疾病引起呕吐。最初的诊断性检查包括：血液检查、血清生化检查、尿液分析和粪便漂浮检查。如果有任何脱水指征，应通过静脉输液，口服液体可能无效。

血液学检查能有效地发现：感染、毒血症、与嗜酸细胞性胃炎相关的嗜酸性粒细胞增多症、寄生虫病、肥大细胞增多症或肾上腺皮质功能减退症、铅中毒、失血和脱水状态确认。肥大细胞增多症的病例，可能会在白细胞层抹片上发现肥大细胞，但正常动物的白细胞层也可能会出现肥大细胞，所以此方法对肥大细胞增多症不具有特异性。

血清生化学提供的资料包括：可能存在的蛋白流失性肠病、氮血症、肝脏疾病、肾上腺皮质功能减退症、糖尿病、有无脱水和电解质浓度。血清基础皮质醇大于 $70\,\mu mol/L$（或 $2\,\mu g/dL$），即能排除肾上腺皮质功能减退症。

测定血清淀粉酶和脂肪酶，可以提示犬是否患有胰腺炎的迹象（虽然不具敏感性和特异性）。对于急性胰腺炎病例，增加血清类胰蛋白酶免疫活性检查（trypsin-like immunoreactivity，TLI）可能有助于诊断。专用于犬、猫血清胰腺脂肪酶免疫活性（pancreatic lipase immunoreactivity）（分别为 cPLI 和 FPLI）的检测，比血清总脂肪酶检测对胰腺炎的诊断更具敏感性和特异性。

幼犬和幼猫患有先天性肝门脉分流（porto-systemic shunts，CPSS），可能会出现胃肠道症状。与 CPSS 相关的一些临床病理学变化包括：小红细胞症、白蛋白下降和肝酶上升，但这些检查项目正常时无法排除 CPSS。无论何时怀疑动物患有 CPSS 时，应进行胆汁酸刺激试验（猫的铜色虹膜几乎是此病的特异性症状）。

应当给老龄猫检测血清总 T4（甲状腺素）以排除甲状腺功能亢进，罹患甲状腺功能亢进的猫，50% 以上可能出现呕吐。

测定血清总二氧化碳（TCO_2）可能有帮助。TCO_2 增加，表示碱中毒（相对 PCO_2 上升，表示酸中毒）。出现呕吐的小动物病例且存在碱中毒（尚未给予如磷酸氢钠的碱化剂）时，几乎总提示为幽门或十二指肠阻塞。注意寻找异物。

尿检提供的资料包括：肾脏和肝脏疾病、酮酸中毒、糖尿病及有无脱水。如果可能的话，每当进行血清生化分析时，应至少采集两滴尿液作尿液试纸和尿比重分析。理想的情况是采集 $5\sim10\,mL$ 尿液，离心后作尿沉渣检查。

粪检对确认有无蛔虫可能有所帮助，尤其对于幼犬和幼猫。即使未查出寄生虫卵，仍建议对某些病例投服有效的驱虫药物如芬苯达唑，因为某些寄生虫呈间歇性排卵。Ollulansus tricuspis 能引起猫的呕吐（而犬罕见），最好采集呕吐物做贝尔曼（Baermann）检查，比粪检容易作出诊断。

对某些病例有用的进一步检查

如果有持续摄入铅的病史，如旧房改建或与呕吐相关的神经或行为异常，应测定血清中的铅浓度。如果病史和症状提示可能为有机磷中毒，应测定血浆胆碱酯酶活性。来自犬恶丝虫流行地区的猫，应进行恶丝虫抗原的血清学检测和胸腔 X 光检查，猫患此病后会出现呕吐。

影像学检查

对表现慢性呕吐的任何动物，有必要进行腹部 X 光平片检查。X 光检查可用于发现不透射线的异物、肠扩张、胃的大小、位置和内容物、肝脏和肾脏的大小、子宫大小（如子宫蓄脓症）、腹部肿块和肠穿孔等。猫患有充血性心力衰竭，可能引起部分缺氧和呕吐，所以临床检查显示心脏异常时，应进行胸部 X 光检查。

胃肠检查时，还可用钡制剂或怀疑有穿孔时用碘化合物进行胃肠造影，有助于发现胃肿块、胃或肠道异物、确定胃的大小、形状和评估肝脏大小。如果使用足量的钡制剂，可以评估黏膜的细微构造。由于胃排空液体和固体的速度不同，所以液体钡无法检测大多数的胃动力异常。

将钡制剂与食物混合可显示胃排空的情况，但检查应在投服后 30 min 内开始。钡制剂可能会与食物分离，以液体形式单独排空。

浸钡聚乙烯球（Barium impregnated polyethylene spheres，BIPS）可用于检测胃肠道运动障碍和阻塞，胶囊内含有 30 粒 1.5mm 和 9 粒 5mm 的 BIPS（图 10.2）。小粒 BIPS 模拟食物颗粒的作用，与食物混合后可以用来估算食物通过胃肠道的时间，大粒的 BIPS 用于检测部分（或完全）的阻塞（图 10.3）。通过综合病史、临床症状、实验室检查、X 光影像和 BIPS 造影结果，可以确定为功能性（即功能性肠闭塞）或物理性阻塞。用 BIPS 做造影检查后再施行手术或内窥镜活检，优于使用钡制剂的效果。

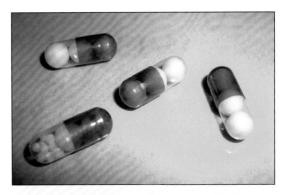

图 10.2 浸钡聚乙烯球

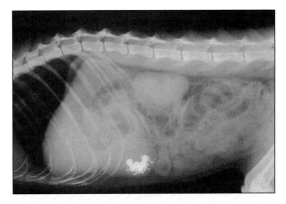

图 10.3 聚集成团尚未从胃排空的 BIPS，显示胃内阻塞

超声检查

超声检查对团块、肠壁增厚、胃肠道浸润性疾病和肠系膜淋巴结病的敏感性比 X 光检查高。超声比 X 光检查更能充分地评估胰腺、肝脏、肾脏、前列腺与子宫。超声检查对于一个优秀的超声波操作员而言，是诊断胰腺炎的最好方法之一。

超声检查有时可以清楚地观察到肠套叠，也可评估肠道蠕动情况。超声波可以穿透腹水观察器官，但气体、消化物和粪便会影响观察。在超声波引导下进行的细针抽吸或较大型号的针穿刺活检，有时能提供有用的信息，对某些动物而言（如有严重低白蛋白血症者），比手术取样的方式好。

内窥镜检查

并非每一个患有胃肠道疾病的动物都适合用内窥镜检查。在临床病例中，伴有严重症状（如顽固性呕吐或吐血）、体重减轻、厌食或超声检查显示患有浸润性疾病时，适合用内窥镜检查。

内窥镜检查结合胃和十二指肠、有时结肠和回肠的活组织检查（图 10.4），有助于诊断炎性胃肠道疾病（犬猫呕吐常见的原因），也有助于诊断某些淋巴瘤、胃腺癌和其他胃癌、胃十二指肠溃疡、胃炎、幽门狭窄和某些异物。有些消化道淋巴瘤须进行全层组织活检以作出诊断。胃肠道异物有时可使用内窥镜及附属的活检钳或圈套器移除。

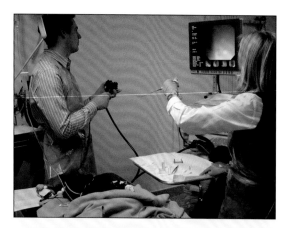

图 10.4　使用内窥镜采样做肠道活组织检查，有助于诊断猫的呕吐

腹腔探查术

对于消化道壁疾病的诊断（如用内窥镜取黏膜活检深度不够的区域）、内窥镜无法到达的小肠远端病变、大部分的胃内异物和几乎所有的小肠异物的移除，都需要进行探查性手术。手术对幽门狭窄的确诊和治疗十分必要，也非常有助于胰腺炎、尤其猫胰腺炎的诊断。探查术可对多个器官进行观察并进行活检，包括胃、小肠、肝脏和胰腺。对呕吐（或腹泻）的动物实施腹腔探查术时应该进行胃肠活检，在缺乏活检的探查术后进行内窥镜检查是荒谬的诊断方法。

11 犬小肠内异物

基本资料与主诉

基本资料：英国史宾格猎犬，5岁，雄性，体重19.9 kg。

主诉：呕吐、食欲不佳。

病史

该犬一直保持健康，用芬苯达唑定期驱虫，每年按时接种疫苗。直到入院前2周，病犬开始呕吐，且食欲逐渐下降。目前每天呕吐2~3次，呕吐物包括食物和胆汁，但不带血。排便正常。主人评估此期间犬瘦了1~2 kg。病犬的饮水量和尿量没有改变，但运动耐受性下降。

病犬平日以干犬粮和罐装犬粮混合物为食，最近主人改用喂食鸡肉和火腿肠来鼓励病犬进食，每天投喂2次。

理学检查

病犬精神呆滞但有反应，身体状况评分为4/9，近日体重减轻，腰与腹侧部的肌肉和脂肪消失，黏膜呈粉红色但黏度略高，微血管再充盈时间少于2 s，触诊周边淋巴结正常。

胸部听诊显示心音和肺音正常，心率140次，呼吸24次/min。

腹部触诊无疼痛反应，唯一的异常为小肠气体增加。肛温为39.1℃。

病犬之前的治疗药物包括：克拉维酸－羟氨苄青霉素（阿莫西林）、雷尼替丁与硫糖铝（剂量不详），服药后未见临床症状改善，没有服用其他药物或营养品。

问题与讨论

- 呕吐
- 黏膜黏度增加
- 食欲不振
- 体重减轻
- 肠道气体增加
- 体温升高

鉴别诊断

呕吐是主要的症状，其他问题推测与呕吐相关。此病犬呕吐的鉴别诊断如下。

- 胃病
  - 异物
  - 胃炎
  - 胃溃疡
  - 慢性局部扩张－扭转
  - 肿瘤
- 小肠疾病

- 异物
- 炎性肠病
- 肿瘤
- 寄生虫
- 肠套叠（可能性小）
- 大肠疾病
  - 结肠炎
  - 便秘
- 全身性疾病
  - 胰腺疾病
  - 肾上腺皮质功能减退症
  - 糖尿病
  - 肝脏疾病
  - 腹膜炎
  - 肾脏疾病/尿毒症（可能性低）
- 饮食因素
  - 食物过敏
  - 饮食不当

　　尽管病犬有患肠套叠的可能，但大多数患肠套叠的病犬（80%）都小于1岁。病犬没有肾脏病的任何其他症状，所以尿毒症不可能是呕吐的原因之一。

　　黏膜黏度上升可能是轻度脱水造成的，病犬就诊当天早晨没有饮水，且经过2 h才到达诊所，也有可能是呕吐造成的体液流失。

病例的检查与处置

　　为病犬办理住院，静脉给予含钾的晶体溶液，以纠正6%的脱水。

临床病理学检查

　　进行血液学、血清生化检查和尿液常规分析。血液学检查结果无明显改变，但红细胞压积为0.47 L/L（参考范围0.37~0.55 L/L），比视觉型猎犬以外的其他品种犬高，认为很可能是血液浓缩的结果。

　　血清生化检查结果可见：肝酶上升，丙氨酸氨基转移酶（ALT）为1 100 IU/L（参考范围是21~102 IU/L），碱性磷酸酶为114 IU/L（参考范围是20~60 IU/L）。血清氯和钠离子减少，分别为84 mmol/L（参考范围是99~115 mmol/L）和137 mmol/L（参考范围是139~154 mmol/L）。血清钾位于参考值的最低值，为3.6 mmol/L（参考范围3.6~5.6 mmol/L）。检测血清基础皮质醇的浓度为97 nmol/L，在参考范围（20~230 nmol/L）内。若血清基础皮质醇高于70 nmol/L，即可排除肾上腺皮质功能减退症。

　　血清淀粉酶和脂肪酶没有升高，虽然未进行犬胰腺脂肪酶免疫活性检测，但可以排除胰腺疾病。

　　尿液分析未见异常。尿比重为1.048，表示肾脏浓缩尿液的能力良好，和临床发现的轻度脱水症状相符。脱水还可能造成血清白蛋白、尿素和肌酐上升，但病犬的这些数值均在参考范围内。

影像学检查

　　因为怀疑可能发生肠阻塞，所以给病犬服用浸钡聚乙烯球（BIPS）。由于大粒（9mm）BIPS会在阻塞部位聚集成团，所以BIPS有助于对局部阻塞的诊断。大约8 h后作腹腔腹背位与侧位X光拍摄，发现聚集成团的BIPS，小肠肠管充满大量气体（图11.1和图11.2），某些区域的肠管宽度大于L5椎体高度的两倍。这种情况高度提示小肠阻塞，因此对病犬进行剖腹探查。

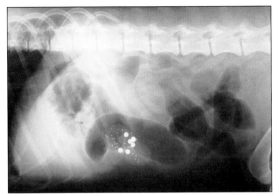

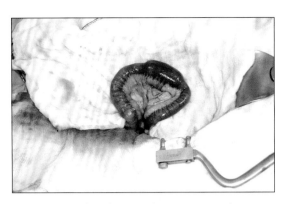

图 11.3　小肠异物（courtesy of Dr Donald Yool）

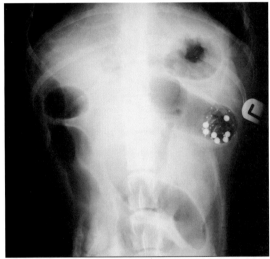

图 11.1 和图 11.2　腹部侧位与腹背位 X 光检查，可见到集聚成团的 BIPS 以及肠道明显扩张，此为肠阻塞的特征（courtesy of Dr Tobias Schwarz）

手术

手术时发现肠管因充气而扩张，有异物位于空肠内（图 11.3）。从空肠中段处取出果核，以常规方式缝合，再以大网膜覆盖于肠切开处周围。病犬平稳地苏醒，术后给予抗生素（阿莫西林克拉维酸钾，第一天初始剂量为 20 mg/kg，每 8 h 静脉注射一次；接下来 4 d 按 19 mg/kg，每 12 h 口服一次）。术后第一天，给予止痛药丁丙诺啡（按 20 μg/kg，每 6 h 静脉注射一次）。

追踪

术后 5 d 血清生化数值改善，ALT 下降到 290 IU/L，AP 也下降到 244 IU/L，电解质在参考范围内。病犬开始进食，肛温正常且无呕吐。随后为病犬办理出院，停止药物治疗。

讨论

X 光检查结果高度提示病犬肠道有异物存在，使用 BIPS 有助于判断 X 光影像，尽管不使用 BIPS 也能作出诊断。果核为相当常见的犬肠道异物，通常在 X 光片上不容易观察到。

血清钠和血清氯偏低，且血清钾为参考值下限，符合肠阻塞的特点，与呕吐丢失和 / 或液体积聚在肠道内有关。由于阻塞肠管的前端扩张与肠系膜血管瘀血（图 11.4），大约阻塞 24 h 后，阻塞前端的肠黏膜会分泌液体而非吸收液体，虽然仍能够吸收养分。

胶体溶液可能是更好的输液选择，因为胶体溶液比晶体溶液更能有效支持肠阻塞病犬的渗透压，但目前没有证据显示使用胶体溶液可提高病犬的存活率。

阻塞肠段的细菌数量增加，可能引起内毒素休克。此犬未出现休克，但有体温升高现象。发生肠阻塞的动物应使用抗生素以减少细菌数量，有助于预防肠道细菌转移和发生内毒素血症。

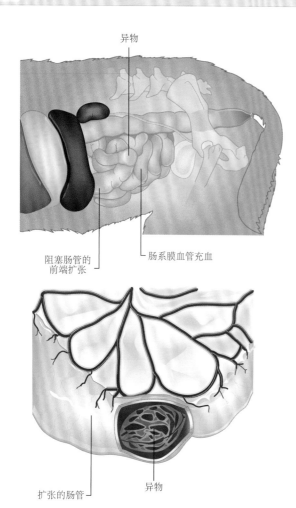

异物

阻塞肠管的
前端扩张

肠系膜血管充血

扩张的肠管

异物

图 11.4　肠道异物造成阻塞的肠管前端扩张，有时称之
为"stagnant"肠管

流行病学

一项研究指出，英国牛头㹴、英国史宾格猎犬、斯塔福郡斗牛㹴、边境牧羊犬、杰克罗素㹴是胃肠道异物出现最多的品种。犬有 63% 的阻塞发生在空肠，但胃肠道的所有部位都可能发生异物阻塞。

预后

临床症状持续时间较长、线状异物和接受多次肠道手术的动物死亡率明显增高，而阻塞程度（局部或完全）或异物位置均不对存活率造成显著影响。一项有关猫的研究指出，术前异物未造成穿孔的病猫有 85% 的存活率，而术前异物引起穿孔后仅有 50% 的存活率。

12 犬慢性局部胃扩张

基本资料与主诉

基本资料：拉布拉多犬，8 岁龄，雄性未绝育，体重 24 kg。

主诉：呕吐。

病史

病犬有关节炎病史，平时以专为关节炎病犬设计的食物为食，曾接受非类固醇性消炎药美洛昔康治疗，入院前 3 周已停药。

病犬在过去的一个月内出现嗜睡，每日多次呕出食物和棕色泡沫，偶尔也出现干呕，其粪便稀软或呈水样。前一周内，主人观察到病犬数次出现"祈祷姿势"，出现祈祷姿势时，病犬面朝地板且前腿向前伸展，这个姿势通常发生在腹痛发作时。在此之前，每隔几个周便会出现间接性地呕吐和腹泻。一个月来，病犬已瘦了约 3 kg。

主人表示，病犬运动时呼吸更加吃力，运动意愿也不如以前。

病犬定期以芬苯达唑驱虫，每年接种疫苗。但主人表示，这次驱虫已经延误了 3 周。

病犬目前每 8 h 口服甲氰咪胍 200 mg，但病情未见改善。

理学检查

病犬精神良好，对外来刺激反应良好，身体状况评分为 4/9，无脱水体征。黏膜呈粉红色，毛细血管再充盈时间少于 2 s，触诊周边淋巴结无异常。

胸部听诊显示心音和肺音正常，心率 100 次 /min，因病犬喘息而无法计算出呼吸频率。腹部触诊时有轻度至中度的疼痛或不适，因此难以进行完全的腹部触诊。未发现其他异常，肛温为 38.9℃。

问题与讨论

- 呕吐
- 腹泻
- 运动耐受性降低
- 腹部不适
- 可能有呼吸窘迫

鉴别诊断

呕吐是病犬的主要问题，并且被最早发现。病犬呕吐的鉴别诊断如下。

- 胃部疾病
  - 异物
  - 胃炎
  - 溃疡
  - 肠慢性局部扩张 – 扭转
  - 肿瘤

- 小肠疾病
  - 异物
  - 炎性肠道疾病
  - 肿瘤
  - 寄生虫
  - 肠套叠（因犬的年龄而可能性小）
- 大肠疾病
  - 结肠炎
  - 便秘
- 全身性疾病
  - 胰腺疾病
  - 肾上腺皮质功能减退症
  - 糖尿病
  - 肝脏疾病
  - 腹膜炎
  - 肾脏病/尿毒症（可能性低）
- 饮食因素
  - 对食物的不良反应（过敏或不耐受）
  - 饮食不当

虽然大多数肠套叠的病犬都不到1岁，但并不能完全排除肠套叠。病犬没有多尿、烦渴等肾脏疾病的任何其他症状，因此尿毒症不可能是引起病犬呕吐的原因。

病例的检查与处置

为病犬办理住院，进行诊断性检查。

临床病理学检查

进行血液学、血清生化检验和尿常规检查。血液学检查结果无异常，血清生化检验结果包括淀粉酶、脂肪酶和基础皮质醇的数值皆在参考值范围内，但胆汁酸浓度稍微升高至19.4 μmol/L（禁食参考范围0~7 μmol/L）。

犬胰腺脂肪酶免疫活性反应试验、血清类胰蛋白酶免疫活性反应试验与叶酸检验结果皆在参考值范围内，血清钴胺素略为下降，为268 ng/L（参考范围275~590 ng/L）。

尿液试纸和尿沉渣检查结果无明显异常，尿比重为1.037。

影像学检查

腹部超声波显示胃运动力下降，幽门和十二指肠较正常时靠近中线，所有其他腹部器官正常。建议进行X光造影检查。

腹部X光检查结果显示：胃底有气体，腹背位（VD）影像可见气体延伸通过幽门；在近端降十二指肠内也能见到一些气体，小肠内含有液体和气体，但直径看起来正常。

口服液态钡剂，以提高胃肠道在X光片的视觉效果。投服钡剂5 min后，可看到钡剂和食物颗粒的混合物出现在充满气体的胃底，而钡剂大部分集中在胃窦，后者外观呈圆形、扩张且向中线偏移（图12.1）。观察腹背位影像可见，胃底与胃窦的夹角比正常减小，且胃窦向中线偏移。两种体位的X线影像均显示幽门区突然消失（图12.2），在钡剂开始填充十二指肠前有一段几厘米的狭窄带。

投服钡剂30 min后，大部分钡剂已流到小肠末端，然而胃窦位置仍然异常。

投服钡剂2 h后，有些钡剂仍停留在胃内，主要位于胃窦和幽门。胃窦部的形状看起来不是很圆，且与胃小弯的夹角比之前变大。十二指肠近端钡剂充盈不完整，其中有一处狭窄。

尝试进行胃肠道内窥镜检查。将内窥镜通过食道下括约肌进入胃时，遇到不常见的阻碍。胃的内窥镜影像显示异常，即胃的解

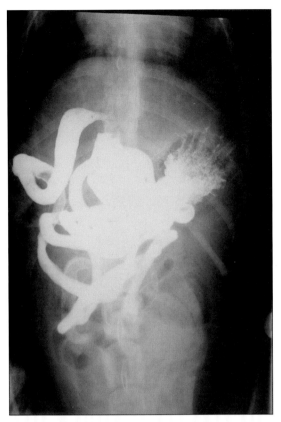

图 12.1　用钡剂造影的腹腔 X 线腹背位影像，显示幽门位置异常偏移（向中）（courtesy of Dr Tobias Schwarz）

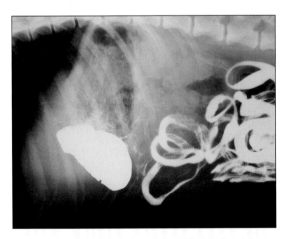

图 12.2　腹部侧位 X 线片，显示钡剂在进入十二指肠数厘米前，有一明显狭窄地带（courtesy of Dr Tobias Schwarz）

剖标记（如小弯、胃窦）均处于异常位置。在用内窥镜检查时，胃的形状又改变了，其解剖标记又回到正确位置。十二指肠无异常。对胃和十二指肠进行了常规活组织检查采样。

病例评估

综合病史、影像学和内窥镜检查结果，诊断病犬患有慢性间歇性动态局部胃扭转，因此为病犬安排手术探查。

手术治疗

手术时确定病犬患了局部胃扭转，因此进行了胃环带型固定术（Belt loop gastropexy）以防止其复发或发展为胃扩张 - 扭转（图 12.3）。进一步对胃和空肠进行了全层活组织检查。

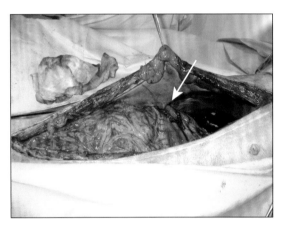

图 12.3　环带型胃固定术（箭头处）（courtesy of Dr Donald Yool）

组织病理学检查

活检样本组织病理学检查显示，胃和十二指肠均正常，空肠呈轻度弥漫性慢性炎症。

追踪

病犬术后恢复良好，1 个月后运动接近正常，采食良好且无呕吐表现。

内科治疗

虽然手术能预防胃扭转，但某些病例仍会复发胃扩张，针对这些病例的建议包括：少量多餐、低碳水化合物、低脂肪、高蛋

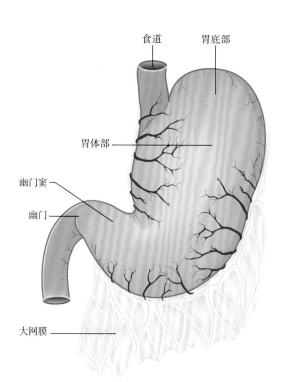

胃扩张–扭转连续图解
以腹侧方向呈顺时针旋转

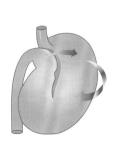

幽门窦向下位移

幽门穿越中线，通过
下方扩张的胃近端，
沿左侧腹壁向上抬升

胃底部向腹侧移动，
并位于腹部的腹侧

胃持续扩张，使胃
大弯向腹侧移动

图 12.4   说明胃发生捻转时幽门如何穿越中线，造成幽门闭锁，并造成胃中的气体和液体增加

白饮食、应用胃动力药如胃复安、西沙比利或小剂量的红霉素（在两餐之间每 8 h 口服 0.5~1.0 mg/kg）。给犬喂食小剂量红霉素，能刺激犬胃动素（motilin）的释放，促进消化间期的"管家波"和固体食物排空。含有薄荷的产品有温和的促进胃动力作用，可能有所帮助。止酵剂抗发泡剂如二甲聚硅氧烷（dimethacone）或二甲基硅油（simethacone）对某些病例有效。

病例讨论和流行病学

患有慢性胃扩张和 X 光检查诊断为胃扭转的病犬，可能会表现慢性间断性胃扭转，但通常会自愈。X 光检查发现胃内充满空气，使幽门过度靠近中线，因此可能因胃扭转而发展为胃扩张 – 扭转（图 12.4）。目前原因不明，可能是由于嗳气能力受损或胃排空延迟所致。

嗳气始发于胃的气性膨胀（尤其贲门），由位于贲门部的受体介导，经由迷走神经传入大脑，使贲门与下食道交界处的压力低于胃的其他区域，从而让气体排出。

嗳气异常的原因可能与交界处的括约肌反射异常有关，如迷走神经支配失调或贲门感觉功能不全。贲门可能会因胃过度膨胀受到损害，所以患胃扩张的病犬容易复发。

胃内的气体通常来自吞入的空气、胃酸与含有碳酸氢盐的分泌物反应或来自细菌发酵。快速进食和饮水会使吞入的空气量增加，紧张、兴奋或吞咽困难（如食道运动障碍）的动物更容易吞入空气。呼吸困难或过度换气的动物更容易将空气吞入。

有资料显示，饮食成分影响胃扩张的发病率，虽未得到证实，但有报道给犬喂食新鲜肉、大豆或壳类为主的主食引起胃扩张 – 扭转的病例。摄入大量食物能快速引起胃扩张，胃需要较长时间才能将食物排空。建议对具有胃扩张风险或扩张病史的犬，以每日少量多餐的方式取代一次给予大量食物。

大型深胸品种犬发生胃扩张的风险较高，但没有好发年龄或性别的认识。

胃扩张与捻转连续图解（以腹侧方向呈顺时针旋转）幽门窦向下位移 幽门穿越中线，通过下方扩张的胃近端，沿左侧腹壁向上抬升 胃底部向腹侧移动，并位于腹部的腹侧胃持续扩张，使胃大弯向腹侧移动。

预后

大部分的临床症状通常在接受胃固定术与胃扩张治疗后得到缓解。有些动物的胃会持续膨胀，但接受了胃固定术后的胃无法扭转，因此总体预后良好。

13 犬胰腺炎与消化道淋巴瘤

基本资料与主诉

基本资料：比格犬，5 岁龄，雄性未绝育，体重 12 kg。

主诉：呕吐。

病史

病犬在就诊前一个星期出现呕吐和食欲下降，呕吐物中含有食物和胆汁，每天至少发生一次。过去一个月来，呕吐频率增加。病犬 5 个月前有类似症状，当时口服电解质溶液和用抗生素治疗后有效。

主人认为病犬体重下降，但不能确定减轻多少。病犬呈现嗜睡，主人表示病犬个性安静。在过去几周内，病犬粪便稀软、颜色变深。由于食欲不振，所以粪便量较少。

3 个月前对病犬最后一次驱虫，但有 3 年左右未接种疫苗。病犬早期的食物是在食品杂货店买来的干狗粮，另加零食和人的食物奖赏。目前以少量的鸡肉和火腿肠鼓励病犬进食，未使用任何药物。

理学检查

病犬精神不佳，但反应良好，估计有 6% 左右的脱水。虽然可见体轴、腰部和颞部肌肉量减少，但体况评分为 5/9（良好）。黏膜呈粉红色，微血管再充盈时间少于 2 s，触诊周边淋巴结无异常。

胸部听诊显示心音和肺音正常，心跳 96 次 /min，呼吸 16 次 /min。前腹部触诊有轻度至中度疼痛反应，肛温降低至 36.7℃。

问题单与讨论

- 呕吐
- 腹部不适
- 肛温降低

鉴别诊断

呕吐为病犬的主要问题，该犬呕吐的鉴别诊断如下。

- 胃部疾病
  - 异物
  - 胃炎
  - 胃溃疡
  - 慢性局部胃扩张 - 扭转
  - 肿瘤
- 小肠疾病
  - 异物
  - 炎性肠道疾病
  - 肿瘤
  - 寄生虫

- 肠套叠（可能性低）
- 大肠疾病
  - 结肠炎
- 全身性疾病
  - 胰腺疾病
  - 肾上腺皮质功能减退症
  - 糖尿病
  - 肝脏疾病
  - 腹膜炎
  - 肾脏病／尿毒症（可能性低）
- 饮食因素
  - 对食物的不良反应（过敏或不能耐受）
  - 饮食不当

虽然大多数肠套叠的病犬年龄都不到 1 岁，但不能完全排除肠套叠的可能性。病犬没有肾脏疾病的任何其他症状，所以尿毒症不大可能是引起病犬呕吐的原因。

病犬前腹部疼痛的鉴别诊断

- 胰腺炎
- 胃炎
- 肝脏疾病
- 腹膜炎
- 肾盂肾炎（可以排除，因疼痛位置偏前，不在肾脏的区域）
- 背痛和腹痛偶尔难以区分，但病犬表现出非常局限性的疼痛，看来不太可能源自于脊椎或是体轴上的肌肉。

肛温过低可能源于环境温度下降（这里的情况不符合）、休克或外周循环其他疾病、甲状腺功能减退症或将温度计插在直肠粪便内测量。认为后两个鉴别诊断之一为该犬最可能的病因。

临床小提示：PCVS

大多数实验室的 PCV 的上限值高于 0.5 L/L，PCV 的上限值通常见于灰犬和其他视觉猎犬。其他品种犬的数值高于 0.50 L/L 时，应考虑是脱水造成血液浓稠。如果数值高于 0.60 L/L，可能是继发性红细胞增多症或真性红细胞增多症。

病例的检查与处置

为病犬办理住院进行诊断性检查，并通过静脉输液治疗以纠正脱水。

临床病理学检查

进行血液学、血清生化检查和常规尿检。血液学检查结果显示：白细胞总数上升，中性粒细胞数量为 23.5×10^9/L[参考范围（3.6~12.0）$\times 10^9$/L]，杆状核粒细胞数量为 1.4×10^9/L（此实验室参考范围 0），单核细胞数量为 2.24×10^9/L[参考范围（0~1.5）$\times 10^9$/L]，血细胞压积为 0.54 L/L，

临床小提示

血清淀粉酶和脂肪酶可反映犬是否患有胰腺炎，但检测特异性仅为 50% 左右。特别是血清淀粉酶不具诊断意义，如本病例，病犬患有严重的胰腺炎，血清淀粉酶数值却在参考范围内。如果不能立即进行更可靠的特异性犬胰腺脂肪酶免疫活性反应（cPLI）检测，血清淀粉酶和脂肪酶仅应作为初步的筛选检测。也可采用室内定性检验套组检测 cPLI，其检测敏感性为 80% 以上，同样具有高度的特异性。

在 0.39~0.55L/L 参考范围内，高出视觉型猎犬之外的其他品种犬。

血清生化检查结果显示：白蛋白减少为 21.9 g/L（参考范围 26~35 g/L），球蛋白值为 19 g/L，处于参考范围的低限（参考范围 18~37 g/L）。血清尿素轻微上升，为 7.6 mmol/L（参考范围 1.7~7.4 mmol/L）。血钠下降，为 135 mmol/L（参考范围 139~154 mmol/L）。血钾在参考范围内，为 4.0 mmol/L。胆固醇下降，为 3.1 mmol/L（参考范围 3.8~7.0 mmol/L）。甘油三酯在参考值范围内，为 0.73 mmol/L（参考范围 0.57~1.14 mmol/L）。脂肪酶大量增加，为 2 330 IU/L（参考范围 13~200 IU/L）。而淀粉酶位于参考范围内，为 22.1 μmo/L（参考范围 15~26 μmo/L）。为了确诊，对犬特异性脂肪酶进行了检测，该酶显著上升至 998 mmol/L（参考范围低于 200 mmol/L）。

基础血清皮质醇为 202 nmol/L，可排除肾上腺皮质功能减退症。

临床小提示：止吐

口服或皮下注射胃复安的半衰期相对较短，如果以定速输液会更有效。胃复安是一种多巴胺受体激动剂，胰脏血流受多巴胺受体调节，所以胃复安可能会对胰脏血流产生不良影响。Maropitant 是一种广效的神经激肽Ⅰ颉颃剂，对该犬可能是更好的选择，但在接诊该病时此药物尚未上市。它不具有胃复安的促动力作用，正是该病例所希望的。另一种对胰腺炎可能有用的止吐剂是多拉司琼（dolasetron），为一种 5-羟色胺（5-HT）受体颉颃剂，具有强力的止吐效果（但当时没有此药）。

临床小提示：胰腺炎治疗中如何使用抗生素

对于犬的胰腺炎是否使用抗生素治疗，有很多争议。对人胰腺炎病例而言，感染是胰腺炎常见的并发症。但从预防角度用抗生素治疗人的病例，取得更好效果的证据有限。大多数兽医师会用抗生素治疗胰腺炎病猫，但对于犬则难下决定，一般认为犬不太可能发生感染。在这个病例中（无论正确与否）决定使用抗生素，因为核左移和带状核中性细胞数量增多。

护理小提示：关于胰腺炎病例的饮食

以前曾建议对胰腺炎病例禁食，对于呕吐病例可以理解。对病人而言，没有证据显示限制营养补充剂是有益的，甚至有些不利。目前认为，仅对呕吐病犬禁食 2~4 d，如果止吐剂无法控制呕吐，建议给予肠外营养（例如经外周静脉给予部分营养）或经空肠造口术给予肠内营养支持。肠外营养的优点是不像空肠造口术需要麻醉才能装管。对没有呕吐的病犬，可按少量多餐方式提供低脂和适量碳水化合物的食物。没有科学证据证明，高脂肪食物会引起胰腺炎，但在恢复过程中给予低脂食物，对病犬恢复可能有利。饲喂低脂食物，似乎也可以使一些病情较轻的慢性胰腺炎症状得到缓解。

血清甲状腺素（总 T4）浓度降低为 8 nmol/L（参考范围 15~48 nmol/L）。

尿检包括尿液试纸和尿渣检查，结果均无异常，尿比重为 1.047。

影像学检查

腹部超声检查显示胰脏肿大且不规则，有局部性液体积聚，十二指肠外观呈波纹样。小肠宽度和分层均正常，近端小肠无明显的蠕动作用。

诊断

综合病史、临床病理检查数据和超声波检查结果，诊断为胰腺炎。

> **临床小提示：脱水的临床病理学影响**
>
> 脱水会影响许多临床病理学检查数值，特别是 PCV、血红蛋白、尿素、肌酸酐（肾前性氮血症）、白蛋白、球蛋白和钠都明显上升。脱水会使部分检查项目如尿素和肌酸酐的数值高于参考范围，但也能掩盖一些低值项目如蛋白质和 PCV。这些项目如果处于参考范围内的低值，应在纠正脱水后重新评估。

内科治疗

最初治疗包括：静脉输入平衡的晶体溶液，输液速率设定在 24 h 内能够纠正脱水；静脉注射阿莫西林克拉维酸钾（20 mg/kg，1 次 /8 h）和丁丙诺啡（20 μg/kg，1 次 /6h）镇痛；雷尼替丁（2 mg/kg，每 12 h 皮下注射 1 次）；胃复安以稳定的速率输入（在 24 h 内按 1 mg/kg 定速输入静脉）；硫糖铝（每 8 h 口服 1.5 mL）。由于病犬呕吐，不能口服任何东西，所以只好停止口服硫糖铝。

病犬总 T4 降低，可能为甲状腺功能减退或甲状腺功能正常患病综合征（euthyroid sick syndrome）。计划在治疗目前更严重的病情后，对此问题再进行调查研究。病犬嗜

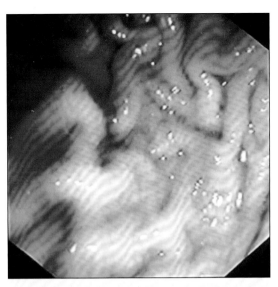

图 13.1　胃内窥镜影像：没有扩张，胃皱襞粗糙

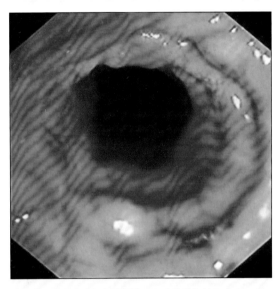

图 13.2　小肠的内窥镜影像：发现黏膜粗糙和出血

睡且肛温低，没有脱毛、高胆固醇、高甘油三酯血症或贫血（即使在输液后）。

经过两天的治疗，病犬的临床症状时好时坏，整体表现不佳，精神仍然沉郁且持续呕吐。再次进行血液学及血清生化检验，血清脂肪酶为 875 IU/L（参考范围 13~200 IU/L），虽然数值仍偏高，但有所改善；白蛋白下降至 15.8 g/L（参考范围 27~35 g/L）和球蛋白下降至 17.8 g/L（参考范围 18~37 g/L）；血

清尿素为 5.4 mol/L（参考范围 1.7~7.4 mol/L）；PCV 下降至 0.48 L/L。尿蛋白与肌酸酐比值为 0.3，有效地排除了蛋白丢失性肾病。除了白蛋白以外，肝功能检验（如血清胆汁酸和胆红素）和肝酶检查结果均在参考范围内，能够排除肝病。

该病例除了胰腺炎以外，还怀疑有胃肠道疾病，因此进行了消化道内窥镜检查。

内窥镜检查

胃镜影像显示，胃内皱襞增厚（图13.1），小肠黏膜非常粗糙且形态异常，并有一些出血（图 13.2），因此又进行了胃、小肠黏膜活组织检查。

组织病理学检查

胃的组织病理学检查结果显示：固有层水肿和充血、某些局部性出血和下面发炎的糜烂区。贲门活组织检查结果显示，胃腺体大规模纤维化和萎缩。判断为中度至重度炎症性胃炎。

十二指肠壁固有层为不成熟、无核裂淋巴细胞引起的严重弥漫性结节性浸润，小肠绒毛呈广泛性钝化和萎缩。判断为消化道淋巴瘤。

追踪

由于主人不想继续治疗，遂将病犬进行了安乐死。活组织检查结果证实：小淋巴细胞大量浸润于绒毛、固有层，并延伸至绒毛下方以及某些区域的黏膜下层。肠系膜淋巴结也显示小淋巴细胞流失，淋巴结包膜下窦有大量小淋巴细胞浸润。

甲状腺滤泡萎缩且几乎完全没有胶质物，但未发现炎性细胞。似乎病犬甲状腺功能减退源于自发性滤泡萎缩，而非进行性淋巴性甲状腺炎。在该病的诊断中，仍不清楚滤泡萎缩是一种不同的综合征，还是之前淋巴性甲状腺炎最后的结果。

病例讨论和流行病学

此病例证实了诊断上的困难，即假定引起病犬临床症状的病因只有一个，但本病例的呕吐却是多种病因引起的。因为胰腺炎与甲状腺功能减退均不是引起肠淋巴瘤的风险因子，所以发生在这只不幸的犬身上的疾病可能都是独立事件。病犬的胰腺炎开始好转，甲状腺功能减退症可以治疗，因此最终诊断为肠淋巴瘤。

消化道淋巴瘤约占犬淋巴瘤病例的 7%，可以如本病例一样弥散性发生或为更局限的形式。症状通常包括厌食、呕吐、腹泻、体重减轻和发烧，本病例出现了其中数种症状。主要区别是肠道炎性疾病，常作全层活组织检查，有时采用免疫组织化学方法，对区别这两种疾病是必要的。

其他用来区分这两种疾病的技术包括：流式细胞仪和采用 PCR 技术评估 T 细胞的增殖能力。初期的犬胃肠道淋巴瘤通常是 T 细胞表现型。低蛋白血症和高胆红素血症更常见于淋巴瘤病例，而少见于肠道炎性疾病，但并非一定如此。似乎某些淋巴细胞性浆细胞性肠炎病例最终会演变为恶性淋巴瘤。

此病似乎没有好发年龄或性别取向。在一项研究报告中，44 例胃肠道淋巴瘤病犬中约有一半（23）为母犬，其中 11 只未绝育，21 只公犬中有 12 只未绝育。品种包括 16 种纯种犬和杂种犬，拳师犬和中国沙皮犬为最常见的品种，且各有 6 个病例，年龄范围为 1.5~14.6 岁。

局部淋巴瘤的治疗通常是手术切除，但不可能用于较广泛或弥散性的病例。这类病犬对化疗反应不良，并有肠穿孔的风险。已经尝试使用环磷酰胺、长春新碱和泼尼松龙（有时用阿霉素）对患有弥散性消化道淋巴瘤的病犬进行化疗，但这种形式的淋巴瘤比其他形式的淋巴瘤难以治疗。据报道，30%~60% 的病例对治疗有所反应，获得中度减轻的时间为 4~8 个月。

14 犬肾上腺皮质功能减退症

基本资料与主诉

基本资料：西班牙可卡犬，6岁，雌性（已绝育），体重17 kg。

主诉：呕吐、虚弱无力和嗜睡。

病史

病犬在过去一个月里嗜睡，每周3~4次呕吐消化过的食物。过去1~2个月来，病犬运动耐受性开始下降。粪便介于正常和偏软之间，主人不确定犬的饮水和排尿是否有改变。

用芬苯达唑对病犬定期驱虫，每年接种疫苗。

该犬平时吃优质干狗粮，主人也会定期给予零食。病犬没有使用任何药物或营养补充品。

理学检查

病犬就诊时精神沉郁，身体状况评价为4/9。近日，体重减轻，黏膜黏度略高，微血管再充血时间为3 s。外周脉搏微弱，但每次心跳与脉搏数均符合。皮肤弹性稍微降低，据此评估病犬约有7%的脱水。

周边淋巴结无异常。胸部听诊显示心音和肺音正常，心跳56次/min，但在7%脱水的程度下，此心率过于缓慢。病犬呼吸36次/min，肛温为38.9℃。

问题与讨论

- 呕吐
- 运动耐受性下降
- 心搏过缓，特别对低血容量病例而言

鉴别诊断

对于病犬呕吐的鉴别诊断，包括以下疾病。

- 胃部疾病
  - 异物
  - 胃炎
  - 溃疡
  - 慢性局部胃扩张－扭转
  - 肿瘤
- 小肠疾病
  - 异物
  - 发炎性肠道疾病
  - 肿瘤
  - 寄生虫
  - 肠套叠（可能性小）
- 大肠疾病
  - 结肠炎
  - 便秘

- 全身疾病
  - 胰腺疾病
  - 肾上腺皮质功能减退症
  - 糖尿病
  - 肝脏疾病
  - 胰腺炎
  - 肾脏病 / 尿毒症（可能性低）
- 饮食因素
  - 对食物的不良反应(过敏或不能耐受）
  - 饮食不当

　　虽然大多数肠套叠病犬都不到 1 岁，但并不能完全排除肠套叠的可能性。

　　病犬运动耐受性下降的鉴别诊断包括以下疾病。

- 心血管疾病
- 神经肌肉疾病：如重症肌无力、周边神经病变、脑脊髓病变、肌肉病变
- 呼吸系统疾病
- 电解质不平衡：如低血钾或高血钾症、低血钠或高血钠症、低血钙症
- 内分泌疾病：如糖尿病、甲状腺功能减退症、低血糖、肾上腺皮质功能减退症、传染病
- 贫血
- 营养不足或营养吸收不良
- 肿瘤
- 药物或毒素：然而病犬没有摄入这些物质的病史
- 疼痛：虽然理学检查时无疼痛反应，但可能很轻微

　　中型犬心率 56 次 /min 为心搏过缓，且低血容量病例的心率应加快。心搏过缓的原因可能包括：

- 迷走神经张力增加
- 甲状腺功能减退症

- 窦房结疾病（病窦综合征，Sick sinus syndrome）
- 心房疾病造成窦性心律传导阻断
- 高血钾引发的心房静止（atrial standstill）或房室传导阻滞

　　非常健康的犬有时也会出现心率缓慢，但此犬并不健康，并且在过去一个月或更长时间内也无正常的运动。

病例的检查与处置

　　为病犬办理住院进行诊断性检查，并纠正脱水，静脉输入电解质晶体溶液，输液速度为 85 mL/h，计划在 24 h 内将脱水纠正。

护理小提示：静脉输液治疗护理

　　输液疗法需要考虑：维持正常身体的液体量，并补充丢失的液体量。持续输液量为 24 h 40~60 mL/kg 或 1.6~2.5 mL/(kg·h)。为了补充病犬丢失的液体量，将病犬体重乘以估计的脱水量，即 $17 \times 0.07 = 1.19$ kg，或在 24 h 内给予 1.19 L，即在 24 h 内给予 1 190 mL 或大约 50 mL/h。输液过程中应对动物脱水状况进行多次评估，因为有时在将所有液体输完前，动物的脱水状态已经有所改善。如果病犬还在呕吐或腹泻，有时就需补充额外的液体，以补足持续性的液体丢失。

临床小提示：PCVS

　　大多数实验室的 PCV 上限值是 0.50 L/L，参考范围的上限值多见于灰犬和其他视觉猎犬。其他品种犬的数值若高于 0.50 L/L，应考虑血液浓缩。红细胞增多症甚至可能使数值高于 0.60 L/L。

临床病理学检查

进行血液学、血清生化检查和常规尿检。血液学检查结果显示：血细胞压积上升，为0.56 L/L（参考范围0.37~0.55 L/L）。

包括基础皮质醇项目的血清生化检验结果显示：钾离子浓度为6.1 mol/L（参考范围3.6~5.6 mmol/L），为明显的高血钾；钠下降至131 mol/L（参考范围135~154 mmol/L），出现低血钠；白蛋白上升到38 g/L（参考范围26~35 g/L）；钙离子浓度上升到3.2 mmol/L（参考范围2.3~3.0 mmol/L）；尿素上升为8.1 mmol/L（参考范围1.7~7.4 mmol/L），同时肌酸酐131 μmol/l，在参考范围的上限（40~132 μmol/l）；血糖下降至2.7 mmol/L（参考范围3.0~5.0 mmol/L）；基础血清皮质醇下降至13.5 nmol/L（参考范围20~230 nmol/L，仪器最低检测为13.5 nmol/L）。

> **临床小提示：应用基底皮质醇**
>
> 促肾上腺皮质激素刺激试验是确诊肾上腺皮质功能减退的方法，如检测值高于70 ng/L，能有效地排除肾上腺皮质功能减退。对不明原因患有胃肠道症状或虚弱的任何病犬，无论其电解质浓度高低，或许应进行这个试验。

> **临床小提示：钠钾比**
>
> 已将钠钾比低于27作为诊断肾上腺皮质功能减退的参数，但低血钠症并发高血钾的其他鉴别诊断方法（肾上腺皮质功能减退之外）应包括：肾衰竭、乳糜胸和胃肠道疾病。ACTH刺激试验依然是诊断肾上腺皮质功能减退症的黄金标准。

通过膀胱穿刺仅采集到少量尿液，尿比重为1.019，就脱水程度而言，此尿液比重偏低。尿液试纸检测pH值为5.5、无血、胆红素或葡萄糖。

以上检查结果与肾上腺皮质功能减退症相符，但不能就此确诊。由于病犬呈现低血糖，输入的液体改为0.9%生理盐水与5%葡萄糖，速率增加到100 mL/h。

影像学检查

胸腔X光检查显示心脏和腔静脉缩小，与脱水情形相符（图14.1和图14.2）。腹部超声波检查可见两侧肾上腺都非常小（图14.3和图14.4）。

心电图检查

图14.5 心电图检查显示心搏过缓（心跳48次/min），扁平的P波和高尖的T波，为典型的心房静止（arterial standstill）并存高血钾症（courtesy of Geotf Culshaw）。

在心电图检查完成前，病犬心率开始恶化，减缓至46次/min。心电图（ECG）检查显示：心跳48次/min，高尖的T波且缺乏P波，与高血钾症状相符（图14.5）。

ACTH刺激试验

进行ACTH刺激试验，试验后血清浓度低于13.5 mg/L，确诊为肾上腺皮质功能减退症。

初步治疗

1 h内使用0.9%生理盐水输液，将速率加快至850 mL/h[即50mL/(kg·h)]；然后每6 h按10 mg/kg剂量静脉注射氢可酮琥珀酸钠。

后续治疗

病犬对治疗的反应很好，隔日精神和食

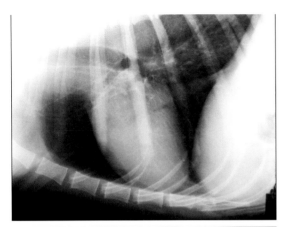

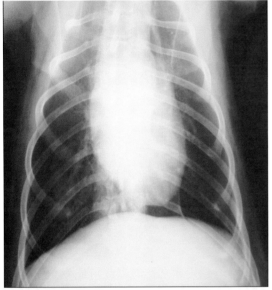

图 14.1 和图 14.2　胸腔 X 光侧位与腹背位片显示：心脏和血管变小，与脱水相符（courtesy of Dr Tobias Schwarz）

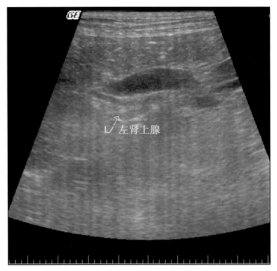

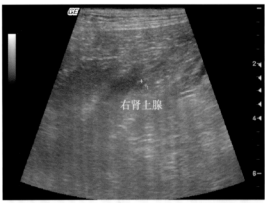

图 14.3 和图 14.4　左右肾上腺超声波观，两者皆缩小（courtesy of Dr Tobias Schwarz）

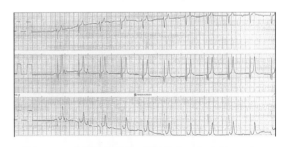

图 14.5　心电图检查显示心搏过缓（心跳 48 次 /min），扁平的 P 波和高尖的 T 波，为典型的心房静止（arterial standstill）并存高血钾症（courtesy of Geotf Culshaw）

欲良好。开始的 24 h 内，按 0.2 mg（总剂量）口服氟氢可的松；并初期给予生理剂量的泼尼松龙，每 24 h 口服 0.15 mg/kg。

追踪

　　1 周后停止给予泼尼松龙，但主人担心病犬会突然复发，依然持续给予泼尼松龙。血液学、血清生化检查数值回到参考范围内，但血钾浓度仍偏高，血钠低于参考范围。

　　病犬在诊断后几个月内健康状态良好，预测其可拥有良好的正常生活，但需要终身服药。

病例讨论

　　典型的肾上腺皮质功能减退症是因为缺乏醛固酮和糖皮质激素。醛固酮正常则促进钠滞留、水重吸收及钾排出，主要发生在肾小管。醛固酮缺乏会导致电解质失衡，体内钾增加，钠减少，进而导致心脏传导障碍、心搏徐缓、嗜睡和恶心等临床症状。糖皮质激素缺乏会引起食欲不振、呕吐、腹泻和嗜睡。

非典型的肾上腺皮质功能减退症只缺乏糖皮质激素，而血清电解质浓度不变。这些病犬仍可能出现胃肠道症状和全身虚弱等症状。

因为肾上腺皮质功能减退症不一定伴随电解质的变化，若任一病犬合并出现虚弱、胃肠道症状（呕吐或腹泻）或多尿/多渴的症状时，应将肾上腺皮质功能减退在鉴别诊断中予以考虑。氮血症的临床病理学异常包括血钙上升和尿比重异常低，似乎与肾病症状相似。

基础皮质醇浓度数值大于 70 nmol/L，可排除肾上腺皮质功能减退的可能性。一个病例的检查值低于 70 nmol/L 时，应进行 ACTH 刺激试验。

并发低血容量症会影响许多检测数据的准确性，在病犬脱水被纠正之前，白蛋白、尿素、肌酸酐和 PCV 数值较高。慢性钠流失可降低肾髓质浓度梯度，使肾脏浓缩尿液的能力降低，导致尿比重异常的低。

内科治疗

高血钾症可能危急生命，应积极用生理盐水（0.9% 氯化钠）输液治疗。如果发生低血糖，应静脉注射 5% 葡萄糖，或按 1 mL/kg 的速度静脉缓慢注射 50% 葡萄糖。

治疗中应及早给予糖皮质激素，若强烈怀疑为肾上腺皮质功能减退症，应该在促 ACTH 刺激试验结果出来之前，先给予糖皮质激素治疗。如果犬有致命的危险，应在检测前先给予地塞米松，虽然可能会影响结果分析，但不会干扰检测。

盐皮质激素适用于长期使用，而病情危急时则没有必要使用。氢化可的松有部分盐皮质激素和糖皮质激素活性，但也可使用地塞米松琥珀酸钠或泼尼松龙琥珀酸钠。

长期治疗时，在英国常用醋酸氟氢可的松，初始剂量为每 24 h 口服 15 μg/kg。

某些国家有三甲基乙酸去氧皮质酮注射剂。在用氟氢可的松治疗的第一年，有许多病犬需要增加剂量才能将血清钾浓度维持在参考范围内，有些犬甚至需要每天 2 倍的剂量。

如已使用氟氢可的松治疗的病犬，通常不需要每天给予糖皮质激素（如泼尼松龙），尽管用三甲基乙酸去氧皮质酮治疗的病犬可能需要。如果病犬出现临床症状，主人通常可按 0.1~0.2 mg/(kg·d) 的剂量给予泼尼松龙药片缓解。

盐分补充可能有助于初期治疗阶段的低血钠症。无论是否补充盐分，许多病犬的血清钠浓度仍会稍低于参考范围。如果血清钾浓度控制得当，似乎不会带来临床上的负面影响。

流行病学

肾上腺皮质功能减退症可能发生于任何品种犬，但有报告指出以下品种的发病率较高：大丹犬、葡萄牙水犬（Portuguese water dogs）、罗威纳犬、标准贵宾犬、西高地白梗、爱尔兰软毛梗（soft coated wheaten terriers）、新斯科亚诱鸭猎犬（Nova Scotia duck collies）和长须牧羊犬。未绝育母犬比绝育母犬的发生率高。

预后

不快速进行诊断并治疗，肾上腺皮质功能减退症可能危及生命。该病需要长期的治疗，若主人能给予良好的配合，其预后极其良好。据一项研究报告，98 只被治疗的病犬100% 能存活至出院。

15 猫淋巴细胞性炎性肠病 /
胃肠道淋巴瘤

基本资料与主诉

基本资料：短毛家猫，雄性（已绝育），9 岁，体重 3.9 kg。

主诉：间歇性呕吐 2 个月，最近频率增加。

病史

病猫呕吐和食欲不振已 2 个月，最初每周呕吐 2~3 次，就诊前 2 周内的呕吐次数多达 4 次 /d。呕吐物一般包括部分消化的食物，有时含有胆汁。病猫没有腹泻，因食欲降低而导致粪便量减少。

病猫先前的日粮为市售干猫粮，每日补充一次罐头食品。在病猫食欲减退期间，主人用煮熟的鸡肉和火腿引诱病猫进食。

病猫的疫苗接种记录完整，3 个月前接受驱虫治疗，没有离开英国的记录。

理学检查

在进行理学检查时，精神良好且警觉性高，但似乎很快疲倦。身体状况若以 9 分为满分，它仅为 3 分。黏膜呈粉红色但稍干，微血管再充盈时间少于 2.5 s。胸部听诊未见异常，淋巴结大小正常，腹部触诊感觉胃肠管有弥漫性增厚。病猫体温为 38.7℃，呼吸 30 次 /min，心跳 187 次 /min。体表被毛粗乱。

问题与讨论

- 慢性呕吐

鉴别诊断

- 饮食过敏（过敏或不能耐受）
- 饮食不当
- 胃
  - 胃炎
  - 胃溃疡
  - 炎性肠道疾病
  - 异物
  - 寄生虫
  - 肿瘤
- 小肠疾病
  - 传染病，如细菌、病毒、真菌
  - 胃肠道寄生虫
  - 炎性肠道疾病
  - 浸润性肿瘤，如淋巴瘤、肥大细胞增多症
  - 严重的局部肠阻塞，如肠套叠、异物
- 全身疾病
  - 尿毒症
  - 肝衰竭
  - 败血症
  - 充血性心力衰竭
  - 酸中毒

- 肾上腺皮质功能减退症
- 糖尿病酮酸中毒
- 甲状旁腺功能亢进症
- 胃泌素瘤
- 神经系统疾病（病猫无相符合的症状）
  - 家族性自主神经失调
  - 前庭疾病
  - 中枢神经系统疾病
- 药物、毒物（没有服用药物或暴露在有毒环境下的病史）

病例的检查与处置

临床病理学检查

临床小提示：叶酸及钴胺素（维生素 B$_{12}$）

钴胺素在小肠的回肠段被吸收，需要先与来自于猫胰腺或犬胃和胰腺的内在因子结合。缺乏原因包括：肠道疾病导致吸收不良、胰腺外分泌不足、小肠前段细菌过多和维生素消耗或缺乏内在因子。在素食人群（尤其老年人）中，有可能是饮食性缺乏。但在猫却不可能，因为猫不可能是成功的素食者。

不像其他大多数 B 族维生素，钴胺素会贮存在体内。健康猫的钴胺素半衰期为 11~14 d，而患肠道疾病的猫只有 4.5~5.5 d。人类若缺乏钴胺素，出现的临床症状包括贫血、血小板减少、神经病变和消化异常。猫（和犬）的临床症状不明显，但有报道，充足的钴胺素能提高对肠道疾病的治疗效果。血清钴胺素浓度过高，可能与使用营养品有关，

但似乎没有临床意义。参考人类的推荐补充剂量，则会超过血清浓度的参考范围，有学者认为可能有积极的药理作用。

叶酸仅在近端小肠被吸收，缺乏叶酸通常表明有小肠疾病，如果伴随着钴胺素缺乏，可能表明有更广泛的疾病。血清中叶酸浓度高可能使细菌产生，但叶酸浓度也对摄入食物敏感，较高的饮食摄取量可以增加血清浓度（图 15.1）。

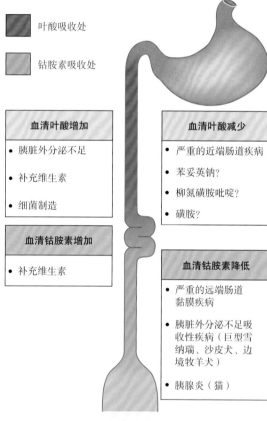

图 15.1　肠道吸收钴胺素和叶酸

进行血液学、血清生化检查、尿液分析和粪便检查。

血液学结果均位于参考值范围内。血清生化检查结果显示：白蛋白轻微下降至 24 g/L（参考范围 28~39 g/L），血糖轻微上升

到 6.7 mmol/L（参考范围 3.0~5.0 mmol/L），认为很可能与应激有关。血清总甲状腺素位于参考范围内，为 17.5 nmol/L（参考范围 13~48 nmol/L）。

血清钴胺素浓度下降至 177 ng/L（参考范围 251~908 ng/L），叶酸下降至 6.4 μg/mL（参考范围 9.7~21.6 μg/mL）。

龚地弓形虫的血清滴度 IgM 为 0；IgG 为 100，应可排除弓形虫感染。取病猫血液检测猫白血病病毒（FeLV）和猫免疫缺陷病毒均呈阴性反应。

尿比重为 1.026，尿试纸分析结果位于参考范围内，尿沉渣检查无效。尿蛋白与肌酸酐比值为 0.12，位于参考范围内（<0.4）。

对粪便进行了寄生虫检查和肠内病原菌培养，结果均为阴性。

临床小提示

虽然尿比重 1.026 位于猫参考范围内（1.015~1.050），但低于大多数健康猫的期待值。应重新检测这项参数，如果持续低于 1.030（尤其当这只猫主要采食干猫粮时），应探讨原因。早期的慢性肾脏病可能仅表现异常低的尿比重。

影像学检查

腹部 X 线检查没有异常。

腹部超声波检查显示：小肠黏膜层呈现弥散性不规则外观，并增厚至 0.55 cm（参考范围 < 0.3 cm）。某些区域肠道的正常层次消失（图 15.2~图 15.5），且蠕动力下降。肠系膜淋巴结增大。

右肾轮廓呈不规则状，有一个与梗塞病灶相符的高回声楔形病变。

内窥镜和组织病理学检查

胃十二指肠内窥镜检查结果显示：十二指肠内有消化过的血液，黏膜充血，较正常更粗糙（图 15.6 和图 15.7）。取胃和十二指肠黏膜进行了活组织检查。

胃黏膜的组织病理学检查结果显示：淋巴细胞和浆细胞数量中度增加，可能与炎性肠道疾病的症状相符，十二指肠黏膜中淋巴细胞数量增加（图 15.8），虽然不能排除严重的炎性肠道疾病，但可能符合低度恶性淋巴瘤的症状。主人拒绝为病猫进行腹腔探查术，所以无法取得全层肠道样本，或进行更明确的诊断。

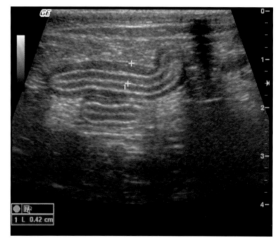

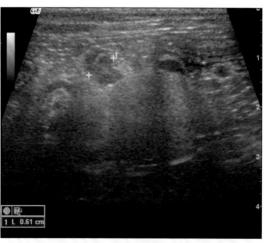

图 15.2 和图 15.3　小肠矢状面和横切面超声检查显示肠壁增厚并失去正常层次（courtesy Umaca del Junco）

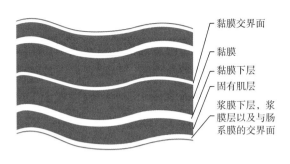

黏膜交界面

黏膜

黏膜下层

固有肌层

浆膜下层，浆
膜层以及与肠
系膜的交界面

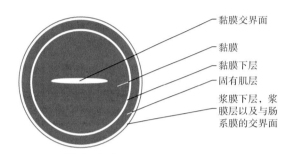

黏膜交界面

黏膜

黏膜下层

固有肌层

浆膜下层，浆
膜层以及与肠
系膜的交界面

图 15.4 和图 15.5　正常肠道的矢状面和横切面超声波
检查，显示正常的肠壁层次

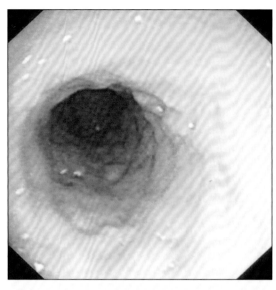

图 15.7　猫小肠因细胞浸润，内窥镜影像显示异常粗糙

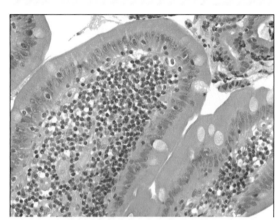

图 15.8　猫小肠因细胞浸润，内窥镜影像显示异常粗糙

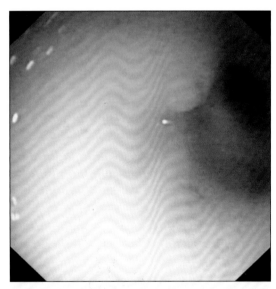

图 15.6　猫正常小肠前部内窥镜影像

临床小提示

　　利用内窥镜取得胃黏膜样本，能有效地诊断胃淋巴瘤，但通常无法适当区分小肠的炎性肠病和淋巴瘤。猫胃肠道淋巴瘤的最常发部位为空肠和回肠，这些地方可能需要通过手术（或腹腔镜）取得肠道样本。肠道淋巴瘤也可能侵入肠壁的更深层区域，不可能利用内窥镜活组织检查器械取得样本。

治疗与追踪

口服给予病猫化疗药物治疗，每 48 h 时口服 2 mg（总剂量）苯丁酸氮芥（瘤可宁），配合 24 h 口服 10 mg 泼尼松龙，并提供营养支持（见下文）。

皮下注射钴胺素 250 μg，每周一次，连续 8 周。口服叶酸补充液，每天 0.5 mg（每只猫的剂量）。

第一周结束时，病猫可以吃下完整足量的罐头食品，只在第 4d 和第 6d 发生呕吐。病猫出院时给予口服药和钴胺素，并嘱咐主人回院复诊以评估病情。

护理小提示

病猫热量摄取不足至少有一个月，住院时食欲减退，因此补充营养至关重要。因为小肠需要肠管内的营养、尤其小肠内谷氨酸的滋养，如果可能的话，患胃肠道疾病的动物需要肠内营养支持。

评估住院病例的热量需求根据安静时的所需能量（resting energy requirement，RER），计算方式为 70（kcal）× 体重（kg）0.75。采用当前体重，而不是理想重。这只猫的热量计算值是：

$$70 \times 3.9^{0.75} = 70 \times 2.77 = 194 \text{ kcal}$$

估计的开始饲喂量应减少到 1/3 或为 65 kcal，以降低重新饲喂综合征（refeeding syndrome）的风险。给病猫补充营养的关键技巧是尽早给予营养，但不要喂食过量。

由于这只猫呕吐，经口或胃提供营养有一定困难。可以和静脉液体一起迅速给予胃复安，按照 1 mg/(kg·24 h) 的速率。

开始饲喂时，应尝试给予营养全面且均衡的流质食物，每 1 mL 应含有 1 kcal，每次以温和的口服方式饲喂 8 mL，每天

8 次。这种方式不是完全成功的，因为病猫仅能耐受大约 5 mL，每天提供的热量为 40 kcal。虽然不理想，但初期饲喂还算满意。也给猫饲喂了鸡肉和白鱼，第 2d 可进食数克食物，每天摄取热量增加 30~50 kcal。

也可装置鼻食道管饲喂猫，然而，装置鼻食道管具有呕吐物被吸入气管的风险。如果病猫尚未开始进食，可以放置空肠管和 / 或通过静脉给予肠外营养。

病猫在诊断后 2 个月增重 0.6 kg，主人反映病猫每周仅吐一次或两次，且精神转好并喜欢活动。病猫尿比重未超过 1.030，然而没有发展为氮血症，且肾病趋于稳定。病猫被初步诊断为肠道淋巴瘤后，一年未进行追踪。

讨论与流行病学

由于越来越多的猫接种 FeLV 疫苗，猫淋巴瘤多发部位从纵膈转移到胃肠道，其中最常侵害到小肠。患胃肠道淋巴瘤的猫，FeLV 的感染率（15%）较其他形式的淋巴瘤低（20%~85%，取决于淋巴瘤位置），如果应用更敏感的检测方法（如 PCR 测试），真正的患病率可能更高。

患胃肠道淋巴瘤的猫，最常见的年龄范围在 9~13 岁，没有品种差异，但公猫较易发生这种疾病。如同本病例，症状为慢性，常包括食欲减退和体重减轻。此病例中有呕吐症状的少于 50%，出现腹泻大约在 30%，因此无胃肠道症状也不能排除患有本病。患低度恶性淋巴瘤的猫，其肠管可能明显增厚。

某些病例出现非再生性贫血，与慢性病造成贫血或 FeLV 病例中肿瘤细胞浸润骨髓造成贫血的情况一致。经常出现轻度至中度的低蛋白血症，而这种情况常见于许多小肠疾病，某些病例还发生肿瘤侵入肝脏引起肝酶活性升高。

许多淋巴瘤病例的血清钴胺素和叶酸减少。如同前述，许多小肠疾病也会造成小肠吸收减少。

肠壁厚度增加为淋巴瘤的特征，但无法鉴别炎性肠道疾病与胃肠道淋巴瘤。肠壁正常分层的破坏通常在淋巴瘤病例中最明显，而非炎性肠道疾病。纵膈淋巴结肿大为非特异性表现，常见于许多腹部疾病。

确诊胃肠道淋巴瘤须进行胃肠壁活组织检查，但即使进行活检还是不易诊断。胃肠道淋巴瘤有 3 个分级：

- 低度 – 淋巴细胞或小细胞
- 中度
- 高度 – 淋巴母细胞、免疫母细胞或大细胞

即使进行组织病理学检查，还是很不容易鉴别低度小细胞淋巴瘤与淋巴细胞性炎性肠道疾病。许多医师认为，某些病例的炎性肠道疾病可能会导致淋巴瘤。可应用 CD79a（B 细胞）和 CD3（T 细胞）表现型抗体株，评估 B 细胞和 T 细胞的免疫活性，有助于鉴别这两种疾病。一类细胞占有优势很可能为肿瘤，而多细胞混合型则更可能是 IBD。虽然这些有助于诊断，但肿瘤细胞的类型（B 或 T）与猫对治疗的反应或存活时间无关。

治疗讨论

胃肠道淋巴瘤有各种化疗方案，包含下列药物的不同组合：环磷酰胺、长春新碱、泼尼松、L–门冬酰胺酶、阿霉素与甲氨蝶呤。这些药物组合难以阐释疾病的缓解率，因为许多研究没有包括该病的组织学分级，而低度小细胞淋巴瘤的缓解率较佳。

如同本病例，对患低度恶性淋巴瘤的猫采取温和的化疗方案（苯丁酸氮芥与泼尼松龙），经常会有良好的反应，且产生严重副作用的风险很小。已有报道，采用此种方案治疗这些病例可达到 69% 的缓解率，平均存活时间为 17 个月，完全缓解的病猫存活时间更长。患小细胞淋巴瘤的有些病猫可能同时患有炎性肠道疾病，上述方案似乎适合于治疗这两种疾病。

16 犬误食胶水

基本资料与主诉

基本资料：布列塔尼犬（Basselt fauve de Bretagne），15月龄，雌性已育（图16.1），体重9.1 kg。

主诉：呕吐和食欲下降。

病史

该犬至入院检查前两天一直很健康，主人反映两天前病犬曾玩一瓶胶水，并将胶水盖咬开，可能食入一些胶水。玩胶水后不久，病犬已经呕吐两次，食欲减退。呕吐物大多为绿色液体和泡沫，并且也排出少量深色粪便。

使用芬苯达唑对该犬定期驱虫，其幼龄时已开始接种疫苗。日常食物为市售干狗粮，并辅以零食。

理学检查

病犬安静，但对刺激反应良好，身体状况评分为5/9。黏膜黏度稍高，颜色呈粉红色，微血管再充盈时间少于2 s。周边淋巴结无异常。

胸部听诊结果心音和肺音正常，心跳100次/min。腹部触诊发现胃部坚硬且扩张，病犬有不适反应。呼吸24次/min，肛温为38.4℃。病犬未服用过任何药物。

问题与讨论

- 呕吐和食欲减退

鉴别诊断

病犬急性呕吐的鉴别诊断

- 胃部疾病
  - 异物
  - 胃炎
  - 溃疡
  - 慢性局部胃扩张－扭转
  - 肿瘤
- 小肠疾病
  - 异物
  - 炎性肠道疾病
  - 肿瘤
  - 寄生虫
  - 肠套叠（不大可能）
- 大肠疾病
  - 结肠炎
  - 顽固性便秘
- 全身性疾病
  - 胰腺疾病
  - 肾上腺皮质功能减退症
  - 糖尿病
  - 肝脏疾病

- 腹膜炎
- 肾脏病 / 尿毒症（不大可能）
- 饮食因素
  - 对食物的不良反应（过敏或不能耐受）
  - 饮食不当

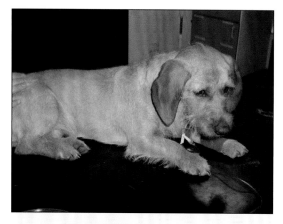

图 16.1　住院时的布列塔尼犬

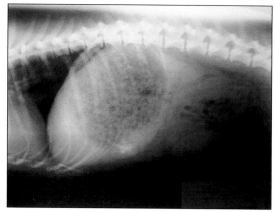

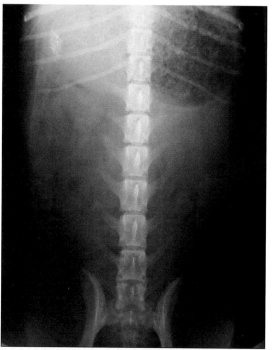

图 16.2 和图 16.3　病犬腹部 X 线侧位与腹背位照片显示胃扩张和异物性团块（courtesy of Dr Donald Yool）

认为病犬食欲减退与呕吐有关，没有考虑其他的鉴别诊断。

因为病犬具有可能食入胶水的病史和除此之外很健康的表现，将误食胶水列为首要鉴别项目。

病例的检查与处置

为病犬办理住院，进行诊断性检查。

临床病理学检查

进行了血液学与血清生化检查，显示无明显异常。白蛋白为 35 g/L，在参考范围的上限（26~35 g/L），很可能由于轻微脱水导致血液浓缩。

影像学检查

腹部 X 光检查结果显示：腹背位与侧位影像均见胃外形扩张和变圆（图 16.2 和图 16.3）。

腹部超声波检查显示：幽门充满高回声性物体，虽然有蠕动，但物体不受蠕动影响仍然停滞；十二指肠空虚，且团块导致幽门阻塞。

病例评估

最初的处理包括静脉输液以维持机体水分，并建立静脉通道。因为在胃内出现异物团块，进行了手术探查。

手术治疗

> ### 临床小提示：螺旋杆菌的种类
>
> 　　已确定有许多种类的螺旋杆菌感染犬猫：猫螺旋杆菌、幽门螺旋杆菌、海尔曼螺杆菌（人胃螺旋杆菌）、萨洛马尼斯螺旋杆菌（H. Salomonis）与毕乍索罗尼螺旋杆菌（H. Bizzozeronii）都最常见。对犬和猫已经建立了实验性感染，并能引起淋巴滤泡性胃炎。然而，这些实验结果没有出现临床症状或症状非常轻微。对实验室和宠物群体的多次调查显示流行率非常高，但犬猫患消化性溃疡的病例不多。在临床慢性胃炎病例中，螺旋杆菌的作用尚不明确，仅给予最佳的治疗方案。只有大约 25% 的确诊为螺旋杆菌感染病例，似乎临床症状与此有关，应当进行治疗。当菌体位于胃腺深处（如本病例）而不是位于表面，就更有可能与呕吐的病理生理学机制有关。
>
> 　　螺旋杆菌感染的治疗方案有几种，包括：每 24 h 口服奥美拉唑（或 H_2 阻断剂如雷尼替丁）0.7 mg/kg，每 8 h 口服阿莫西林 10~20 mg/kg，每 12 h 口服甲硝唑 10 mg/kg，连续 2 周。其他建议包括：奥美拉唑配合阿奇霉素，每 24 h 犬口服阿奇霉素 10~20 mg/kg，猫口服阿奇霉素 5 mg/kg；或奥美拉唑配合克拉霉素，犬猫每 12 h 口服克拉霉素 7.5 mg/kg。本病有复发现象。有项研究显示，70% 的感染犬应用三联抗生素治疗 4 周，配合或不配合使用法莫替丁即可清除感染。幽门螺旋杆菌清除后，犬的呕吐次数明显减少。

在胃切开手术中，将填充在胃部的稠密团块移除（图 16.4），确认胃黏膜有一块严重的胃溃疡区，但该组织仍有生命力，因此没有必要切除。施行了预防性胃固定术，以防止胶水团块造成胃机械性伸展而可能发生的术后胃扩张和扭转。

对胃壁溃疡和非溃疡活组织进行了组织病理学检查，显示严重的局部溃疡区失去黏膜层，且黏膜下层水肿；中度急性胃炎，且在非溃疡区的胃腺深处有大量似幽门螺旋杆菌的生物体。

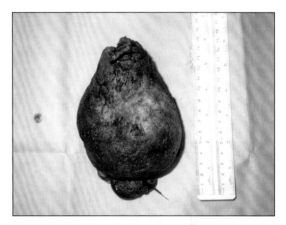

图 16.4　由病犬胃部取出的胶水团块（courtesy of Dr Donald Yool）

追踪和内科治疗

　　病犬术后恢复良好，仅呕吐一次。术后的药物治疗包括：每 24 h 皮下注射止吐剂 maropitant 1 mg/kg、奥美拉唑（每 24 h 口服 1 mg/kg）、硫糖铝（每 8 h 口服 500 mg），以起到保护胃的效果；并给予曲马多（每 12 h 2 mg/kg，先静脉注射，后口服）镇痛。对胃组织活检样本中发现螺旋杆菌的病例，使用阿莫西林克拉维酸钾（每 12 h 口服 15 mg/kg）和克拉霉素（每 12 h 口服 7.5 mg/kg）治疗两周。

病例讨论与流行病学

大多数食入胶水的犬（猫较少见）发生胃炎和肠炎，膨胀的胶水造成胃异物阻塞。金刚胶水（Gorilla glue）是含有氨基甲酸脂聚合物和异氰酸酯聚合物的液体，使用中能膨胀到其原始体积的 3~4 倍。当食入这种材料后，可能大约经过 20 min，其在胃中由液体活化为固体，并与胃内的食物结合成团块。

犬食入 2 盎司胶水就可能造成胃阻塞。有一份报告指出，在 10 例误食聚氨酯胶水的病例中，其中 8 例需要手术移除团块，通常误食 12 h 内出现临床症状（一份病例在 30 min 内），包括呕吐（可能呕血）、食欲减退、嗜睡、腹涨、腹痛和继发性呼吸急促。也有报告发生了胃充血和溃疡，如同本病例一样。还有一个病例报告，发生了胃穿孔。

X 光检查（图 16.2）明显可见胃扩张，胃内有射线无法穿透的斑驳样物质。误食胶水 4 h 后即可在 X 线片上发现证据，虽然 24 h 后拍摄将更加明显。

因为胃内团块为固体性质，所以不考虑催吐。催吐也是错误的，若胶水在食道内膨胀将引起严重的并发症。与大多数食入毒素的病例不同，也不建议使用活性炭治疗，因为活性炭会与胶水融合成团块，而不能预防胶水吸收（不可能）。

预后

如果及时取出胶水团块，且没有发生胃穿孔，恢复的前景应当很好。

17 幼犬误食铅

基本资料与主诉

基本资料：西高地白梗，5 月龄，雄性，未绝育，体重 3.1 kg。

主诉：呕吐、癫痫发作。

病史

病犬每天呕吐一次胆汁，偶尔吐出消化过的食物，症状已持续 4 周。来院 2 周前曾发作癫痫，出现吠叫，并沿房间奔跑，接着倒地、意识丧失、流涎及四肢划动，症状持续了 10 min 左右。以后没有再发作过癫痫。

病犬食欲下降，腹部明显胀大。粪便性状正常，但两天才排一次。饮水和排尿未见异常。

病犬曾玩耍玩具，不确定其是否食入玩具及碎片。

病犬于 12 周龄时开始被其主人饲养，与其同胎的另一只幼犬也同时被饲养，但另一只幼犬健康状况良好。病犬比其同胎犬瘦小。两只幼犬的接种疫苗记录完整，就诊数周前曾用芬苯达唑驱虫。均喂食市售幼犬食品，并补充市售"幼犬牛奶"、鸡肉和米饭。两只幼犬皆无离开英国的记录。

理学检查

病犬保持警戒且对刺激反应良好，但比正常 6 月龄的西高地白狭文静。身体状况评分为 4/9。可视黏膜呈粉红色、湿润，微血管再充血时间少于 2 s。心跳 152 次 /min，每次心跳皆有强度良好的脉搏。呼吸 28 次 /min，胸腔听诊无异常发现。腹部触诊无异常，周边淋巴结亦无异常。肛温为 38.6℃。

问题与讨论

- 癫痫
- 呕吐

鉴别诊断

呕吐的鉴别诊断

- 胃部疾病
  - 异物
  - 胃炎
  - 溃疡
  - 慢性局部胃扩张 – 扭转
  - 肿瘤（依病患的年龄应可排除）
- 小肠疾病
  - 异物
  - 炎性肠道疾病
  - 肿瘤（依病患的年龄应可排除）
  - 寄生虫
  - 肠套叠

- 大肠疾病
  - 便秘
- 全身性疾病
  - 胰腺疾病
  - 肾上腺皮质功能低下症
    （hypoadrenocorticism）
  - 糖尿病
  - 肝门脉体循环分流（PSS）和其他肝脏疾病
  - 肾脏病／尿毒症（无相符的症状，应可排除）
- 毒素
  - 非甾体抗炎药（NSAIDs）
  - 铅
  - 汞
  - 有机氯、有机磷、氨基甲酸酯(carbamates）
  - 有毒植物，如蔓绿绒（philodendron）、黛粉叶(diffenbachia）、水仙花(daffodil）球茎
- 饮食因素
  - 对食物的不良反应(过敏或不能耐受）
  - 饮食不当

癫痫的鉴别诊断

- 脑部疾病
  - 先天性和遗传性疾病，如脑畸形、枕骨大孔 Chiari-like 畸形、脑水肿、先天性代谢异常（病犬在癫痫发作后过于正常，因此这些鉴别诊断可能性极高）
  - 炎症，如脑炎、血管疾病、肉芽肿性脑膜脑病（granulomatous meningioencephalopathy，GME）、肿瘤、溃疡／肉芽肿（除了消退中的血管疾病或 GME 造成的之外），对于这些大部分鉴别诊断而言，病犬在癫痫发作后过于正常

- 癫痫，有可能，在年幼时即可能发作
- 颅内出血，有可能，如果出血正在消退中
- 颅外（全身性）疾病影响大脑
  - 传染性病原，如犬瘟热、细小病毒（Parvovirus）、鞭虫／艾利希体（Anaplasma/Ehrlichia）、狂犬病、细菌、破伤风；病史或理学检查时没有发现相关证据
  - 代谢性疾病,除甲状腺功能低下症外，还有许多可能的代谢性疾病，有时症状是间歇性的
    - 低血糖
    - 先天性甲状腺功能低下症（幼犬通常会呈现呆小症的症状）
    - 低血钙
    - 高血钠症
  - 毒素
    - 铅
    - 有机磷
    - 四聚乙醛（metaldehyde）
  - 肝性脑病，如肝门脉体循环分流（PSS）
  - 寄生虫－弓形虫，马蝇幼虫移行症（在英国不大可能发生）或蛔虫（Toxocara）

病例的检查与处置

临床病理学检查

　　进行血液学、血清生化学检查和尿检。血容比为 0.34 L/L（参考范围 0.37~0.55 L/L），平均红细胞体积（MCV）下降至 55 fL（参考范围 60~77 fL），平均红细胞血红素浓度（MCHC）下降为 31%（参考范围 32%~36%）。血液抹片检查也与轻微的小球低染性贫血诊断相符。有中等数量的嗜多染性

红细胞（polychromatophils）和正常红细胞 [normoblasts（nRBCs）]，部分嗜多染性红细胞上可见嗜碱性斑点（basophilicstippling）（图 17.1）。

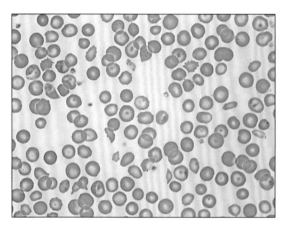

图 17.1 因铅中毒而在红细胞上可见嗜碱性斑点
（courtesy of Prof Elspeth Milne）

临床小提示：小红细胞症

可由血液抹片与 MCV 降低证明有小红细胞症，病因有慢性失血、慢性疾病或慢性炎症造成的贫血或 PSS。健康的日本秋田犬也可见到此血液相。低血色素症最常见于缺铁性贫血。

嗜碱性斑点对铅中毒的诊断不具特异性或敏感性，因为再生性贫血也可发现嗜碱性斑点。若同时出现嗜碱性斑点和有核红细胞（nRBCs），则需测定血铅浓度。

血清生化检查结果显示：碱性磷酸酶（alkaline phosphatase，AP）上升至 134IU/L（成犬参考范围 20~60 IU/L）；然而，这个年龄的幼犬，参考范围为成犬的 2~3 倍。无机磷上升为 2.77 mmol/L（参考范围 0.9~2.0 mmol/L），但也在发育中的幼犬参考范围内。

呕吐与癫痫的鉴别诊断清单上高度怀疑患有 PSS，因此进行了胆汁酸刺激检测。餐前血清胆汁酸的浓度为 6.7 μmol/L（参考范围 3.8~7.9 μmol/L）和餐后血清胆汁酸浓度为 28.2 μmol/L。一般来说，餐后数值超过 30 μmol/L 怀疑为 PSS，虽数值位于正常值内，并不能完全排除 PSS 的可能性。

尿检发现尿比重为 1.030，pH 值为 5.8，验尿试纸参数无异常。尿渣发现一些白细胞和上皮细胞。发现尿酸盐结晶表示可能患有 PSS，但若没有发现尿酸盐结晶也不能排除 PSS。

影像学检查

进行腹部 X 线检查，主要是为了确认有无异物，但除了肝脏中等缩小之外无异常发现。

腹部超声波发现肝脏较小，但血管没有分流现象。其余的腹腔器官皆正常。

血铅浓度

血液样本送交检验，铅浓度检测结果为 21.9 μmol/L，参考范围为 <2.9 μmol/L。腹部 X 线检查未发现铅块异物，应找出另一个食入铅的来源。家中的另一只幼犬也接受检查，血铅浓度为 3.77 μmol/L，也高于参考范围，但没有出现临床症状，因此不进行治疗。对主人进行血铅浓度检测，并未升高。只有犬受到影响，可能是因环境污染所造成，比如在花园或从食物容器食入，而非家庭供水铅含量过高。

治疗与追踪

本病例使用的治疗方式为：每 6 h 皮下注射 25 mg/kg 乙二胺四乙酸钙（calcium edetate），连续 5 d，以螯合铅。注射前将 250 mg/mL 的乙二胺四乙酸钙溶液稀释于 5% 的葡萄糖，使浓度变成 10 mg/mL。病犬住院治疗，治疗无不良反应。血铅浓度在螯合治疗完成 1 周后降至 4.59 μmol/L。螯合治疗后没有出现任何进一步的临床症状，因此未采取更进一步的治疗措施。

临床小提示：乙二胺四乙酸钙（CALCIUM EDETATE）疗法

慢性铅中毒的病例，治疗可能导致螯合后的反弹效应（rebound effect），即铅从骨骼和组织再分配，造成血铅浓度增加。血铅浓度增加的病例，应避免对铅的二次接触。有时可用硫酸镁或硫酸钠等泻剂排出进入胃肠道内的铅，或用内窥镜、手术等方式取出含铅异物。

讨论

铅中毒的病理生理学

胃肠道吸收铅的量取决于铅的形式、病犬的年龄以及肠道疾病的发生情况。酸性胃内容物会使铅离子化，被十二指肠吸收，但大部分经由粪便排出。嵌在肌肉内的铅弹通常不会造成铅中毒，因为肌肉无法大量吸收铅，但如果铅在关节内，则可释放到体内。

铅由红细胞携带，并以未结合的形态分布到全身组织内。铅储存在骨骼内，可取代骨基质内的钙。在螯合治疗、骨折修复或哺乳期储存的铅会释放出来。

血液中的铅由肾脏过滤，并且可以累积在肾小管的上皮细胞。

铅在体内会干扰钙离子吸收，改变维生素 D 的新陈代谢。铅还会干扰血红素合成、影响红细胞细胞膜的稳定性，导致红细胞容易破裂，缩短红细胞寿命，并导致携氧能力下降。

胃肠道的症状可能因影响平滑肌的收缩力而导致。

铅也可引起神经元损伤、脑血流量减少、脑水肿、脱髓鞘（demyelination）和神经传导能力下降。

临床病理学检查

铅中毒的最常见胃肠道症状包括呕吐、腹泻、腹部不适、厌食，但巨食道症也有相似胃肠道症状；神经系统症状包括共济失调、震颤、兴奋、癫痫和失明。有报告指出犬铅中毒时会变得具攻击性、痴呆、异食癖，甚至可能恶化至昏迷状态，还有多饮、多尿，老年病例比年轻病例较易发生。

约有 50% 的铅中毒病犬，血抹片中发现有核红细胞（每 100 个白细胞中有超过 40 个的有核红细胞），犬比猫常发生。25% 的病犬血抹片中发现红细胞内有嗜碱性斑点。有些患犬的白细胞数量增加，肝指数上升（碱性磷酸酶 AP 和丙氨酸氨基转移酶 ALT）。

X 光检查可发现胃肠道内有铅异物。人类铅中毒的慢性病例中可能见到铅线（lead lines），在长骨骨骺处，呈线状不透明，在犬猫却较少见。

诊断

铅中毒的神经系统和胃肠道症状不具特异性，而且有很多的鉴别诊断。血液学变化有助于诊断，但不一定会出现变化，因此有临床症状的患者应进行血铅浓度检查。然而，血铅浓度会波动，而且往往与临床症状的严重程度不符。血铅浓度 1.45~1.7 mmol/L（30~35 μg/dL）极有可能为铅中毒，若浓度超过 2.9 mmol/L（60 μg/dL）则可确诊为铅中毒。

内科治疗

必要时，可用安定或巴比妥类药物来控制癫痫。然后要尽力找出误食铅的来源，尤其要注意饮水。

如果胃肠道内有铅异物，应先去除异物，再进行螯合治疗，因为乙二胺四乙酸钙会促使胃肠道对铅的吸收。给予含硫酸盐的泻剂，有助于排空胃肠道，并促使铅形成硫酸铅沉淀，阻止铅的吸收。若是较大的铅块则需要进行手术或内腔镜取出。

以螯合作用结合铅，使铅成为可溶性化合物，并在尿中排出。大多数的螯合剂具有肾毒性，因此在治疗前应检查肾指数，并在使用时进行监控。不建议对没有症状的病犬进行螯合疗法，如本病例的同胎幼犬，因螯合疗法可能会增加血铅浓度，导致出现临床症状。当去除铅的来源之后，铅会被慢慢地排出。

本病例使用乙二胺四乙酸钙作为螯合剂，用 5% 葡萄糖溶液稀释为 10 mg/mL 的浓度。不应使用乙二胺四乙酸钠作为螯合剂，因为乙二胺四乙酸钠可能导致低血钙症。由于血铅浓度可能会在螯合时上升，应监测和观察临床症状，而非血铅浓度。乙二胺四乙酸钙最严重的副作用是造成可逆的肾毒性，也有胃肠道副作用的报告，可通过口服补充锌以减少胃肠道副作用，但尚未有确切的使用剂量。

英国抗路易毒气药剂（British anti-lewisite，BAL）或二巯基丙醇（dimercaprol），有时会与乙二胺四乙酸钙合并使用作为辅助治疗，以增加尿和胆汁排出铅的概率。它具有肾毒性，并会导致注射部位疼痛，也可引起呕吐和高血压。口服青霉胺（penicillamine）螯合剂，但它会同时结合锌、铁、铜，螯合后的产物可能对肾有毒性。

二巯丁二酸（Succimer）为二巯基丙醇的类似物，可口服，与其他螯合剂比较其肾毒性低，也不会与其他必须矿物质发生结合，肠道对铅的吸收也不会发生影响，且胃肠道副作用的发生率较低。但此药物并未广泛应用于英国。

螯合之后，由于骨骼和组织中的铅再分配，血液中的铅浓度可能会在 2~3 周内反弹。如果没有相关的临床症状，不需要进行进一步的螯合疗法。但应检查动物的生活环境，以确保没有进一步暴露在含铅的环境下。

流行病学

年轻动物受到铅中毒的风险较大，因血脑屏障通透性（blood-brain barrier permeability）较高，且食入后吸收率高达 5 倍。

铅中毒的动物通常不到 5 岁，其中 1/3 的病例不到 1 岁。雄性较常发生铅中毒，原因目前尚不清楚，贵宾犬是最常发生铅中毒的品种之一。

虽然铅比过去十几年少用了许多，误食铅的来源也逐渐减少，但依然有机会使犬暴露在含铅的环境中。最常见的来源之一是 1959 年以前的油漆（添加石油和铅），房屋改建过程中可能导致铅暴露。其他来源包括粉刷用细粉、填隙材料、屋顶材料、电池、润滑油、钓鱼坠、铅弹、油地毡（linoleum）、烧裂的陶瓷碗、彩绘涂料、窗帘的吊饰、高尔夫球、葡萄酒软木塞、砷酸铅农药和铅管内的饮水。曾有狗舔饮含铅水龙头滴下的水后，出现铅中毒症状。水管中的水导致铅中毒病例，多在气温较高的季节里高发，任何使酸度增加的原因，均会使铅中毒数量增加。铅污染的土壤，也是一种暴露源。

当病犬被诊断为铅中毒，却没有明确的

铅暴露源（如胃肠道内的铅异物）时，应告知主人有关人体暴露铅的公共卫生风险。儿童和幼犬、幼猫一样，铅中毒的风险较高，应联系当地机构，检查供水和调查污染源。

预后

呈现轻度至中度症状的病例，只要移除铅的暴露源，并经适当的治疗后，预后良好。有严重神经系统症状的病例，则预后需谨慎。

18 犬胃腺癌

基本资料与主诉

基本资料：边境牧羊犬，11岁，雄性，未绝育，体重22.1 kg。

主诉：呕吐。

病史

病犬已间歇性呕吐8个月左右。前2个月，呕吐逐渐增加，达到每天至少一次，通常在清晨发生呕吐。进食前、后也曾发生呕吐。呕吐物通常包含食物和胆汁，但不带血。据主人介绍，病犬最近还出现吞空气（gulping）、干呕和流涎现象。病犬食欲基本正常，有时食欲略差，粪便外观与排便频率正常，过去2个月内体重下降明显。

病犬曾被诊断为瘀血性心衰竭（初期），并以每12 h口服呋塞米2 mg/kg、依那普利（enalapril）0.45 mg/kg治疗。因使用利尿剂治疗，病犬排尿和饮水量皆增加。病犬曾经出现的虚弱、咳嗽、呼吸急促等症状，因用药而得到良好控制。

病犬每年接种疫苗，但有数年未驱杀寄生虫。每日用干犬粮、炸鸡、意大利面、鱿鱼和米饭等饲喂3次。

理学检查

病犬精神良好，对刺激反应佳，对周边环境保持警戒。身体状况评分为4/9。胸腔听诊发现左心尖有IV/VI全收缩期心杂音，肺音正常。心跳132次/min，呼吸为间歇性喘气，脉搏的强度良好。黏膜呈粉红色但黏度略高，微血管再充血时间少于2 s。估计有6%左右的脱水。腹部触诊未发现异常，但在触诊时病犬有多次吞咽动作。肛温38.5℃。

临床小提示：腹部触诊

某些腹部不适的犬，在触诊时不会出现腹部肌肉紧张，若仔细观察头部和脸部可能会有吞咽动作、急速呼吸或转头现象。应耐心地反复检查，确认症状是否一致。触诊观察时应注意犬的攻击反应，因为就算是个性温和的犬被戳到痛处时，也可能会回头咬你一口。

问题与讨论

● 呕吐

病犬呕吐的鉴别诊断

- 胃部疾病
  - 异物
  - 胃炎
  - 溃疡
  - 慢性局部胃扩张－扭转
  - 肿瘤
- 小肠疾病
  - 异物
  - 肠道炎性疾病
  - 肿瘤
  - 寄生虫
  - 肠套叠（不大可能）
- 大肠疾病
  - 结肠炎
  - 便秘
  - 肿瘤
- 全身性疾病
  - 胰腺疾病
  - 肾上腺皮质功能低下症（hypoadrenocorticism）
  - 糖尿病
  - 肝脏疾病
  - 腹膜炎
  - 肾脏病／尿毒症（不大可能）
- 饮食因素
  - 饮食过敏
  - 饮食不当

虽然大多数患有肠套叠的病犬（80%）都不到1岁，但并不能完全排除高龄犬发生肠套叠的可能性。病犬没有任何其他肾脏疾病的症状，所以尿毒症不太可能是呕吐的原因。

病例的检查与处置

病犬饮食种类多样，可能是造成呕吐的病因。然而，临床表现出腹部不适，却不能用初步的膳食试验（dietary trial）对本病例进行检查。

临床病理学检查

进行血液学、血清生化学检查和尿检。

血液学检查结果显示：血容比值偏高，为55%（参考范围39%~55%），数值偏高在猎犬（sighthound）较常见。这一结果可能与呕吐加上利尿剂治疗引起的脱水有关。其他血液学检查项目皆位于参考范围内。

血清生化检查，血清肌酐为162 μmol/L（参考范围40~132 μmol/L），尿素为9.4 mmol/L（参考范围1.7~7.4 mmol/L），脂肪酶为296 IU/:（参考范围13~200 IU/L）。SNAP cPL（定性犬特异性胰脂肪酶检测）呈阴性反应。其他项目均位于参考范围内。

血清脂肪酶升高虽与犬胰腺炎的症状相符，但不具敏感性，也不具特异性。由于脂肪酶是由肾脏代谢，肾小球滤过减少会造成尿素氮和肌酐增加，同时也会造成脂肪酶增加。本病例中，SNAP cPL（犬特异性胰脂肪酶）也证实，胰腺炎不太可能是狗呕吐的原因。SNAP cPL 的阳性范围与 Spec cPL 相同，为大于 200（Spec cPL 为一种定量测试）。超过 200 即可诊断为胰腺炎。SNAP cPL 与 Spec cPL 约 95% 的结果相同。

尿检显示尿比重为1.038，与病犬在脱水时能浓缩尿液的情况相符，使用呋塞米也会影响尿比重（也可能反映上午收集尿液时漏掉服用呋塞米一次）。验尿试纸结果无异常，pH 值为 7.4，尿渣有少量磷酸铵镁（struvite）结晶。

临床小提示

　　犬尿中出现磷酸铵镁（struvite）结晶为正常现象，不应诊断为结石。如果是结石，则结晶是结石类型的指标，但有结晶却没有结石时，是不需要治疗的。

影像学检查

　　进行浸钡聚乙烯球（barium impregnated polyethylene spheres，BIPS）造影，以检查是否有异物。给药 14 h 后进行 X 光检查，结果显示所有 BIPS 皆已离开胃进入肠道，表示没有阻塞（图 18.1）。

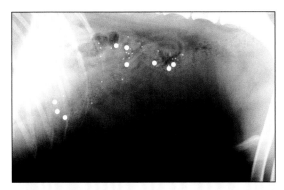

图 18.1　腹腔 X 光检查，可见浸钡聚乙烯球（BIPS）正常移动，因此排除完全胃阻塞的可能性（courtesy of Dr Tobias Schwarz）

内窥镜检查

　　进行胃十二指肠镜检查，发现胃小弯处有一大型团块突起，并有火山口状溃疡（crater ulcer）（图 18.2）。团块周围黏膜发炎、增厚且坚硬，团块活检时容易出血。近端小肠外观正常。

　　因怀疑为肿瘤，进行胸腔 X 线检查。X 线片上未发现肿瘤转移至肺部。

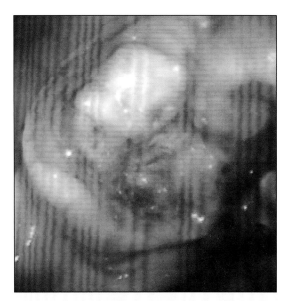

图 18.2　胃小弯处突起溃疡的内窥镜影像

临床小提示

　　BIPS 为浸钡聚乙烯球，胶囊内含有 30 粒 1.5mm 和 9 或 10 粒 5mm 的 BIPS。小型 BIPS 是为了模拟小型食物颗粒的作用，并以类似食物的方式通过肠道。大型 BIPS 类似的不易消化的颗粒，只在消化完成后，利用移行性运动（migrating motility），或称为"管家波"（housekeeper wave）的收缩运动，移动到十二指肠。如果有阻塞，BIPS 会在阻塞区近端堆成一团。BIPS 不会显示出肠壁厚度、黏度的细微构造，以及异物的外形。

　　胃内团块采样的组织学检查结果为胃溃疡，并有强烈肉芽肿反应。怀疑为肿瘤，因此进行探查开腹术与外科活检。组织病理学检查结果为胃腺癌。

治疗与追踪

　　治疗胃肿瘤一般以手术切除，但本病例经医师评估肿瘤的范围过大，无法切除。胃腺癌的化疗效果通常不太好。人类某些类型的胃部肿瘤，会因组织胺而加速肿瘤的生长，但组织胺 H_2 受体阻断剂（histamine 2-receptor blockers），如雷尼替丁（ranitidine）或西咪替丁（cimetidine）可抑制肿瘤的生长。

临床小提示：胃肠道肿瘤活检

癌症往往会导致炎症反应，只从黏膜采样活检，可能仅有炎性反应；如果肿瘤只影响黏膜下层或肌层，则黏膜层也正常，但胃壁会变得僵硬，缺乏延展性。如果内腔镜胃活检样本的判读结果与胃的外观不一致，可能需要经手术采得全层样本进行检查。由于胃壁异常，采样时应谨慎小心、精心操作，处理病变组织时避免造成胃破裂。

获得第 2 次活检结果之前，使用了雷尼替丁（ranitidine）和硫糖铝（sucralfate）进行处理。因无法进一步治疗，主人选择为病犬进行安乐死。

流行病学

犬和猫胃癌的发病率低，不及犬肿瘤病例的 1%。犬胃肿瘤中，最常见的是恶性腺癌，占胃恶性肿瘤的 47%~72%。英国许多临床医师认为，英国国内犬的胃恶性肿瘤发病率较高。虽然胃腺癌或胃腺瘤是犬最常见的胃肿瘤，但平滑肌瘤、淋巴肉瘤、平滑肌肉瘤、息肉、纤维瘤、纤维肉瘤、鳞状细胞癌和浆细胞瘤也时有发生。除了胃腺癌外，其他肿瘤的治疗效果相对较好，因此应区分肿瘤的类型。原发性胃腺癌常发于胃小弯的角切迹（incisura angularis）（如本病例）或胃幽门窦处，与此同时各种原因造成的胃溃疡也多发生在此处。胃癌的分布形态有 3 种模式，弥漫浸润非溃疡性病灶侵犯胃的大部分，造成胃坚硬（皮革瓶）的外观；局部突起增厚性斑块，常包含突出处的中央溃疡（如本病例）；以及突起息肉无蒂性病灶向胃腔内突出。

与许多肿瘤相同，原发性胃肿瘤较常发生在老龄犬，通常是 8~10 岁，11~12 岁为胃癌的发病高峰期，与本病例类似。公犬比母犬更易患有胃肿瘤，好发的品种有粗毛牧羊犬（Rough collies）、斯塔福郡㹴（Staffordshire terriers）和比利时牧羊犬。

约 70% 的胃肿瘤为恶性，并会转移到局部淋巴结、肝脏和肺部。进行手术治疗前，应先检查是否已转移至肺部。

饮食被认为是造成人类胃肿瘤的成因之一。犬胃肿瘤的发病率很低，因此难以研究饮食造成的影响。人类的胃肿瘤也与幽门螺杆菌有关，但犬胃肿瘤与幽门螺杆菌无关。

预后

大部分恶性胃癌患犬的预后差。即使可以进行手术的犬，大部分病例会因癌症复发或转移，在 6 个月内死亡。

19 猫胰腺炎

基本资料与主诉

基本资料：缅甸猫，14岁，雄性，已绝育，体重4.4 kg。

主诉：呕吐，食欲不振和嗜睡。

病史

猫呕吐已2 d，拒绝进食。主人曾试图鼓励猫进食，但病猫拒绝任何类型的食物。病猫嗜睡，排尿增多，猫箱很潮湿，且猫经常待在猫箱内。

病猫幼龄时便由主人饲养，与其同胎同住的另一只猫却健康状况良好。约18个月前两只猫皆已接种疫苗，但数年来并未进行过内寄生虫驱虫。它们主要生活在室内，偶尔会进入到有围栏的花园内。两只猫皆不捕食老鼠或翻垃圾桶找食物，平时玩玩具，日常饮食为商品猫干粮、猫罐头。发病猫两侧肘部皆患有关节炎，致使其活动力下降。

理学检查与处置

理学检查时病猫文静、精神不佳、但对刺激反应良好，体重稍微超重（身体状况评分6/9），口腔黏膜轻度黄疸且黏度略高，微血管再充血时间为2 s，估计7%~8%的脱水。

双眼巩膜轻度黄疸，口腔、耳和鼻未见异常，所有的体表淋巴结大小正常。肺脏听诊和胸腔叩诊与压诊皆正常。呼吸频率升高，为60次/min。心脏听诊发现心跳180次/min，每次心跳皆有相符的脉搏。肛温为39.1℃。腹部触诊发现前腹疼痛，其余理学检查均未见异常。

问题与讨论

猫的问题包括呕吐、食欲不振和嗜睡。食欲不振和嗜睡可能与引起呕吐的原因相关。病猫有发生多尿的嫌疑，但需排除家中另一只猫的尿量增多情况；还有黄疸现象。

鉴别诊断

呕吐的鉴别诊断

- 饮食过敏（过敏或不能耐受）
- 饮食不当
- 胃
  - 胃炎
  - 胃溃疡
  - 炎性肠道疾病
  - 异物
  - 寄生虫
  - 肿瘤
- 小肠疾病

- 感染，如细菌、病毒、真菌
- 胃肠道寄生虫
- 肠道炎性疾病
- 浸润性肿瘤，如淋巴瘤、肥大细胞增多症
- 严重的局部肠阻塞，如肠套叠、异物
- 全身性疾病
  - 尿毒症
  - 肝衰竭
  - 败血症
  - 瘀血性心衰竭
  - 酸中毒
  - 肾上腺皮质功能低下症
    （hypoadrenocorticism）
  - 糖尿病酮酸中毒
  - 甲状旁腺功能亢进症
  - 胃泌素瘤
- 神经系统疾病（病猫没有症状相符）
  - 自律神经失调
  - 前庭疾病
  - 中枢神经系统疾病
- 药物，毒物（没有服用药物或暴露在有毒环境的病史）

多尿的鉴别诊断
- 糖尿病
- 肢端肥大症（若是猫，通常会同时患糖尿病）
- 慢性肾脏病（有时是急性肾功能衰竭）：慢性肾脏病出现多尿常在后期，而主人却发现病猫尿量呈现逐渐增加。
- 肾盂肾炎
- 电解质不平衡，如高血钙症、低血钾症、高血钾症
- 甲状腺功能亢进症
- 肝脏疾病

- 红细胞增多症
- 药物（没有使用药物治疗的病史）

　　其他原因引起的多尿／烦渴，在猫的病例中极为罕见，包括：
- 肾上腺皮质功能亢进症
  （hyperadrenocorticism）
- 原发性醛固酮增多症
  （hyperaldosteronism）
- 肾上腺皮质功能低下症
  （hypoadrenocorticism）
- 肾小管疾病（如肾性糖尿）
- 中枢性尿崩症
- 精神性多渴

黄疸的鉴别诊断
　　包括肝前疾病、肝脏疾病和肝后疾病。
- 肝前性黄疸见于血管内或血管外溶血
- 肝性黄疸是由于肝脏疾病引起，如：
  - 胆管肝炎综合征
  - 脂肪肝
  - 弥漫性肿瘤
  - 猫传染性腹膜炎
  - 毒素，如扑热息痛
  - 肝硬化
  - 自发性药物反应
- 肝后性黄疸的原因为胆管阻塞或破裂，如：
  - 胰腺炎
  - 肠炎
  - 胆管肿瘤
  - 结石
  - 胆管或胆囊破裂

病例的检查与处置

进行静脉晶体溶液输液治疗，以矫正8%的脱水。

临床病理学检查

血液学检查及血清生化学检查结果见下表。

检查项目	检查指标	检查结果	参考范围
血液学	白细胞数	13.52×10^9/L	$(2.5\sim12.5) \times 10^9$/L
	杆状嗜中性细胞数	1.5×10^9/L	
	单核细胞	3.07×10^9/L	$(0.15\sim1.7) \times 10^9$/L
	红细胞压积	0.237L/L	0.30~0.45 L/L
血清生化学	白蛋白	20 g/L	23~39 g/L
	胆红素	20 μmol/L	0~15 μmol/L
	丙氨酸氨基转移酶	104 IU/L	6~83 IU/L
	钾	2.0 mmol/L	2.9~4.2 mmol/L
	碱性磷酸酶	35 IU/L	10~100 IU/L
	尿素	17.2 mmol/L	2.9~9.8 mmol/L
	肌酸酐	161 μmol/L	40~177 μmol/L
	葡萄糖	26.9 mmol/L	3.94~8.83 mmol/L
	果糖	471 μmol/L	159~295 μmol/L
	胆固醇	5.5 mmol/L	2.0~3.4 mmol/L
	甘油三酯	3.3 mmol/L	0.57~1.14 mmol/L

血液学检查结果显示：嗜中性细胞数量轻度上升，核左移，单核细胞中度上升，轻微正红细胞正染性贫血。血涂片检查发现，嗜中性细胞有中毒反应和反应性淋巴细胞（reactive lymphocytes）。

血清生化学检查结果显示：轻度低白蛋白血症，高胆红素血症，丙氨酸氨基转移酶上升，中度低血钾。血清尿素和肌酸酐均升高，高血糖、高血清果糖胺。胆固醇轻微增加，甘油三酯上升。

尿检发现尿比重（USG）1.014，验试纸条检测结果，蛋白质（+），血液（++），胆红素（bilirubin）和白细胞（+++），葡萄糖呈阳性反应，并检出酮体。尿渣检查发现偶尔可见红细胞，大量的白细胞和细菌（球菌），细菌培养结果为金黄色葡萄球菌。

检验至此，病猫诊断为糖尿病及尿道感染。引起氮血症的病因可能是肾前（脱水）或肾脏疾病，或两者兼具的结果。

影像学检查

腹部超声波检查发现，扩大的低回声性胰腺，周围有少量可自由流动的腹腔积液（图19.1）。十二指肠出现波浪状（图19.2），此现象常见于胰腺炎病例。肝脏呈现高回声性影像，但均质且大小正常。双侧肾脏的皮质和髓质分界皆消失（图19.3）。右肾外观与左肾相似，且皮质处有小型囊肿。膀胱可见大量沉积物。

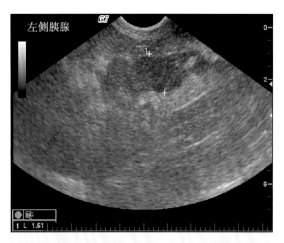

图 19.1　超声波检查：胰腺外观不平坦（courtesy of Carolina Urraca del Junco）

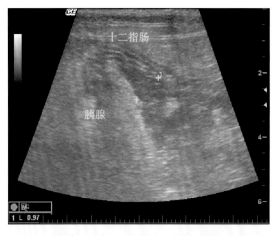

图 19.2　超声波检查：胰腺炎造成波浪状的十二指肠（courtesy of Carolina Urraca del Junco）

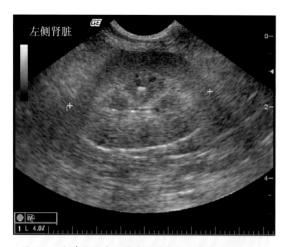

图 19.3　超声波检查：肾皮髓质交界处消失（courtesy of Carolina Urraca del Junco）

临床上最大的发现为扩大的低回声性胰腺，及可自由流动的腹腔积液，与胰腺炎的症状相符。慢性肾脏疾病，可能因老龄而引起。肝脏的异常变化在某种程度上是由于脂肪肝所致，常见于糖尿病病例。右肾的小型囊肿可能是意外的发现。

进一步检查

病猫血清进行猫胰腺脂肪酶免疫活性反应(fPLI)检测和钴胺素(cobalamin)浓度测定，结果 fPLI 上升至 16.9 μg/L（参考范围 0.1~3.5 μg/L），与胰腺炎的诊断相符；血清钴胺素

> **临床小提示：猫的血清钴胺素**
>
> 钴胺素先与内在因子结合后，在小肠的回肠段被吸收。猫仅有胰腺可生成内在因子，犬则为胃和胰腺。正因如此，患胰腺炎的猫具有低钴胺素血症的风险。造成钴胺素缺乏的其他原因，包括因肠道疾病造成的吸收不良、胰腺外分泌不足（exocrine pancreatic insufficiency）、小肠前段细菌过多造成维生素过度消耗，或缺乏内在因子。

浓度为 946 ng/L（参考范围 290~1499 ng/L），位于参考范围内。

fPLI 上升与胰腺的超声变化，更加证实胰腺炎的诊断。黄疸推测源于胰腺炎的肝后性黄疸。

治疗与追踪

猫在静脉输液后，病情出现稳定（定速输予 0.9% 生理盐水混合氯化钾以矫正脱水）。以丁丙诺啡（buprenorphine）止痛（最初每 8 h 静脉注射 20 μg/kg，接着每 8 h 静脉注射 10 μg/kg），以每 24 h 皮下注射马罗吡坦（maropitant 1mg/kg）作为制酸剂和促动力剂，阿莫西林克拉维酸钾（Clavulanate-potentiated amoxicillin）的初始剂量为前两天每 4 h 静脉注射 20 mg/kg，接着为每 12 h 口服 15 mg/kg，以及每 12 h 口服克林霉素（clindamycin）5.5 mg/kg。也给予病猫每 12 h 皮下注射 1 IU 的 Caninsulin（犬猫专用胰岛素）。

> **临床小提示：在猫的病例使用马罗吡坦（MAROPITANT）**
>
> 虽然在撰写本书时，尚未批准可给猫使用马罗吡坦，但有研究报告显示，给予 1.0 mg/kg 就能非常有效地防止猫运动性呕吐。这些研究显示，猫对 NK-1 受体颉颃剂马罗吡坦的药物耐受性良好、安全并有显著的抗呕吐效果。

病猫对治疗反应良好，腹痛消失、健康状况获得改善，能很好地接受注射器给食，并且未再发生呕吐。

血清电解质复查，结果显示低血钾现象得到了解决，血糖浓度为 10.9~18.5 mmol/L。

病猫出院后，每 12 h 给予皮下注射 Caninsulin 1 IU，高蛋白质、低碳水化合物的

饮食，以及 2 周的抗生素等院外处理。1 周后回院复诊，血糖为 11.2 mmol/L，其他血液学和血清生化学检查项目已明显改善，但仍有中度的氮血症，尿素为 14 mmol/L，肌酸酐为 132 μmol/L，尿比重为 1.016，未出现酮体，尿沉渣不"活跃"。再次进行尿液培养结果为阴性。

图 19.4　16 岁龄时的病猫照（诊断后 2 年）

6 个月后复诊时已不需要注射胰岛素，也较先前健康，胰腺炎、糖尿病未再复发（图 19.4），直到 18 岁时因慢性肾脏病（CKD）和关节炎的影响而安乐死。

护理小提示：尿沉渣检查

要进行尿沉渣检查，尿液样本需以 2 000~3 000 转离心 3~5 min，然后倒掉大部分上层液体，留下 0.25~0.5 mL 液体。用手指轻弹试管，将沉淀的尿渣重新悬浮于表层，但不能过度震动以避免细胞和圆柱的破坏。将重新悬浮的尿渣移到玻片上，盖上盖玻片。调低聚光镜并关闭部分光圈，以降低显微镜的亮度。先以低倍镜观察整个样本，然后在高倍镜下观察数个视野，记录观察到的物体（如细胞、结晶、圆柱、细菌）平均数量。若需作进一步的观察检查，则需将尿渣玻片风干，再进行染色，然后做其他的显微镜评估检查。

膀胱穿刺术收集的尿液样本，通常只包含几个细胞，偶尔有一些磷酸铵镁（struvite）或草酸钙（oxalate）结晶。尿沉渣检查无异常，也称之为尿沉渣"不活跃"。健康动物尿样在高倍视野下能观察到的细胞有 0~3 个白细胞、0~3 个红细胞、少量上皮细胞，少许磷酸铵镁或草酸钙结晶；未绝育雄性动物的尿液中还会有一些精子。尿样异常时有更多的白细胞、红细胞，每个视野下（高倍）有 2 个以上的透明圆柱，而经膀胱穿刺术获得的样本则未发现细菌、各种类型的结晶。

病猫在未来的 6 个月内，每隔 2~3 周监测 1 次，所需的胰岛素量随着时间减少。

护理小提示：营养

病猫的饮食要求复杂。通常建议给患有糖尿病的猫以高蛋白饮食，但高蛋白饮食又常含大量磷酸盐，可能引起早期慢性肾脏病（CKD），因此高蛋白饮食可能需要谨慎监控。监测血清磷是一个很好的指标，有助于决定调整病猫饮食内磷酸盐含量增减。

也建议给予低脂肪饮食，因为病猫超重会造成胰岛素阻抗和关节炎的加剧，高脂肪的饮食还导致减肥极度困难。因病猫有患初期慢性肾脏病的可能性，也不适合使用非类固醇消炎药（NSAIDs），故而采用葡萄糖胺（glucosamine）和 ω–3 脂肪酸治疗。ω–3 脂肪酸已证实可减少犬对非类固醇消炎药的需求量，也有利于改善其他发炎状态。有啮齿类动物试验的报告指出，葡萄糖胺会增加胰岛素阻抗，但通常不会造成临床问题，因为在该研究所使用的剂量，远远高于用于临床的剂量。

讨论与流行病学

病猫同时患尿道感染和胰腺炎，特别容易引起糖尿病。病猫超重，且品种为缅甸猫，都增加了患糖尿病的风险。在英国、纽西兰和欧洲的缅甸猫比其他品种的猫易于患糖尿病。若疾病恶化为糖尿病，则意味着慢性炎症可能已摧毁胰腺的功能。猫的胰腺炎并不罕见，有 1.5%~3.5% 的猫在病理解剖时可见胰腺有显著的病变。

猫的胰腺炎常与其他器官（包括肝、肾、小肠、胰腺内分泌和肺部等）疾病一并发生，大部分猫胰腺炎的根本原因或诱发因素未明，因此多数情况皆归类为自发性胰腺炎。腹部创伤、传染病（弓虫病、肝吸虫、FIP 和 FIV）、脂肪萎缩症（lipodystrophy）和有机磷中毒等均与猫胰腺炎的发生有关，但临床实际发生的情况不多。有实验研究指出，高血钙可加速形成猫胰腺炎，也有实验研究报道阿司匹林(aspirin)可诱导胰腺细胞损伤。引起犬胰腺炎的危险因子有肥胖、饮食不洁、高脂肪饮食和内分泌疾病（糖尿病、肾上腺皮质功能亢进症、甲状腺功能低下症和高血脂症）的继发性。内分泌疾病基本不继发猫胰腺炎，但如高脂肪饮食因素的存在，是否会造成继发性猫胰腺炎却尚不清楚。

猫炎性肠道疾病（IBD），可能是造成胰腺炎的重要危险因子（还包括炎症性肝病），虽然病猫除了呕吐之外，没有证据显示患有发炎性肠道疾病，然而呕吐为患 IBD 的猫最常见的临床症状。呕吐会使十二指肠内的压力升高，造成肠内容物逆流进入胰管，而猫十二指肠乳头的欧迪氏括约肌（sphincter of Oddi），为胰腺和胆囊的共同流出通道，且近端十二指肠的细菌量比犬多（108 比 104 生物体 /mL），所以猫可能比犬更容易因逆流造成胰腺疾病。

胰腺炎分为急性和慢性两种，急性胰腺炎又分为急性坏死性胰腺炎、急性化脓性胰腺炎。要准确诊断胰腺炎的类型需要进行胰腺组织病理学活检，但本病例与许多胰腺炎病例一样，不适合进行麻醉后活检采样。急性和慢性胰腺炎，皆可能造成暂时性或永久性糖尿病，本病例也是如此。有些急性胰腺炎的病例，会引起严重休克、弥漫性血管内凝血（disseminated intravascular coagulation）及多器官功能衰竭等严重症状。幸运的是本病例并未出现此情形。

猫患胰腺炎没有好发年龄或性别倾向的差异，与犬患胰腺炎的"五胖妹"（fat, five and female）特点迥异（5 岁龄的胖母犬较易患胰腺炎），报告指出猫患胰腺炎的年龄层较广（5 周龄至 20 岁），但有些作者认为超过 7 岁的猫较容易患胰腺炎。

患胰腺炎的猫最常见的临床症状为嗜睡（86%~100%），多数厌食甚至绝食（95%~97%），偶尔会出现其他临床症状。通常不会出现犬胰腺炎的典型症状（如呕吐和腹痛），患胰腺炎的病犬中约 90% 发生呕吐，而病猫只有 35%；58% 病犬有腹痛，病猫只有 25%~52%；33% 病犬有腹泻，病猫只有 15%；32% 的病犬有发烧，病猫只有 7%。但 92% 的猫胰腺炎病例发生脱水、74% 的病例出现呼吸急促、68% 有体温过低、48% 有心搏过速、20% 出现呼吸困难，23% 胰腺炎猫，触诊腹部时会发现团块，但不一定会出现疼痛反应，并很易误诊为其他腹腔器官病变，如肠道或肠系膜淋巴结病变。病猫可因疼痛而出现呼吸急促或呼吸困难，若已诊断出有胸腔积液和肺血栓的猫并发胰腺炎，应重视造成的原因。有人对 21 只患胰腺炎的猫进行临床研究，发现其中 66% 有并发其他疾病。

诊断

猫胰腺炎的诊断可能极具挑战性，因为血液学检查很罕见，且也不具有特异性。本病可能出现的异常有轻度非再生性贫血、白细胞增多、核左移和白细胞中毒反应。其他血液学变化常反映体液流失和血液浓缩。血清生化异常有 ALT、ALP 和胆红素轻度或中度上升，可能反映并发的肝脏疾病（脂肪肝或胆管肝炎），或胆汁淤积。氮血症可能是肾前性因素或继发于脱水所造成，本病许多情况下也可发生慢性肾脏病。因紧张或糖尿病常可并发猫高血糖。胰周边脂肪皂化有时还可造成低血钙。

腹部 X 光检查病变往往细微且不客观，常见的变化有前腹部的对比下降、小肠扩张充满气体，十二指肠、胃和结肠的位置改变等。

腹部超声检查可发现：低回声性且扩大的胰腺，周围有高回声性的肠系膜包围，胰管不一定会扩张。偶尔可见腹水。超声波的敏感性取决于操作者的技术和设备，文献报告指出敏感性为 35%~75% 不等。这些结果强调了一点，超声波检查结果正常时也无法排除胰腺炎。临床医师也应考虑除了胰腺炎之外的鉴别诊断，包括胰腺肿瘤和胰腺水肿（与低蛋白血症或门脉高压症相关）。电脑断层扫描在诊断胰腺炎的表现上也没有显示比超声波更出色。

血清脂肪酶和淀粉酶的活性对猫胰腺炎的诊断几乎没有帮助，因其血清浓度既不具特异性，也没有敏感性。进行血清类胰蛋白酶免疫活性反应（fTLI）检测，以测定循环血液中攻击胰蛋白酶和胰蛋白酶原的抗体。TLI 由肾脏清除，而肾脏功能不全也会造成 TLI 上升，即使本病造成 TLI 大量上升，但往往 2~3 d 之内会回到参考范围。

相对来说，猫胰腺脂肪酶免疫活性反应（fPLI），较其他任何猫胰腺炎的非侵入性诊断检查更具敏感性，为诊断性检查的首选。因为持续发炎而使 fPLI 保持升高，对于诊断急性或慢性胰腺炎皆有所帮助。

诊断胰腺炎理论上的"黄金标准"，为胰腺活检样本的组织学评估。胰周边脂肪坏死是猫胰腺炎的常见现象，并有数量不等的胰腺腺泡细胞坏死和炎症。慢性胰腺炎的特点是间质纤维化、腺泡萎缩和淋巴细胞浸润，可呈弥漫或散发性病灶分布（multifocal distribution）。开腹术时均应进行胰腺活检，即使用在胰腺整体外观正常情况下也不应忽视。遗憾的是，单次活检若未发现胰腺炎，也不能完全排除胰腺炎的可能。

治疗

胰腺炎病例禁食的旧观念，尚未有证据能证明其有效。目前认为禁食对患胰腺炎的病人可带来负面作用。胰腺炎的病猫可能并发脂肪肝，营养支持显得尤为重要。没有呕吐的猫建议喂予可口的食物，无呕吐却厌食的猫，可进行鼻饲。通常情况下大部分病猫均采用流质饮食进行饲喂。止吐剂可减少猫因胰腺炎造成的恶心、呕吐，最好能放置在空肠内，让呕吐的猫能得到营养支持，然而，此过程需要麻醉，而病猫往往不适合麻醉。有时，胰腺炎病猫无任何明显症状，但它也可能有腹痛，因为猫往往会掩盖疼痛症状，建议例行性给予止痛药物。但吗啡等能加剧胰腺炎的药物，应禁用。

建议给予犬静脉血浆，以充分供应 α-巨球蛋白（alpha-macroglobulin）。α-巨球蛋白为清除活化蛋白酶的蛋白，患胰腺炎会耗尽此蛋白。给发病病人使用血浆并无改善存活率的作用，但许多医师认为有效。若条件允许，可以给予病猫新鲜冷冻血浆，或使用与猫血型相匹配的全血。

是否要使用抗生素来治疗胰腺炎仍存争议。还没有证据说明传染性病原可引起胰腺炎。然而有许多医师认为，使用抗生素对病情有所帮助，尤其是对猫。理由之一是因为猫的总胆管和胰管相通，因此细菌有可能会感染胆管系统和胰管。还有些医师也认为，皮质类固醇（corticosteroids）对慢性胰腺炎的猫有所帮助（但对急性不一定有效），但是目前也仍有争议，特别是在胰腺炎与糖尿病并发的情况下。

预后

猫胰腺炎的预后，取决于疾病的严重程度、胰腺坏死的程度以及并发症和继发病的情况。有些慢性病例的临床症状不明显，但病情有时可能会突然加剧；有些慢性疾病病例会导致患糖尿病（如同本病例）；也有些病例报告形成胰腺外分泌不足，但这些后遗症的发病率尚无研究报告。患糖尿病的猫，部分不需要给予胰岛素即能维持血糖，称为糖尿病缓解（diabetic remission），但其中有部分会复发，需要注射胰岛素，在胰岛素治疗并仔细监测下，可能达到再次缓解。

20 猫的线性异物

基本资料与主诉

基本资料：短毛家猫，9 月龄，雄性，已绝育，体重 3.9 kg。

主诉：呕吐。

病史

猫已呕吐 5 d。呕吐物最初为食物，之后主要为液体。主人介绍病猫食欲废绝、体重减轻，未出现腹泻，但已 2 d 没有排粪便了。

病猫幼龄时已接种过疫苗，就诊前 4 个月进行过驱虫，无任何体外寄生虫治疗记录。病猫平日的饮食为猫罐头食品，加上熟火腿、鸡肉和鱿鱼。

就诊前的治疗包括静脉输液、马罗吡坦（maropitant）、阿莫西林 – 克拉维酸钾

临床小提示：组织胺 H_2 阻断剂

与西米替丁（cimetidine）作用不同，雷尼替丁（ranitidine）是经过减少乙酰胆碱酯酶的分解来促进胃肠道蠕动的，临床上常利用这种药物来治疗一些病例。研究报告也指出，雷尼替丁产生的药物不良反应很少，全身性毒性作用较低，药效也较西米替丁更高。西米替丁仅是 H_2 受体阻断剂，能抑制肝脏 P450 酶活性，减少其他药物的代谢。有研究报告指出西米替丁还会引起白细胞减少和血小板减少症。

（clavulanate–potentiated amoxicillin）和雷尼替丁（ranitidine），治疗后呕吐减少且精神良好。对病猫进行胰腺脂肪酶免疫活性反应（pancreatic lipase immunoreactivity）检测，结果为阴性。之后病猫呕吐出大量绿色含胆汁的液体数次，并出现嗜睡，因此转往专科医院进行治疗。

临床小提示：在猫病例中使用马罗吡坦（MAROPITANT）

虽然在撰写本书时，马罗吡坦（maropitant）尚未批准可用于猫，但有研究报告显示，给予 1.0 mg/kg 该药就能非常有效地防止猫的动晕症。这些研究显示，猫对 NK-1 受体颉颃剂马罗吡坦（maropitant）的药物耐受性良好、安全，并有优异的抗呕吐效果。

理学检查

理学检查时，病猫文静，但保持警戒，身体略瘦（身体状况评分为 4/9），无脱水现象。黏膜呈粉红色，微血管再充血时间少于 2 s。听诊胸部，心跳 185 次 /min，每次心跳皆有相符的脉搏，心音、肺音以及胸腔叩压诊均

无异常。触诊腹部病猫出现不安，呼吸频率正常，32 次 /min。肛温为 38.9℃。

问题与讨论

病猫的主要问题是呕吐；食欲下降、体重减轻和腹部不适，推测与呕吐有关。

鉴别诊断

病猫呕吐的鉴别诊断。

- 胃的疾病
  - 异物
  - 胃炎
  - 溃疡
  - 慢性局部胃扩张–扭转
  - 肿瘤
- 小肠疾病
  - 异物
  - 炎性肠道疾病
  - 肿瘤
  - 寄生虫
  - 肠套叠
- 大肠疾病（虽然没有与大肠疾病相符的病史）
  - 结肠炎
  - 便秘
- 全身性疾病
  - 胰腺疾病
  - 肾上腺皮质功能低下症（hypoadrenocrticism）
  - 糖尿病
  - 肝脏疾病
  - 腹膜炎
  - 肾脏病 / 尿毒症（可能性低）
- 饮食因素
  - 饮食过敏
  - 饮食不当

病例的检查与处置

因病猫临床状况不佳，故不适合进行膳食试验。

临床病理学检查

血液学检查结果皆位于参考值范围内，血清生化学检查发现钾下降至 3.0 mmol/L（参考范围 3.5~5.8 mmol/L），其余指标皆位于参考值范围内，因来院时未收集尿液，未进行尿检。静脉输液治疗速率为 2 mL/(kg·h)，并添加钾 12 mmol/L。

护理小提示：静脉输液治疗与钾补充

中度或重度低血钾症（≤ 3.0 mmol/L），需要静注氯化钾（KCl）予以矫正。通常建议，输液速率每小时不超过 0.5 mmol/kg。病猫在少尿或无尿状态时因肾脏无法排除钾，此时应禁止补充钾。添加到静脉液体中的氯化钾剂量见表。应特别注意的是林格氏液和乳酸林格氏液中氯化钾浓度为 4 mmol/L。

表　根据病例血清钾（K⁺）的浓度，需添加到静注液中的氯化钾剂量（KCl）。应注意减掉载体液内的钾含量

病患血清 K^+（mmol/L）	每 250 mL 液体中添加氯化钾（mmol/L）	每升体液中添加氯化钾（mmol/L）
>3.5	5	20
3.0 ~3.5	7	28
2.5 ~3.0	10	40
2.0 ~2.5	15	60
2.0	20	80

影像学检查

腹部检查发现膀胱前侧第五、第六腰椎处的小肠出现波纹状，降结肠腹侧、膀胱前侧与覆盖膀胱影像（位于 L4-6）的小肠出现

异常皱褶，小肠腔内有少量气体蓄积，意味着线性异物的存在（图 20.1）。

腹部超声波检查，可见十二指肠降部出现皱褶，十二指肠管腔内明显的线性异物（图 20.2），小肠肠管蠕动增加。

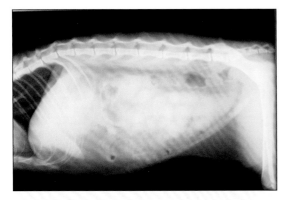

图 20.1　腹部 X 光检查发现：小肠聚积在腹部中央，呈团状（courtesy of Carolina Urraca del Junco）

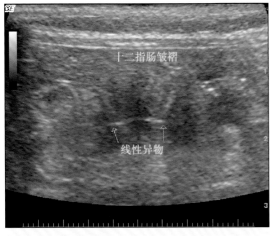

图 20.2　超声波检查显示：线性异物周围的十二指肠降部出现皱褶（courtesy of Carolina Urraca del Junco）

治疗

手术治疗

因怀疑有线性异物，将病猫转诊至外科，进行胃切开术和四处肠切开术取出线性异物（丝线）。在手术过程中，发现丝线已切入肠系膜边缘的黏膜，造成一处空肠穿孔。切除远端两处肠，切开处以及相邻的肠管进行

端对端吻合术（end-to-end anastomosis）。较近端的肠切开处附近，浆膜面有些损伤，利用浆膜补片术（serosal patch）进行修复。

后续治疗

术后治疗包括每 8 h 静脉注射阿莫西林 - 克拉维酸钾 20 mg/kg，每 8 h 静脉注射丁丙诺啡（buprenorphine）20 μg/kg 止痛，每 12 h 皮下注射雷尼替丁（ranitidine）2 mg/kg，作为抗酸剂和促进胃肠道蠕动，并持续给予静脉输液。

追踪

术后 24 h，病猫呈现嗜睡、发烧和呕吐。预后谨慎，因病猫可能有很多肠道黏膜已受损。术后 4 d，病猫精神良好、保持警戒，不需要协助即可饮水与进食。手术后 5 d，病猫开始排便，粪便正常。以后改为口服药物治疗，1 周后办理出院，并给予每 12 h 口服阿莫西林 - 克拉维酸钾 15 mg/kg。出院后病猫的健康维持良好。

讨论

丝线、绳子或布料等线性异物，通常会进入肠道，部分情况可引起疾病并表现临床症状，若一部分异物卡在肠道内则可导致肠阻塞，甚至造成穿孔。线性异物最常卡在口腔或幽门，游离端最后可能从口腔或幽门分离到达小肠。肠道内的异物，导致肠呈皱褶状或围绕着异物聚积成团，肠道蠕动形成皱褶样。线性异物会磨蚀肠管壁，最终造成多处穿孔和腹膜炎。

猫比犬更易发生线性异物，可能是因猫喜欢丝线和类似的物体。发病后其临床症状有厌食、呕吐、腹痛，有时会造成腹泻。如果完全阻塞，则会呈现急性症状；如果局部

阻塞，症状可能较轻微，而且在诊断前，症状会持续数周；触诊腹部时，可能有肠管聚积成团的感觉。

由于线性异物会产生特殊的影像，影像学检查往往具有诊断意义。X光检查发现，受影响的肠道聚集或成团状，可能位于腹部的其中一侧；放射线学造影可见肠道折叠。超声波可能难以观察到线性异物，但可以看出肠道的波浪状外观，小肠肠管阻塞处近端可能有膨胀的现象。而本病例则可见到异物。

某些病例中，线性异物会在舌头周围环绕，可剪除使其通过肠道，时间通常需要1~3 d。如果猫出现任何胃肠道的症状或抑郁，或无法非常仔细地监控猫等情况，这种保守疗法是应禁止的。有报道，24只猫采用保守疗法，有9只获得成功治疗，来院1~3 d后顺利排出异物。以保守疗法成功治愈的猫，临床症状持续的时间较短，腹痛症状较少、肠折叠现象轻微、血液学异常不严重。

如果病猫肠道折叠，或无法使异物安全通过肠道，此时应进行手术。手术时，通常需要进行多处肠切开术以取出异物，之后修复肠穿孔的部位，并投予广谱抗生素治疗。

预后

关于猫线性异物的研究指出，需要进行外科治疗（胃切开术与多处肠切开术）的病例占96.9%，大部分的猫（83.9%）对治疗反应良好。而因线性异物引起肠道撕裂的病猫，也约有50%康复率。

21 犬肝门脉体循环分流

基本资料与主诉

基本资料：凯恩（Cairn terrier），14月龄，雌性，未绝育，体重5.7 kg。

主诉：呕吐和腹泻。

病史

病犬有进食1 h后呕吐出消化物的病史，这种情况已持续约1个月。因病犬喜玩木条，主人认为可能有消化道异物。

过去6个月，病犬也出现过间歇性腹泻，偶尔会排软便，粪中无血液或黏液，排便动作正常。依据症状最有可能为小肠性腹泻。

主人反映，数月以来病犬体重逐渐减轻，病初出现神情茫然，无目的地行走，在这种状态下将病犬抱回笼内，病犬变得情绪激动，开始咬笼子的护栏。主要在病犬采食后约9~10 h发生这些情况。病犬喂予幼犬专用的罐头食物，每日两次。病犬很挑食，主人经常给予人用食物以鼓励其进食。

主人未观察到病犬有多渴、多尿现象，但病犬也一直难以训练完成定点大小便。该犬过去非常活泼，但发病的数个月里变得文静不好动。病犬定期以芬苯达唑（fenbendazole）驱虫，幼龄时期起即开始接种疫苗。

此次就诊前病犬曾因呕吐求诊，并进行过静脉输液治疗，治疗后暂时恢复良好，但回家后1天呕吐又复发。

理学检查

理学检查，病犬文静但保持警戒，身体瘦弱，身体状况评分为2/9，无脱水现象。口腔检查发现下颌骨突出，且上犬齿往侧边偏移；舌头有旧伤的痕迹，呈V字形分裂至舌尖，舌面有红斑、马蹄状的疤痕。病犬的黏膜呈粉红色且湿润，微血管再充血时间少于2 s。

胸腔听诊未发现异常。腹部触诊无法触及肝脏，但易于触诊到左肾后端。病犬小肠易于触诊，且触诊感觉正常。触诊时没有表现出任何不适。心跳120次/min，呼吸24次/min，肛温为38.7℃。

问题与讨论

- 呕吐
- 腹泻
- 运动耐受性降低（应与其他疾病有关，因此未单独讨论鉴别诊断）
- 行为异常

鉴别诊断

关于呕吐

- 呕吐
  - 异物
  - 胃炎
  - 溃疡
  - 慢性局部扩张肠扭转（由于狗的品种和体型应可排除）
  - 肿瘤（可能性低，虽然年轻的动物也可能患淋巴瘤）
- 小肠疾病
  - 异物
  - 寄生虫
  - 肠套叠

  以下小肠疾病的鉴别诊断虽有可能发生，但病犬年龄较小，发病的概率不高。
  - 发炎性肠道疾病
  - 肿瘤
- 大肠疾病
  - 结肠炎
- 全身性疾病
  - 肝脏疾病，包括肝门脉分流
  - 胰腺疾病

  以下疾病的鉴别诊断虽有可能发生，但由于病患的年龄较小，发生概率不高。
  - 肾上腺皮质功能低下症（hypoadrenocorticism）
  - 糖尿病
  - 肾脏病 / 尿毒症
- 饮食因素
  - 对食物的不良反应(过敏或不能耐受)
  - 饮食不当

小肠的慢性腹泻

- 饮食
  - 对食物的不良反应(过敏或不能耐受)
  - 暴食；因病犬挑食应可排除
  - 饮食改变
- 胃部疾病，快速胃排空
- 小肠疾病
  - 传染病，细菌、病毒、真菌
  - 局部阻塞，如肠套叠、异物
  - 胃肠道寄生虫
  - 刷状缘（brush border）缺陷
- 由于年龄和临床症状，应排除的小肠疾病有：
  - 发炎性肠道疾病
  - 浸润性肿瘤(如淋巴瘤，肥大细胞增多症)
  - 淋巴管扩张
- 胰腺疾病
  - 慢性胰腺炎
  - 胰腺外分泌不足
  - 胰腺瘤（因年龄应可排除）
- 肝脏疾病
  - 肝门脉分流
  - 胆管阻塞
  - 肝衰竭
- 肾脏疾病
- 其他
  - 瘀血性心衰竭－无与此相符的症状
  - 免疫缺陷
  - 肾上腺皮质功能低下症（这么小的幼犬不太可能患此病）

  由于病犬无其他神经症状，异常行为最有可能源于脑病，从大脑本身或颅外疾病影响大脑功能。也可能是行为问题，但概率不高。

关于行为异常

- 原发性脑部疾病包括：
  - 先天性疾病，如脑畸形或 Chiari-like 畸形

- 脑积水症
- 先天性代谢疾病
- 肉芽肿性脑膜脑脊髓炎
- 颅内或脑肿瘤
- 癫痫发作
- 影响大脑功能的全身疾病
  - 肝门脉分流（PSS），进而导致肝性脑病症状（HE）
  - 低血糖
  - 毒素
  - 营养缺乏或不均衡

病例的检查与处置

为病犬办理住院进行诊断性检查。

临床病理学检查

进行血液学、血清生化学检查和常规尿检。血液学检查显示，小红细胞症造成红细胞比容（PCV）轻微下降，为 0.35 L/L（参考范围 0.37~0.55 L/L），平均红细胞体积（MCV）为 52%（参考范围 60%~77%），红细胞数量为 5.6×10^{12} /L[参考范围（5.5~8.5）$\times 10^{12}$ /L]，以及血红蛋白轻微下降，为 11.8 g/dL（参考范围 12~18 g/dL）。

临床小提示：血液学

当 PCV 下降时，需检查细胞的大小，即平均红细胞体积（MCV）。小红细胞症 PCV 会降低，而红细胞数量则位于参考范围内。小红细胞症的病因有铁流失（如消化道出血），铁螯合（iron sequestration）（与 PSS 或慢性炎症性贫血并存）。健康的秋田犬也可出现小红细胞症。

血清生化检查发现，丙氨酸氨基转移酶（alanine aminotransferase，ALT）中度上升，为 233 IU/L（参考范围 21~102 IU/L），碱性磷酸酶（alkaline phosphatase，ALP）上升，为 116 IU/L（参考范围 20~60 IU/L），禁食胆汁酸的浓度明显升高，为 243 μmol/L（参考范围 0~7 μmo/L），进食后胆汁酸提升至 521 μmol/L。血清白蛋白低于参考范围，为 22.3 g/L（参考范围 26~35 g/L），尿素值偏低，为 1.9 mmol/L（参考范围 1.7~7.4 mmol/L）。

对筛查肾上腺皮质功能低下症的基础指标 – 血清皮质醇浓度（Basal serum cortisol concentration）进行检测，结果为 221 nmol/L（参考范围 20~230 nmol/L）。因考虑进行肝脏活检，需进行凝血试验，凝血酶原时间（prothrombin time）、活化部分凝血活酶时间（APTT）和纤维蛋白原检测结果皆位于参考范围内。

尿液比重为 1.008，pH 值为 6.5，尿渣中发现尿酸盐结晶。

临床小提示：肝门脉体循环分流病犬的凝血功能

虽然病犬的凝血功能指标皆位于参考范围内，相较于健康犬，PSS 病犬的血小板数量及凝血因子Ⅱ、Ⅴ、Ⅶ与Ⅹ的活性通常较低，凝血因子Ⅷ和 APTT 的活性较高。用手术减少分流，术后可能造成凝血时间与凝血因子异常增加，并可能有出血的风险。与持续分流的病犬比较，完全阻断分流的病犬，其凝血功能更易恢复正常。

影像学检查

腹部 X 光检查，发现肝脏外形小且肾脏较大。

腹腔超声波检查结果验证了肝脏体积缩小，肝静脉细小，有单一的肝外 PSS，沿右肾后端弯曲，并向前背侧分流进入后腔静脉；接近右肾静脉的入口处（图 21.1）多普勒超声波确认有血液分流（图 21.2）。肾脏均扩大到 6 cm，膀胱内发现小型结石；尿检发现尿酸盐结晶，推测结石成分为尿酸铵（ammonium urate）。

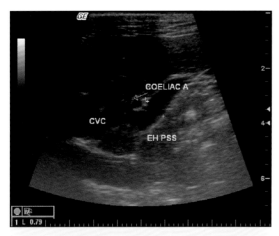

图 21.1　超声波影像呈现大型的肝外门静脉-腔静脉分流（portocaval shunt）（coelic a，腹腔动脉；EH PSS，肝外门脉体循环分流；CVC，后腔静脉）（courtesy of Carolina Urraca del Junco）

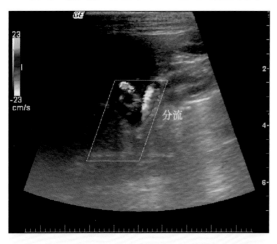

图 21.2　彩色多普勒超声波可见血液通过肝外门脉体循环分流（courtesy of Carolina Urraca del Junco）

病例评估

综合病史、临床病理学检查结果和影像学检查结果，诊断为肝外 PSS。

临床小提示

小红细胞症会降低 PCV，较小的红细胞会导致血液细胞化的比例下降。造成小红细胞症的原因包括缺铁和 PSS。动物患 PSS 造成小红细胞症的原因，有学者曾提出是由于铁螯合（iron sequestration）或铁无法有效运输，导致缺铁性红细胞生成（iron deficient erythropoiesis）的结果。

PSS 病犬的血清尿素值往往偏低或低于参考范围，是因氨没有在肝脏内有效地转换为尿素所致。某些病例可见低血糖，应予以治疗。

因高血氨和肝脏将尿酸转换成尿囊素的能力下降，许多 PSS 的病犬会发生尿酸盐结晶。

正常动物不会出现尿酸盐结晶，若出现尿酸盐结晶，医师应立即查看是否有 PSS 或其他肝脏疾病。由于先天性代谢缺陷，有些大麦町犬的尿中会有尿酸盐结晶。

许多 PSS 病犬的尿比重也偏低，甚至可能出现多尿 / 多饮症状。尿液浓缩能力不佳，部分原因可能是由于尿素低，造成肾髓质渗透压下降，促肾上腺皮质激素（ACTH）分泌、高皮质醇症（hypercortisolism）增加引起，或脑下垂体合成或释放抗利尿激素减少所致，但其形成机制尚未完全清楚。

临床小提示：PSS 的影像学检查

计算机断层扫描可以更清楚地确定分流血管的位置，但本病例并未使用。某些病例会使用经脾门静脉核子影像（transplenic portal scintigraphy）来辅助诊断。许多外科医师喜欢术前进行静脉造影，可提供给医师关于分流血管的位置信息，借此规划手术方式。

护理小提示

因高蛋白饮食会使临床症状恶化，患 PSS 的动物应限制饮食中的蛋白质，如给予内含 15%~20% 蛋白质的干饲料，或蛋白质 2g/kg/d，以减少结肠细菌形成氨。如果是在发育的幼犬，给予能降低 HE 风险的市售低蛋白食物，可能不足以满足其发育所需（含 22% 蛋白质的干饲料），在这种情况下，每 400g 狗食罐头补充松软干酪（cottage cheese）100g 是必需的。松软干酪含大量支链氨基酸，并较肉类蛋白不易造成脑部疾病。植物性蛋白或大豆蛋白，也较肉类蛋白不易造成脑部疾病，因此也可以使用。此外，饲喂时应少量多餐，以降低低血糖的风险。

初始（术前）的医疗处置

内科治疗的初步目标是减少病犬的 HE 症状，需在诊断后立即实施。处置内容包括上述的饮食管理，再加上每 12 h 口服乳果糖（lactulose）糖浆 1 mL。若其粪便变软，则应调整剂量，如果过量可能引起腹泻。此外，还应每 12 h 口服甲硝唑（Metronidazole）7 mg/kg。

临床小提示：HE 治疗

乳果糖（Lactulose）能减少食物在肠内停留的时间，并会酸化结肠内容物，有助于捕捉结肠内的氨，并减少氨的吸收。当 HE 症状严重时，以乳果糖灌肠可能会有所帮助。可给予口服抗生素甲硝唑、氨苄青霉素或硫酸新霉素（neomycin），抑制肠道产尿素酶的细菌，但给予剂量要低，如每 12 h 口服甲硝唑 7 mg/kg。

有 1/3 的病犬仅以内科疗法就可取得良好效果，尤其是年龄较大的犬。然而，超过半数的病例单以内科治疗，在诊断治疗一年后却进行了安乐死处理。

手术治疗

建议大多 PSS 患犬皆进行手术治疗，以改善预后。阻断分流的方法有以缩窄环逐渐闭塞、玻璃纸束带、线圈栓塞和缝合结扎几种。传统的手术治疗为：在异常的血管周围先放置结扎环，手术过程中逐步紧缩，同时测量门静脉压力，并监测内脏状况。如果结扎过紧，会有引发门脉高压症的极高风险，术后并发症往往严重且致命。患单一肝外 PSS 的病犬，高达 68% 不能完全结扎，手术只能减少部分分流。而只减少部分 PSS，会使得临床症状无法改善，或增加复发的风险。有报告指出，肝外 PSS 部分结扎，临床症状复发的概率为 32%~50%，完全结扎则为 0%~12%。因此，目前提倡渐进式结扎，而非一次将 PSS 完全闭塞的外科治疗。理论上，这样可以建立肝门脉循环和改变肝脏结构，以改善术后肝脏血液的供应，同时可降低门脉高压症相关的术后并发症。

　　本病例使用的缩窄环，也常用于逐步减少 PSS（图 21.3 和图 21.4），但实际上它是通过血栓产生延迟性的血流量减少，而不是最初认为的逐渐减少 PSS。以缩窄环治疗单一肝外 PSS 病例的效果较肝内 PSS 病例佳。

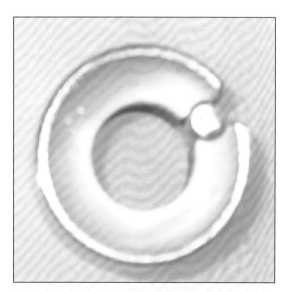

图 21.3　缩窄环（courtesy of Dr Donald Yool）

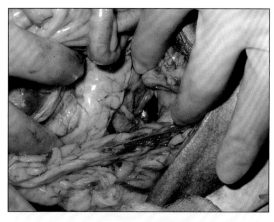

图 21.4　肝外门脉体循环分流病犬装置缩窄环的位置
（courtesy of Dr Donald Yool）

术后护理

　　术后护理内容包括监测低体温症、低血糖，并特别监测门脉高压症的症状。将分流血管闭塞会迫使血液流经肝脏，开启先前闭塞的血管，有些病犬无法较好地耐受这种情况。门脉高压症的症状之一是腹腔积液增加，如果有门静脉高压症的证据，可尝试给予胶体溶液静注，但大部分病例需要再次手术，放松结扎的血管或移除结扎处。

　　内科治疗需要持续至手术 7 周后，直到血清胆汁酸浓度位于参考范围内，肝功能已获得改善，再逐渐增加饮食中的蛋白质。

> **护理小提示：PSS术后饮食**
>
> 　　成年犬对蛋白质的需求量不高（干饲料含 18% 的蛋白质），因此适度限制病犬饮食中的蛋白质，对疾病的康复是有益的，尤其是对存在部分分流血管的病犬，适度限制蛋白质很有帮助。

追踪

　　病犬术后前几天嗜睡，但此后恢复良好；有肝功能障碍的病犬，术后麻醉复苏困难或缓慢。

　　对手术时采样的肝脏进行活检，组织病理学检查显示门脉周围动脉和胆管分支，肝小叶萎缩与脂肪肉芽肿（lipogranulomas），以及明显的弥漫性干细胞脂肪变性。这些变化与 PSS 在临床上和手术时的发现相符。病变异常程度与身体状况和神经系统症状有关。

　　病犬 7 周后回院复诊，此时精神良好，且无呕吐、腹泻或神经方面症状。血液学与血清生化学检查结果皆位于参考值范围内。超声波检查发现缩窄环仍然位于原处阻断血管，膀胱内无尿酸结石。持续限制蛋白质，并添加松软干酪至饮食内，停止给予乳果糖与氨苄青霉素。

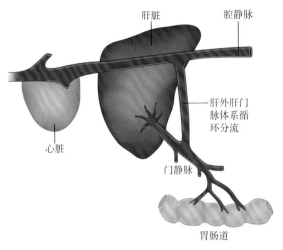

肝外肝门脉 体系循环分流　　　　　　　　　正常肝脏

图 21.5　肝外门脉体循环分流的肝脏和正常肝脏

病理生理学

胚胎时期的犬，静脉导管携带富氧的胎盘血液进入循环，绕过肝脏循环，但通常在出生后 1~2 周内此血管会关闭。该血管未关闭或形成其他异常血管，造成门静脉系统连接到全身血液循环，可引起 PSS 症。先天性分流一般为单一血管，因肝病造成的后天性分流（如肝硬化和肝纤维化），常为多发性。

分流常见的类型包括肝内门、腔静脉分流，肝外门、腔静脉分流（图 21.5）或门、奇静脉分流。

肝脏组织学变化的程度，可能与肝脏改道的门脉血流量引起的肝脏功能影响程度有关，且血管分流位置不同，也会影响肝小叶间的变化程度，特别是永久性静脉导管（persistent ductus venosus）造成的肝内分流。典型的肝脏组织病理学变化包括动脉增生、门静脉轮廓消失、干细胞萎缩及脂肪肉芽肿等。肝脏微血管发育异常，也会有类似的组织病理学变化，但不会出现分流的血管。中枢神经系统也可能出现病理变化，尤其是有脑部疾病的病例。

由于肝脏依赖门脉循环的大量养分，减少血流量可造成养分供应减少，而使肝脏萎缩。分流使胰岛素供应减少也可能促成萎缩，因胰岛素有助于肝实质发育。肝脏萎缩后，可进一步造成肝功能降低。

PSS 的病犬约有 30% 会出现胃肠道症状，如呕吐、腹泻和厌食。其他常见症状还有发育不良和神经性行为异常。门脉高压并非 PSS 的常见症状，因此也很少形成腹腔积液，除非血清白蛋白非常低，或由于渗透压下降而形成的漏出液（transudate）的情况。

PSS 病犬出现血浆皮质醇增加、ALP 上升、肝水肿变性与多饮/多尿。血浆皮质醇上升，推测与 γ-氨基丁酸能（GABAergic）机制调控的脑下垂体促肾上腺皮质激素（ACTH）分泌失调有关。矫正分流后即会缓解高皮质醇血症。

流行病学

据报道，犬发生先天性 PSS 的概率为 0.18%，混种犬为 0.05%。先天性 PSS 的诊断比例已由 1980 年的 5/10 000 增加到了 2001

年的 5/1000。一项研究发现最常出现分流的品种为：哈瓦那犬（Havanese）（3.2%）、约克夏㹴犬（2.9%）、马尔济斯（1.6%）、丹第丁蒙㹴（Dandie Dinmont terriers）（1.6%）和八哥犬（1.3%）。另一项对澳洲 242 个病例研究发现，本病的常发品种有马尔济斯、丝毛㹴（Silky terrier）、澳洲牧牛犬（Australian cattle dog）、比熊犬、西施犬、迷你雪纳瑞、边境牧羊犬、杰克罗素㹴、爱尔兰猎狼犬（Irish wolfhound）和喜马拉雅猫。患分流的比熊犬，母犬明显多于公犬。

约克夏㹴的先天性 PSS 似乎有遗传性，但其遗传机制目前还不清楚。凯恩㹴（Cairn terrier）的肝外分流，为表型不一（variable expression）的常染色体遗传（autosomal trait）。有研究报告指出，同家族的迷你雪纳瑞、爱尔兰猎狼犬、古代英国牧羊犬，PSS 引起的发热率较高。也有报告指出，美国母可卡犬、德国牧羊犬和杜宾犬为多发性肝外 PSS 的品种。

单一肝内分流最常发生于大型犬，如爱尔兰猎狼犬、古代英国牧羊犬、黄金猎犬、拉布拉多猎犬和萨摩耶犬。此外，澳洲牧羊犬和澳洲牧牛犬等中型犬也较常发生。

大部分 PSS 的病例确诊年龄在 2 岁以内，但有时症状轻微的病犬年龄偏大一些才会向兽医求诊。公犬较常发生肝内 PSS。

预后

分流结扎后，近 1/5 的病例会出现癫痫，其原因尚不清楚。治疗可尝试静脉注射苯巴比妥（phenobarbitone）或异丙酚（propofol），按 2~24 h 内 0.025~1 mg/(kg·min) 进行持续性静脉注射，但术后有癫痫发作的病例预后差。

一项犬单一肝外分流治疗的研究指出，以缩窄环（ameroid constrictor）治疗的术后死亡率为 7.1%。术后死亡的预测因子（predictive factors）包括术前白细胞数量过多、术后并发症癫痫发作。而另一项使用丝线结扎闭塞分流肝外血管的研究发现，术后短期和长期的死亡率分别为 27% 和 2.9%，但治疗后犬的临床症状复发率为 10%。分流处闭塞的程度与死亡率呈现显著的相关性，但与临床症状复发率无关。术前肝脏（相对于狗的体重）的大小也可能是预后指标，肝脏越大预后越好。

21% 的病犬使用缩窄环（ameroid constrictors），其中有 30% 的病例在术后出现持续分流。判断持续分流的指标包括术前血浆白蛋白浓度低、完全闭塞分流处后门脉高压和高门脉压力差（闭塞后压力减去术前基准压力值）。

对 168 只患有单一肝外分流的病犬，采用缩窄环装置进行治疗研究，发现术后并发症发生率为 10%；最常见的并发症为癫痫、腹水和血腹（haemoabdomen）。有医师建议，欲接受 PSS 手术的犬，先应预防性使用抗痉挛药物如溴化钾（potassium bromide）。有 21% 的犬持续维持肝门脉体循环分流，这种情况通常与多重肝外分流有关，但许多持续维持分流的病犬其临床表现正常。预后情况为极佳的有 80%，良好 14%，而差的有 6%。

22 猫脂肪肝

基本资料与主诉

基本资料：短毛家猫，8 岁，雄性，已绝育，体重 5.8 kg。

主诉：厌食、体重减轻、呕吐、嗜睡、大口吸气（gulping）。

病史

病猫厌食已持续了 8 d，体重快速下降，精神不振、嗜睡，有时对周围环境失去警戒心，在来院 24 h 前呕吐出咖啡色液体两次。主人介绍，病猫可能有夸张的吞咽空气动作，病猫排便正常。

来院 3 d 前，病猫开始逐渐变得文静、不活泼，不愿与主人玩耍。主人认为病猫看起来虚弱，特别是它的后肢，但并没有癫痫发作现象。

病猫在来院 4 d 前曾向当地兽医求诊，但未发现任何特殊异常，当时给予了地塞米松（dexamethsone）和长效青霉素（penicillin）（剂量未知）。48 h 后症状未见改善，又重新注射了青霉素，并采集血液样本，但在尚未得到检查结果前当地兽医即认为需要进行转诊了。

病猫自幼龄时便由主人饲养，疫苗接种记录完整（包括猫白血病病毒），每 6 个月以噻嘧啶（pyrantel）与吡喹酮（praziquantel）进行驱虫。

病猫为家中唯一饲养的猫，平时可穿越猫门到户外活动。主人平常给猫饲喂干饲料，并让其自由采食，猫进食状况良好，来院 3 个月前体重为超重（7 kg）。病猫在来院前大约两个星期，食欲开始逐渐下降，到了 8 d 前变得完全厌食。

病猫一直以自由饮水方式饮水，但主人却很少见到其饮水，主人推测病猫可能在外面的池塘饮水，而最近猫养成了喝厕所水的习惯。屋子内提供有猫便盆，但病猫很少使用。来院前一周，病猫已不愿意到屋外活动，并开始每日使用室内猫便盆。但未发现病猫尿液有任何异常。

理学检查

病猫迟钝（精神意识下降），但对刺激仍有反应，身体状况评分仍在合理范围内（身体状况评分 4/9），体重为 5.8kg，已减轻了 17% 的体重。口腔与口吻部湿润。

病猫黏膜出现轻微黄疸，微血管再充血时间延长，为 3 s。有明显的牙龈炎，上前臼齿有破骨细胞吸收病灶（osteoclastic resorptive lesions）和部分齿槽脓漏（pyorrhoea）。拉皮检测结果为 1.5 s，估计约有 7% 的脱水。

触诊检查，病猫的颌下淋巴结明显肿大，

但前肩胛淋巴结及腘淋巴结正常。胸腔听诊未发现异常（心跳 188 次 /min，呼吸 24 次 /min）。触诊腹部发现肝脏明显扩大，触诊肾脏引起明显的疼痛反应，膀胱与小肠无内容物，肛温为正常的 38.7℃。

虽未进行完整的神经学检查，但病猫除了虚弱与精神状态改变之外，无其他神经功能障碍。猫静脉采血部位有出血瘀伤。

问题与讨论

病猫有大量的问题，即厌食、体重减轻、可能多渴、呕吐、夸张吞咽、流涎、精神改变、虚弱、嗜睡、牙科疾病、脱水、黄疸、肝肿大、肾脏疼痛和瘀伤出现。而有些问题不具特异性，如嗜睡、脱水和虚弱，很可能是疾病发展的结果。

鉴别诊断

鉴别诊断清单：厌食、体重减轻、呕吐、肝肿大、黄疸、流涎、精神改变、肾脏疼痛、瘀斑（ecchymoses）。病猫最重要的问题包括：

- 厌食症
  - 口腔疾病
  - 食道炎
  - 胰腺炎
  - 肿瘤
  - 肝脏疾病
  - 肾脏疾病
  - 食物不美味
  - 嗅觉缺失症
- 体重减轻
  - 继发性厌食症
  - 甲状腺功能亢进症
  - 糖尿病

- 肝脏疾病
- 肾脏疾病
- 肠道吸收不良（吸收不良，消化不良）
- 肿瘤
- 呕吐
  - 胃肠道疾病
  - 肝脏疾病
  - 肾脏疾病
  - 胰腺炎
  - 糖尿病（酮酸中毒）
  - 肿瘤
  - 中枢神经系统疾病
  - 药物（如抗生素、皮质类固醇、非类固醇性消炎药）
- 肝肿大
  - 脂肪肝（HL）
  - 胆管肝炎
  - 肝肿瘤
  - 肝囊肿
  - 淋巴瘤
  - 猫传染性腹膜炎
- 黄疸
  - 肝前性疾病造成，如溶血
  - 肝脏疾病（如脂肪肝、胆管肝炎、猫传染性腹膜炎）
  - 肝后胆道阻塞（如胆管癌、胰腺炎）
- 流涎
  - 牙科疾病
  - 口腔溃疡
  - 食道炎
  - 恶心
  - 肝性脑病变
- 精神状态改变
  - 肝性脑病变
  - 低血糖

- 硫胺素（thiamine）缺乏
- 癫痫发作后疾病
- 脑膜炎
- 脑炎
- 占位性脑病变（space-occupying brain lesion）
- 头部创伤

- 肾脏疼痛
  - 肾盂肾炎
  - 肾结石
  - 肾盂积水
  - 猫传染性腹膜炎
  - 淋巴瘤或其他肿瘤
- 瘀伤／瘀斑
  - 血小板减少症
  - 血小板病
  - 后天性凝血功能障碍（如灭鼠药中毒、肝病、维生素 K 吸收不良）
  - 遗传性凝血功能障碍（如血友病，本病例猫已绝育且无出血病史，应可排除）
  - 弥漫性血管内凝血（disseminated intravascular coagulopathy）
  - 血管炎

病例的检查与处置

于内侧隐静脉采血，进行血液学、血清生化学和凝血功能检查，并进行常规尿检。

临床病理学检查

血液学常规检查结果皆位于参考范围内。血清生化学检查发现：丙氨酸氨基转移酶（alanine aminotransferase，ALT）上升，为 551 IU/L（参考范围 6~83 IU/L），碱性磷酸酶（alkaline phosphatase，ALP）上升，为 360IU/L（参考范围 10~100 IU/L），总胆红素（total bilirubin）上升，为 20.6 μmol/L（参考范围 0~6.8 μmol/L），胆汁酸上升，为 26.8 μmol/l（参考范围 0~7 μmol/L）。γ-谷氨酰胺转移酶（Gamma glutamyl transferase，GGT）未上升在参考范围内，为 4.8 IU/L（参考范围 1~5 IU/L）。

临床小提示：诊断脂肪肝（HL）

以上脂肪肝（HL）的典型发现，但也可能并发其他肝脏或胰腺疾病。血清 GGT 升高表示有坏死性炎症性疾病，如胆管炎。因此血清 GGT 浓度位于参考范围内，可以作为 HL 的指标。然而，GGT 升高并无法排除 HL，因为 HL 可能与炎症性肝病并存。

由于这些病例可能有凝血功能异常，在确认凝血状态前，血液样本应尽可能于周边静脉采得而不是颈静脉。同样，在确认凝血状态前应避免进行膀胱穿刺术。

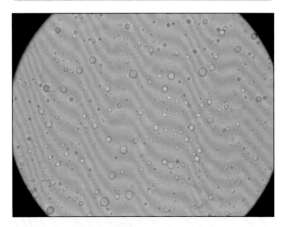

图 22.1　尿液中的脂肪滴

总蛋白量升高，白蛋白值偏高，为 38.4 g/L（参考范围 28~39 g/L），球蛋白值上升至 56.7 g/L（参考范围 25~50g/L）。白蛋白值偏高推测与脱水有关，高球蛋白血症推测与牙科疾病或其他炎症有关。尿素上升，为16.7 mmol/L（参考范围 2.8~9.8 mmol/L），肌酸酐升高，为 210 μmol/L（参考范围 40~177 μmol/L），可能为脱水、肾脏疾病或肾后性氮血症（可能性低）。钾下降至 3.5 mmol/L（参考范围 4~5 mmol/L），而钾下降常见于厌食的猫。血糖中度上升至 15.9 mmol/L（参考范围 3~5 mmol/L），推测与疾病造成紧张有关，但也可能是源于糖尿病或肾小管的疾病所造成。

凝血功能检查，发现凝血酶原时间（prothrombin time）为 16 s（参考范围 5~12 s），活化部分凝血活酶（activated partial thromboplastin）为 25 s（参考范围 10~20 s），纤维蛋白原（fibrinogen）偏低，为 2.1 g/L（参考范围 2~4 g/L）。由于肝脏负责合成大部分的凝血因子，凝血时间延长推测与肝功能不全有关。

尿检显示尿比重为 1.025，对于脱水的病猫而言此比重过低。尿液试纸条分析显示，葡萄糖 2[+]，酮微量，血球 1[+]，pH 值 7.0 和胆红素（bilirubin）2[+]。尿渣分析发现，高倍视野下平均有 6 个白细胞（正常 <3），及 4 个红细胞（正常 <3），有大量的脂肪滴（图22.1），偶尔可见颗粒圆柱，尿液细菌培养的结果为阴性。

测量血压

病猫的收缩压为 115 mmHg，属于正常偏低值。

临床小提示：口服造影剂

厌食、脱水的猫可能非常虚弱。评估血压可能对是否进行输液治疗有所帮助，虚脱状态或是低血压的病例需给予休克剂量 [50 mL/（kg·h）]。

影像学检查

超声波检查，可见变大且呈高回声性的肝脏，肾髓质皮质分界模糊、肾盂变宽，与肾盂肾炎的诊断相符。

肝脏组织病理学检查

超声波引导进行肝脏细针穿刺采样，检查结果证实为脂肪肝（HL）（图 22.2）。

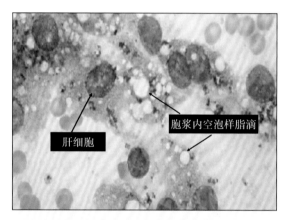

22.2　脂肪肝造成肝细胞的脂质蓄积增加

临床小提示

确诊脂肪肝（HL）需进行肝组织采样，特别是在超声波引导下进行采样，细针穿刺为采样的安全选择。如果超过 50% 的干细胞出现空泡化，则可能是患 HL。确认空泡内充满的是脂肪而不是肝醣（glycogen），需要适当的染色，如油红 O 染色，但通常不需要进行染色。虽然用细针穿刺检测脂肪肝相对容易，但可能会忽略并发疾病（如胆管炎），因此，如果怀疑为炎症性疾病，活检或手术为确认疾病的更好选择。进行采样时应注意可能发生的并发症，如出血、低血压、胆汁性腹膜炎和采样不当。

内科治疗

依据病情的严重程度，脂肪肝（HL）可分为轻微、亚临床型、严重、危重等几种情况，采取的治疗方法取决于各个病例，但营养支持是治疗 HL 病例的关键。应针对所有其他潜在疾病进行治疗，如给予抗生素、止痛药或胰岛素。

护理小提示:营养支持的护理

已确认潜在病因的轻度 HL，病例对于治疗应会迅速产生反应，只需提供少量美味食物，或以针筒给予流质食物即可。然而，脂肪肝可能会导致动物持续厌食，因此应尽早考虑装置喂食管（附录 9）。还应计算病猫所需热量，以喂予足量的食物，同时应保持营养的均衡。若还患有肾脏病或肝性脑病变等其他潜在性疾病，则应适度限制饮食，并给予高品质的蛋白质。

可依据动物休息时所需能量（resting energy requirement, RER）计算营养需求，具体如下（BW 为体重）：

RER（kcal）=[30×BW（kg）]+70

将每日总热量需求分成 4~6 次喂食，每次最多 50 mL（经喂食管给予）。

喂食的第 1d 仅给予热量需求的 1/3，第 2d 则为 2/3，第 3d 前不给予全额需求量，可减少复食症候群（refeeding syndrome）与胃肠不适的风险。进食造成胰岛素释放量增加，会诱发复食症候群，这会导致钾和磷往细胞内移动，并会将分解代谢状态（catabolic state）改变成合成代谢状态（anabolic state），增加葡萄糖和硫胺素（thiamine）的消耗。

输液疗法

大多数患 HL 的病猫会有脱水发生，因此建议给予晶体溶液输液治疗。由于肝功能受损的病猫，可能不利于乳酸代谢，因此建议首选生理盐水。此外，可将治疗需要的补充物添加至生理盐水中。对于严重的病例，应考虑装置多管腔导管（multi-lumen catheter），以便于采血和输液，但在治疗初期较适合装置外周静脉导管，而且需在确认病猫的凝血状态后，再行装置。

电解质

钾是必须补充并要监测的电解质。如果无法测量钾的浓度，则可给予"维持"剂量，即每千克的输液内添加 20 mmol/L 氯化钾。磷酸盐也可能过低，可补充磷酸钾，但在计算钾量时，应减去氯化钾所含的钾量。即使初步评估时钾与磷皆正常，其数值也容易迅速下降，尤其是重新进食时。因此应该进行定期评估（至少每天），并依据需求改变补充物的内容，尤其是当钾值难以维持在正常参考范围内时。虽然镁较不易检测，但值得进行检查，因为可能需要补充。

补充维生素

大部分患 HL 的病猫有凝血功能方面的异常，因此补充维生素 K 很可能有所帮助，特别是无法迅速得知凝血时间时，应添加水溶性多种维生素制剂到静注液体内，尽管不太可能给予足量的硫胺素（thiamine）。若无法以静注方式给予硫胺素，但病猫又持续出现虚弱或神经系统症状，则可用口服方式补充硫胺素。依据需求，硫胺素可每周皮下注射一次。也可考虑给予维生素 E，因其具有抗氧化功能。

止吐剂

许多患 HL 的猫有其他潜在疾病，可能造成呕吐或恶心。此外，若出现胃肠道的症状、或者有低血钾、肠阻塞可能造成厌食症。可考虑投予马洛吡坦（maropitant）、胃复安（metoclopramide）或者雷尼替丁（ranitidine）。（请参阅第19章临床一点灵：在猫的病例使用 maropitant）。

S-腺苷甲硫氨酸（S-adenosyl methionine）
补充 S-腺苷甲硫氨酸（SAMe）能促进谷胱甘肽（glutathione）和 L-肉碱（L-carnitine）的形成，起到保肝的作用。病情严重的病例可能难以口服，在这种情况下可以考虑使用静脉注射 N-乙酰半胱胺酸（N-acetylcysteine），它是谷胱甘肽（glutathione）的前体。

牛磺酸（Taurine）和 L-肉碱

补充牛磺酸和 L-肉碱可能有所帮助，但必须考虑病猫能耐受多少种类的药物和剂量。

临床小提示：治疗脂肪肝（HL）

内含右旋糖（dextrose）或葡萄糖的液体，不适合用于脂肪肝输液：

会增强肝脏甘油三酸酯的累积和抑制脂肪酸氧化。

会刺激胰岛素释放，导致钾和磷向细胞内移动。

无法提供足够的热量需求。5% 葡萄糖的热量为 170 kcal/L，因此 5 kg 的猫需要 1~1.5 L/d，才足以达到所需能量。

追踪

病猫采用静脉输液，补充 B 族维生素，装置鼻食道管喂饲，给予 3 d 的维生素 K；静脉注射抗生素及皮下注射钴胺素，口服 SAMe 与 L-肉碱，治疗与护理 48 h 后病情稳定，凝血时间已正常。以安泰酮麻醉病猫，装置颈静脉导管以便于监控（图 22.3），食道管以便于给食。病猫在住院第 10 天后，已能自愿进食其热量要求的 80% 的食物。病猫

出院时给予每 24 h 口服 SAMe 200 mg 和抗生素（每 12 h 口服阿莫西林克拉维酸钾 15 mg/kg），连续 5 个星期。此时重新进行血液生化学检查，所有肝指数皆位于参考范围内。2 个月后再进行牙科手术，以减少 HL 复发的风险。

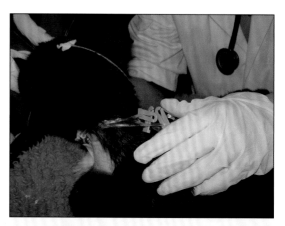

图 22.3　装置颈静脉导管，以利采血、静脉输液或给药。颈静脉导管也可用于静脉给予营养

讨论

脂肪肝为饮食摄取不当造成的复合型代谢疾病。猫单纯受到饥饿（如猫被关在车库内一个星期），或其他潜在疾病继发应激均是引起 HL 的病因。当脂肪从脂肪细胞内移出，沉积于肝细胞内时即称为 HL 或脂肪肝。由于独特的营养需求，以及为绝对的肉食性动物，猫比犬更容易患 HL。任何超过 3 d 不进食的猫，即有造成脂肪肝的风险，胖猫较瘦猫患脂肪肝的风险相对较高，因为肥胖的猫有更多脂肪可以移动。

血清生化检测发现，本病例除 GGT 外的肝指数都升高；超声波检查发现肝脏肿大且高回声性影像，细针穿刺采得的干细胞空泡化，因此确诊本病例为 HL。推测造成脂肪肝的潜在疾病为肾盂肾炎，超声波检查结果与此相符。但尿液细菌培养为阴性，推测可能与病猫在尿液细菌培养前接受抗生素治疗

有关；牙科疾病可能是血液性感染所致。瘀伤与凝血时间延长的发现相符，精神状态改变是由于肝性脑病变，检测其氨浓度可能有助于支持此推测。

虽然本病猫没有发生贫血，但患 HL 的病例经常发生贫血。贫血是由于凝血功能障碍继发失血所致，溶血是由于红细胞的氧化压力（oxidative stress）所造成，这样的情形可见到海因兹小体（Heinz bodies），或其他潜在疾病造成的非再生性贫血。45% 患 HL 的病猫有凝血时间方面的异常。

致病机制

HL 的发病机制十分复杂，涉及猫独特的饮食需求。猫为绝对的肉食性动物，高度依赖来自蛋白质的必须氨基酸，特别是精氨酸（arginine）、牛磺酸与甲硫氨酸（methionine）。缺乏蛋白质（饥饿）时，猫无法减少参与蛋白质代谢的转氨酶（aminotransferases），蛋白质仍继续代谢，而产生的氨会进入尿素循环。然而，尿素循环需要精氨酸，但蛋白质摄入不足又造成精氨酸浓度下降，氨的浓度上升，就引发了肝性脑病变。胆汁酸需与牛磺酸结合形成结合态，缺乏牛磺酸会导致胆汁酸的累积。甲硫氨酸参与许多代谢途径，包括合成 SAMe。SAMe 为合成谷胱甘肽（glutathione）及 L- 肉碱的前体，为重要的肝脏抗氧化剂和解毒剂。

维生素也很重要。厌食时，猫会迅速耗尽体内储存较少的水溶性 B 族维生素。缺乏维生素 B_1（硫胺素），可能导致神经系统症状，如精神状态改变、前庭症状或癫痫发作；维生素 B_6（吡哆醇 pyridoxine）和 B_{12}（钴胺素），为肝脏内代谢途径的重要辅助因子，包括 SAMe 的新陈代谢。缺乏胆汁酸会造成脂溶性维生素吸收不良，脂溶性维生素摄取不足也会造成脂溶性维生素缺乏。如前所述，缺乏维生素 K 可能导致凝血障碍，而缺乏维生素 E 可能加速氧化损伤。

生病的动物因应激，可使循环血中的皮质醇、肾上腺素和生长激素分泌过多，反过来会刺激对激素敏感的脂肪酶（lipase）活性，促进脂肪酶将脂肪细胞的脂质移至血液循环内，当循环血液中的脂质进入到肝细胞，加上机体 L- 肉碱缺乏而无法完成脂肪代谢，很易发生 HL。发生 HL 病例，肝脏重量中有 50% 是由于脂肪堆积所造成，肿胀的肝细胞还会引起胆小管的阻塞。

流行病学

超重或肥胖的猫由于在饥饿时可移动的脂质较多，造成患 HL 的风险较高。临床中没有好发脂肪肝的猫品种或性别倾向。高碳水化合物的饮食、缺乏运动、绝育和年龄（中年期）等动物肥胖病的发生原因都是可能诱发 HL 的重要病因。

预后

虽然有些患 HL 的猫可能极其虚弱，但在细心的护理照料下整体的预后较好。据报告，该病的康复率为 60%~80%（视病情的严重程度而定）。然而，应及时向主人讲明本病的潜在风险、可能需要的医疗费用，以及可能需要较长的住院时间等。

腹泻

部分 **3**

23 肠道疾病：腹泻

腹泻的定义为：因肠蠕动造成排便的频率、粪便硬度或排便量的改变。结肠、直肠疾病，或导致粪便量变多的疾病，均可增加排便的频率。水分或养分没有被吸收，或饮食中的纤维量增多，都会造成粪便量较多。分泌增加或液体吸收减少时，粪便的含水量会增加。正常粪便的含水量是 60%~80%；未成型粪便和水便的含水量是 70%~80%。

一只 20 kg 正常的狗，2.5 L 的液体进入十二指肠，有 98% 以上会被重新吸收。结肠可以提高其正常吸收能力的 3 倍，因此进入结肠的液体量必须超过其吸收量，才会造成腹泻。若结肠发生了异常，吸收能力尽管只是稍微的改变，也可能会导致腹泻。

腹泻的患病动物可能有排便失禁或无法忍住排便；然而，这两个状况并不一定会同时发生。患病动物可能会排便失禁但无腹泻，或有腹泻但没有排便失禁。

肠道疾病的其他症状包括：外观鲜红的血便、黑便、黏液便和营养吸收不良（如脂肪泻）。患病动物可能显得排便困难（排便时不适）或里急后重（排便时吃力）。可能会出现腹痛、臌胀、嗳气增加、腹鸣或胀气、流涎和厌食。有以上任何症状出现时，即便没有腹泻症状，也应考虑是否患了肠道疾病。

腹泻的分类

腹泻通常分为大肠性或小肠性以及急性或慢性（下文），分类有助于临床兽医师决定适当的诊断方式。依据病理生理学分类，也有助于了解腹泻的原因。病理生理学通常分类为：渗透性腹泻、分泌性腹泻、通透性增加造成的腹泻，以及蠕动异常造成的腹泻。这些机制可能同时出现在患病动物身上。

渗透性腹泻的成因为：粪便内未吸收的溶质增加，造成粪便含水量增加。溶质增加，水经扩散通过十二指肠黏膜，钠与水一同扩散，导致更多的水流入管腔内。渗透性腹泻的原凶包括过度进食、饮食突然改变、胃倾倒症（消化物突然由胃流入十二指肠），或吸收不良。吸收不良可能源于消化不良，如胰脏外分泌不足或吸收功能障碍，如小肠黏膜或肠壁内疾病。乳糖酶缺乏造成的乳糖耐受症，也可能因肠道内未吸收的乳糖而造成渗透性腹泻。

分泌性腹泻，是因肠道内的液体分泌增加超过了吸收的能力，可能源于分泌增加或吸收减少，或两者兼有。分泌性腹泻的原因包括细菌肠毒素、去结合态胆汁酸、羟基脂肪酸、胃肠荷尔蒙、胆碱性致效剂（cholinergic agonists）和肠道系统的神经肽。

能够产生肠毒素的细菌包括：大肠杆菌、产气荚膜梭菌、空肠弯曲杆菌属、鼠伤寒沙门氏菌、金黄色葡萄球菌，肺炎克雷伯菌、肠结肠炎耶尔森氏菌。

通透性增加造成的腹泻的成因为：肠道

通透性的缺陷，导致已吸收的电解质流回肠腔内，造成肠道吸收的水分减少。如果肠道屏障功能进一步受损，白蛋白和其他血浆蛋白可能会漏入肠腔内。受损够大的话，也可能会造成血液流失。肠道通透性增加的原因包括：黏膜发炎、糜烂、溃疡、固有层细胞（如肿瘤细胞）浸润、血液或淋巴循环障碍。慢性炎症性肠道疾病、麸质肠病，和牛奶蛋白不耐症，都会造成黏膜发炎。

蠕动异常造成的腹泻，可能为原发性疾病或继发于其他肠道疾病。食物快速通过肠道的原因，可能是分节收缩运动的下降，也可能是蠕动收缩的增加所引起，但较少见。分节收缩运动下降，有时又称为水管性肠病，因为消化物如水管内的水流，快速的通过肠管（水管），造成吸收的时间较短。原因包括钩虫感染、犬自律神经失调，和某些类型的结肠炎。

诊断

腹泻是疾病的一种临床症状，而不是最终诊断。为了有效地治疗腹泻动物，必须找到根本的发病原因。

许多犬和猫的急性腹泻不需要进行全面检查，因为它们的腹泻最有可能是饮食诱发并为自限性（self-limiting）。这些患病动物可凭兽医师的经验给予治疗，数日后病情即可改善。

如果腹泻持续超过2周（即为慢性），以及对经验性治疗无反应，或患病动物出现任何全身性疾病的症状，则它们需要做进一步检查。

慢性腹泻患病动物的检查方法，要从患病动物的基本资料开始，详细的询问病史和全面性的临床检查。

年轻的患病动物有可能因营养、寄生虫或微生物而造成腹泻。也有一些品种易于患某些类型的腹泻，例如，年轻的德国狼犬胰脏外分泌不足。寄宿宠物旅馆而接触到陌生动物的患病动物，有患传染病的可能性。

饮食方面的评估：是否更换了食物、翻垃圾桶找食或有捕猎行为、提供点心或宠物食品以外的食物。对食物的不良反应是腹泻的常见原因，即使是长期吃的食物仍可能发生腹泻。应注意食欲是否有产生变化，如果食欲不振可能意味着病情较重。

应注意腹泻持续的时间以及出现异常粪便或正常粪便的频率，也应注意粪便有什么特别之处。许多动物白天时腹泻的情形会逐渐恶化，因为在夜间，粪便内有更多的水分被吸收，且白天活动量较大，较能促进胃肠道（GI）运动。这些症状对于区别大肠性腹泻与小肠性腹泻也非常重要（表）。

表 小肠性腹泻与大肠性腹泻的区别		
症状	小肠	大肠
粪便量	多	少
排便频率	增加4倍	增加8倍
血便	无或是有消化过的血液	无或有新鲜血液
粪便黏液	无	通常有
脂肪痢	可能	无
里急后重	无	频繁
排便困难	无	频繁
胀气 / 腹鸣	有	有
呕吐	可能	可能
体重减轻	常见	少见

病史应询问的其他问题包括：

- 疫苗接种史和驱虫情况
- 家中是否有其他宠物或人类也出现腹泻，或患病动物是否与其他动物相接处（如

寄宿，在公园里玩）

　　● 先前的胃肠病史

　　● 是否有呕吐（请参阅呕吐章节可获得更多讯息）

　　● 是否出现体重减轻

　　如上所述，造成腹泻的原因通常分为小肠或大肠疾病。表提供区别两种疾病的方法。

　　许多患病动物会出现与两种分类都相符的症状，可能是由于小肠疾病影响大肠，或同时涉及小肠与大肠的肠道疾病。高达 30% 的慢性腹泻病犬，其胃肠道有弥漫性的病变。许多患肠炎或大肠炎的病犬会呕吐，但不一定会有胃部病变。炎症造成的内脏刺激会引起反射性呕吐。

临床检查

　　患消化道疾病时应进行临床检查，并检查是否有全身性疾病。如果可能的话，初步评估时先不进行保定以评估患病动物的神态和姿势。腹痛的患病动物可能会出现弓背的姿势（图 23.1），甲状腺功能亢进症的病猫，可能好动且难以检查。

　　临床兽医师触诊腹部时，应特注意肠道是否有异常"团块"病灶，或是疼痛、液体／气体聚积（图 23.2）。会阴部应检查是否有粪便和会阴疝。

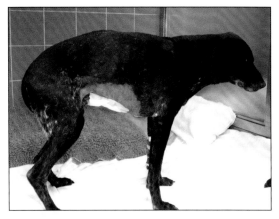

图 23.1　病犬因腹痛而弓背

图 23.2　触诊猫腹部

　　临床检查至关重要，可掌握患病动物疾病的严重程度；重病的信号及症状包括发烧、抑郁、厌食、体重减轻、虚弱、脱水、黏膜苍白或无血色，腹部疼痛、出现团块或积液。

　　询问病史和临床检查后，兽医师可确定是全身性或原发性的胃肠道疾病，如果是后者，可能是大肠性或小肠性或两者都是。

24 小肠性腹泻

粪便量多但没有里急后重或排便困难，且粪便不带鲜血或黏液，可确认腹泻的来源为小肠，小肠性腹泻可能伴随体重减轻。

小肠性腹泻的鉴别诊断包括：
- 饮食
- 食物中毒
- 对食物的不良反应（过敏或不能耐受）
- 饮食不当（如在垃圾桶翻找食物）
- 突然改变饮食
- 胃部疾病
- 倾食症候群，过多食物过快进入十二指肠
- 小肠疾病
- 感染（病毒感染、细菌感染如沙门氏菌，弯曲杆菌，大肠杆菌，肠毒素）
- 寄生虫（如梨形鞭毛虫、粪杆线虫、蛔虫、钩虫）
- 发炎性肠道疾病
- 浸润性肿瘤（如淋巴瘤，肥大细胞增多症）
- 淋巴管扩张
- 肠黏膜刷缘的激素不足
- 抗生素反应性腹泻（ARD）（或抗生素反应性肠炎）
- 局部阻塞（如肠套叠、肿瘤、异物）
- 肠腔外阻塞
- 缺血性疾病（梗塞、捻转）
- 出血性胃肠炎

- 继发性的全身性疾病
- 胰脏炎
- 胰脏外分泌不足（EPI）
- 肝脏疾病，包括胆道疾病和肝门脉体循环分流、肝内胆汁淤积或胆管阻塞
- 肾脏疾病
- 猫甲状腺功能亢
- 肾上腺皮质功能低下
- 瘀血性心力衰竭
- 猫病毒感染（猫传染性腹膜炎（FIP），猫白血病病毒（FeLV））
- 其他原因
- 毒血症（如子宫蓄脓、腹膜炎）
- 毒素和药物（如非类固醇消炎药、铅、有机磷）
- 脱羧细胞瘤：如胃泌素瘤
- 自体免疫性疾病（如全身性红斑狼疮）

慢性小肠性腹泻的进一步检查

饲喂试验

如果患病动物的精神、食欲良好且临床检查时无发现任何异常，在进一步的检查之前，可尝试给予 2~6 周新蛋白质食物或水解蛋白质食物，并排除怀疑的过敏源（饲喂排除试验）。有出现腹泻的猫，很多在一个星期内会对饲喂试验有反应。如果以限制饮食就可成功改善临床症状，最好可以挑战尝试

之前的食物或零食以证明食物过敏是造成腹泻的原因。可以理解不少动物主人不愿意尝试此挑战的心情，而且新的食物也可能添加此类饲喂试验的成分，动物主人应了解，该动物可能又对新的食物过敏，并再度出现腹泻。

临床病理学检查

若患病动物有全身性疾病，或对饲喂疗法无反应且驱虫计划完整者，应进行血液学、血清生化学检查，包括基础皮质醇和尿检。猫应包括 FeLV、FIP 的血清学试验和血清总甲状腺素浓度检查，以评估患病动物的全身性疾病，如肾脏病、肝脏疾病、肾上腺皮质功能低下症、甲状腺功能亢进症和病毒性疾病。肝脏疾病、蛋白流失性肠病或肾病，都可能造成低白蛋白血症。如果低蛋白结合低血清胆固醇和淋巴细胞减少，可能是淋巴管扩张。发现嗜酸性粒细胞，意味着可能患嗜酸性粒细胞性胃肠炎、寄生虫感染或肾上腺皮质功能低下。基本的临床病理学检查数据，也有助于评估是否有脱水和电解质的平衡与否，让临床兽医师选择是否进行输液治疗。

粪便检查

进一步的粪便检查包括寄生虫和肠道细菌检查，如沙门氏菌、弯曲杆菌和耶尔森氏菌。弯曲杆菌造成的腹泻，较常见于年轻的动物，也可以从健康动物的粪便中分离出此细菌。沙门氏菌也可能出现在无临床症状动物的粪便内，因治疗可能延长其带菌状态，所以除非出现严重或全身性的症状，否则可不给予治疗。

梭状芽孢杆菌产生的毒素会造成急性或慢性腹泻。粪便进行梭状芽孢杆菌培养没有什么临床价值，因为在健康动物的粪便中也可能会出现此细菌，即便证明它的存在也不能证明它会产生毒素。肠毒素分析法呈阳性，为诊断梭菌肠毒素提供最有力的证据。

以干净的生理盐水抹片，可以检测到梨形鞭毛虫的滋养体，但以硫酸锌浮游法去检测梨形鞭毛虫的囊胞则会更准确。如果怀疑梨形鞭毛虫病却无法确诊，可尝试以芬苯哒唑进行治疗试验。

粪便 α-1- 抗蛋白酶

粪便 α-1- 抗蛋白酶，已在美国作为胃肠道（GI）蛋白质流失的衡量指标，有助于确认肠内蛋白质的流失为低蛋白血症的成因。

类胰蛋白酶免疫活性反应和胰脏脂肪酶免疫活性反应如果怀疑患 EPI，应进行类胰蛋白酶免疫活性反应（TLI）检测，为诊断 EPI 的选择，患 EPI 的动物，TLI 血清浓度会下降。TLI 在某些急性胰脏炎的病例也可作为辅助检测，其 TLI 会暂时增加，但胰脏脂肪酶免疫活性反应（PLI）检测会更具有专一性且胰腺癌患病动物的 PLI 上升时间也更长。已有具犬猫特异性的 PLI 检测及犬猫用的血清 SNAP cPL、fPL 检测试剂盒可供选择（图 24.1）。

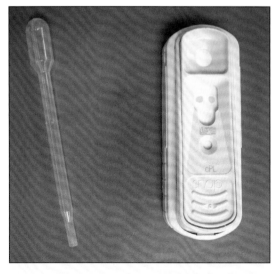

图 24.1 SNAP CPL 检测套组，可进行胰脏炎筛检

叶酸和钴胺素（维生素B$_{12}$）

患小肠疾病的动物会因吸收不良，造成血清叶酸及钴胺素（维生素 B$_{12}$）的浓度降低。有些病例因小肠近端细菌过多，钴胺素因细菌的消耗而减少，而叶酸因细菌制造造成增加。肠道内的细菌超标，称为小肠细菌过度生长（SIBO）。人类空腹下，每毫升的十二指肠内液体，菌落形成单位（CFU）若 > 105 会造成疾病。小动物的 SIBO 值应为多少目前仍有争议。许多患小肠性细菌疾病的犬，SIBO 可能不是适合的诊断方式。有研究报告指出，小肠近端细菌 > 105 CFU/mL 的狗其临床症状无异状，这个数字显然超过 SIBO 最初的定义（>105 CFU/mL）。

目前较常用的名词，为抗生素反应性肠病（ARE），或抗生素反应性腹泻（ARD）。ARE 或 ARD 这两个名词，似乎比 SIBO 更适合用来描述大部分犬的肠道疾病。因为基本上这是一种病犬对抗生素治疗有反应的小肠性疾病。

肠黏膜的组织病理学和细胞学检查，对检测 ARE 极度不敏感。血清钴胺素和叶酸浓度检测已用于诊断此疾病，且发现血清钴胺素下降和血清叶酸浓度上升，对诊断 ARE 具有特异性。

饲料补充叶酸有助于提高血中叶酸值。测量血清钴胺素和叶酸浓度，对检测 ARE 或 SIBO 较不敏感。有许多患慢性胃肠道疾病，但钴胺素和 / 或叶酸浓度仍正常的病犬，对抗生素治疗有反应。然而，如果怀疑有肠道疾病，就应该进行检测，若有低钴胺素血症或低血清叶酸浓度，应对其进行治疗。

猫的血清钴胺素过低可能与 EPI、肠道疾病（如 IBD 或 LSA）、肝胆疾病或胰脏疾病有关。猫较容易缺乏钴胺素，因为猫体内的钴胺素半衰期较短（健康猫 12.75 d，肠道疾病猫 5 d）。

若有暴露于铅的病史（如旧屋改建、铅管），应测量血清中铅浓度，特别是当有中枢神经系统或行为的变化。若有可能接触到有机磷等相关毒素，应进行血清有机磷浓度检测。

以惰性糖分析测试胃肠道通透性

有些肠道疾病会破坏黏膜细胞，减少细胞间小型孔径数目而增加大型孔径数目，从而改变两种孔径类型的比例（图 24.2）。口服大小不同的糖，糖会通过不同类型的孔径，并在尿液中测量所收集到大小不同的糖所占的比例，此比例与肠道病理性通透性增加程度有关。

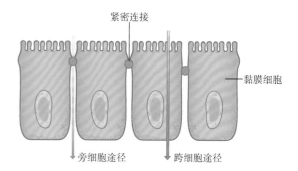

图 24.2　肠道通透性检测，原理是根据细胞摄取糖分的途径差异（跨细胞途径摄取糖分，与旁细胞途径摄取糖分）

影像学检查

X 线检查

慢性腹泻患病动物，在一般的 X 线检查下，所能获得的信息有限。使用对比放射造影检查，对一些病例可能有所帮助。腹部 X 线检查，有助于诊断完全或局部性的阻塞（尤其是以悬浮钡剂或浸钡聚乙烯球（BIPS）进行对比放射造影时及肠阻塞和肠套叠的诊断评估。

X线检查也有助于评估肝脏和肾脏的大小、腹腔积液、器官捻转、腹膜炎，也可观察胰脏炎。

超声波检查

腹部超声波检查较 X 线检查敏感的部分有：侦测团块、评估胰脏、肝实质、肠系膜淋巴结、肠壁厚度，与观察不规则的肠壁。

以超声波检查某些病例能提供更多的信息，特别是胃肠道蠕动的评估，也可以鉴定肠阻塞的原因，如肠套叠或肠道异物。

小肠超声波检查，包括评估肠壁厚度和分层、管腔内容物和观察蠕动功能。当正常的犬胃中度扩张时，胃壁为 3~5 mm 厚，未扩张时可能更厚。当肠道放松时，小肠和大肠肠壁的正常厚度为 2~3 mm。

当胃壁厚度超过 6~7 mm，肠道厚度超过 5 mm 时，应怀疑为病理性增厚。

超声波检查可观察肠道分层，不同层的回音性不同。在最佳条件下，可以识别 5 个独立的分层（图 15.4 和图 15.5）。包括黏膜表面（高回音性）、黏膜层（低回音性）、黏膜下层（高回音性）、肌层（低回音性），和浆膜层（高回音性）。由于存在相对较多的纤维结缔组织，黏膜下层和浆膜下 - 浆膜层为高回音性。检查胃和肠道分层，有助于确定疾病的严重度和病变位置。

肠道运动性应列入检查评估。胃和近端十二指肠每分钟蠕动收缩的平均次数为 4~5 次。

在某些肠道肿瘤的病例，可看到肠壁局部性增厚，增厚处近端的肠管扩张且常有液体聚积，而肠壁增厚处的正常分层通常会消失。肠道淋巴瘤的特征是肠壁弥漫性肿瘤浸润而不是局部团块。

内窥镜和小肠活检

内窥镜可用于肉眼评估和肠黏膜的活检，较手术安全且侵入性低，对低白蛋白血症患病动物特别有用。使用十二指肠镜检查的主要适应证为：小肠性腹泻、蛋白流失性肠病、慢性呕吐（间歇性或持续性）和黑便。开始使用内窥镜检查原发性小肠疾病之前，首先应排除潜在的代谢性疾病、寄生虫病、传染病和胰脏疾病。许多具有弥漫性质的小肠性腹泻及蛋白流失性肠病，意味着不必依赖手术，通过十二指肠镜即可诊断。

内窥镜使兽医师能评估黏膜的颜色、是否出血、质地（如脆弱或颗粒状）和检测管腔内团块。脆弱的意思是当内窥镜或活检钳与黏膜接触时，易造成伤害。颗粒状，有时也称为鹅卵石样（cobble-stone）的外观，为细胞数量增加的良好指标，但鉴别炎症和肿瘤还是需要依赖组织病理学。肉眼易于发现的异常如：未消化的食物，大量的液体、肿瘤、异物和寄生虫。十二指肠的膨胀与收缩可检测其延展性的改变，以及黏膜不规则性。

诊断通常需要进行肠道活检组织病理学检查，并应作为腹泻犬猫内窥镜检查的标准程序之一。除非可在同一部位采集多个样本，否则活检只局限于黏膜层。内窥镜操作者几乎无法检查超过十二指肠处，因此，无法观察到空肠的局部病灶。若要检查这些病灶或进行全层活检，就必须执行开腹探查术或腹腔镜检查。

开腹探查术

如果患病动物可承受手术风险，探查开腹术可提供腹部器官观察、进行肠道全层活检、也可能治疗一些肠道疾病如：局部肿瘤、肠套叠和异物，缺点是具侵入性。腹泻病例一定要进行小肠活检（即使肉眼外观正常）。

急性腹泻研究

急性病例大多数是饮食诱发，且有自限性。饮食问题包括摄取过量的食物，尤其是动物不能适应的脂肪或高碳水化合物，食入腐败的食物或动物尸体，或让患病动物过敏或不能耐受的食物。

病毒感染、细菌感染和代谢疾病，也可能是造成急性腹泻的原因。食入毒素，肾上腺皮质功能低下症恶化、胰脏炎、缺血性疾病或出血性胃肠炎，可导致腹泻急性发作。

犬猫传染性腹泻的鉴别诊断包括：

- 细小病毒、冠状病毒
- 沙门氏菌
- 弯曲杆菌感染
- 耶尔森氏菌（少见）
- 产气荚膜棱菌
- 大肠杆菌

这些检测与慢性腹泻相同。

许多患病动物的精神仍良好且可能仍有食欲。呕吐与否取决于造成腹泻的原因。腹泻时粪便可能变为液态。

治疗饮食不当的患病动物（如在垃圾桶翻找食物），应给予支持疗法。如果出现呕吐或脱水，建议给予患病动物静脉或皮下输液。如果怀疑是渗透性腹泻（如饮食过量），禁食 12~48 h，接着以少量多餐的方式，喂予易消化且低脂肪的饮食。如果需要的话，可以使用止吐剂（如马罗匹坦或胃复安）。如果排除感染性病因，可以使用止泻剂（如洛派丁胺或苯乙哌啶）。若为感染性腹泻，止泻剂为用药禁忌，因其可能会延长肠道内细菌的停留时间。若已知为细菌引起的腹泻，应给予抗生素治疗，但抗生素其实也为急性腹泻的用药禁忌，如同解痉药也是禁忌一样，因为它们会减少肠道的分节运动。使用益生菌或益菌生，此时对治疗腹泻可能较有帮助。

25 犬蛋白质流失性肠病

基本资料与主诉

基本资料：杰克罗素㹴，9岁，雄性已绝育，体重5.3 kg。

主诉：腹泻和体重减轻。

病史

此犬的病史为3个月前开始出现腹泻，最初是间歇性腹泻，在一个月前开始变得比较频繁。粪便由软至水样，不带血或黏液。病犬每日的排便量增加了2~4倍，排便时也无须费力。过去一个月来病犬已瘦了约0.5 kg。病犬几乎未出现呕吐，但食欲下降。动物主人发现病犬变得较不活泼，在家中活力也较差且运动耐受度下降。

病犬先前健康状况良好，且每年都完整地接种疫苗。来院前约4个月，病犬以市售产品（类型未知）治疗体内寄生虫。病犬平日吃市售干饲料，并在来院一个月前，动物主人为增进其食欲，在食物内添加金枪鱼罐头和其他食品。

理学检查

临床检查时的病犬文静不活泼但保持警戒，对刺激有所反应。病犬的身体状况评分为4/9，近来有体重下降的情形。

黏膜呈粉红色，微血管再充血时间少于2秒，并无脱水情况。病犬的腹部有些微膨胀且有液体波动。触诊腹部时，感觉肠腔呈现增厚和"绳索状"。胸腔听诊与叩诊发现，胸腔腹侧有浊音且心音模糊。心跳每分钟106次。周边脉搏强度适中，心跳速率和脉搏次数相符。呼吸速率中度增加为每分钟48次，吸气时吃力。肛温为37.9℃，体温计上沾有软便。

问题与讨论

病犬的首要问题为腹泻，患病动物体重减轻、粪便不带血液或黏液，无里急后重的情形，因此，推测腹泻起源于小肠。当出现大肠性腹泻，或当粪便量超过结肠可储存的容量时，排便频率都会增加。而另一个问题是腹部明显有液体出现。

鉴别诊断

腹泻的鉴别诊断清单（小肠）

- 饮食
  - 暴食：因病犬是食欲下降而非过度，应可排除
  - 改变饮食：可能因喂食多样的食物造成；但腹泻是在改变饮食之前就已发生
  - 对食物的不良反应：过敏或不耐受

- 胃部疾病
  - 胃排空速度过快
- 小肠疾病
  - 传染病（如细菌、病毒、真菌）
  - 胃肠道寄生虫
  - 浸润性肿瘤(如淋巴瘤、肥大细胞增多症)
  - 局部阻塞（如肠套叠，异物）
  - 淋巴管扩张
  - 刷状缘缺陷
  - 发炎性肠道疾病
- 胰脏疾病
  - 慢性胰脏炎
  - 胰脏外分泌不足
  - 胰脏肿瘤
- 肝脏疾病
  - 胆管阻塞
  - 肝衰竭
- 肾脏疾病：应可排除，因为病犬没有多尿／多渴（PU/PD），虽然肾小球疾病可能不会出现PU/PD
- 其他
  - 瘀血性心力衰竭：没有与此相符的症状
  - 免疫缺陷（如 IgA 缺乏症）
  - 肾上腺皮质功能低下症

　　另一个问题是，本患病动物在腹部触诊时发现液体增加（胸部也疑似增加）。需先确定液体的种类，才能执行腹水的鉴别诊断：

- 漏出液
- 修饰性漏出液
- 渗出液
- 乳糜
- 伪乳糜
- 血液

临床小提示：低血钙症与低白蛋白血症

　　血清钙中通常约有40%会与白蛋白结合，约10%与阴离子螯合，剩下50%左右是解离与未结合态。解离态部分才具有生物活性。若白蛋白降低，与白蛋白结合的钙也会随着下降，但解离态的钙往往还在参考范围内，因此通常不会出现低血钙的临床症状。可进行解离态钙离子测定，以确保位于参考范围内。

　　低白蛋白血症时也有公式可修正总血钙量，虽然准确性值得商榷，但仍是有用的估计方法。SI 单位必须先转换为传统常用的单位，本病例的计算式如下：

　　2 mmol/L 钙 × 4=8 mg/dL

　　13.7 g/L 白蛋白 × 10=1.37 g/dL 修正后的钙（mg/dL）= 钙（mg/dL）－ 白蛋白（g/dL）+ 3.5=8 － 1.37 + 3.5=10.13（mg/dL）的钙欲转换回 SI 单位，除以 4，即 10.13/4=2.54 mol/L（位于参考范围内）。

病例的检查与处置

临床病理学检查

　　常规血液学检查发现：白细胞中度上升，总白细胞数目为 23×10^9/L [参考范围（6.0~15.0）$\times 10^9$/L]，主要为成熟的嗜中性粒细胞，增加到 20×10^9/L[参考范围（3.6~12.0）$\times 10^9$/L]。淋巴细胞数量减少，为 0.46×10^9/L [参考范围（0.7~4.8）$\times 10^9$/L]。

　　血清生化学检查结果显示：泛低蛋白血症，总血清蛋白浓度 28 g/L（参考范围 58~75 g/L），白蛋白浓度下降，为 13.7 g/L（参考范围 26~35 g/L），以及球蛋白浓度下降，为 15.3 g/L（参考范围 18~37 g/L）。血清总钙

表 25.1　积液种类的确定			
	漏出液	修饰性漏出液	渗出液
比重	< 1.017	1.017~1.025	> 1.025
总蛋白（g/L）	< 25	25~50	> 30
有核细胞数（mL）	< 1.000	500~1000	> 5000
主要细胞类型	单核细胞、间皮细胞	淋巴细胞、单核细胞、间皮细胞、红细胞、白细胞	白细胞、单核细胞、红细胞
细菌	无	无	不一定

临床小提示：液体分析

　　分析积液的类型可知其来源。区分修饰性漏出液、漏出液和渗出液的方法包括：比重、总蛋白、有核细胞数、细胞类型和有无细菌存在（表 25.1）。

　　病犬的白蛋白浓度 <15 g/L，腹腔发现纯粹漏出液，与渗透压下降造成积液的原因相符。

离子浓度降低至 2.0 mmol/L（参考范围 2.3~3.0 mmol/L），可能是源于与白蛋白结合的钙比例下降。

　　血清胆固醇浓度降低至 1.7 mmol/L（参考范围 3.8~7.0 mmol/L）。血清肝指数中度上升，ALP 为 242 IU/L（参考范围 20~60 IU/L），以及 ALT 为 174 IU/L（参考范围 21 围 102 IU/L）。

　　血清钴胺素浓度下降，为 112 ng/L，（参考范围 215~908 ng/L），血清叶酸也下降，为 4.5 μg/L（参考范围 7.7~24.4 μg/L）。

　　尿检结果无异常，尿液比重为 1.040。尿蛋白肌酸酐比值为 0.05（参考范围 <0.5）。

　　粪检寄生虫检查以及肠道病原菌培养结果都呈阴性。

影像学检查

　　腹部超声波检查发现：小肠黏膜异常（出现斑点和厚度增加），与淋巴管扩张和蛋白流失性肠病的特征相符。在肋膜与腹膜腔间发现可自由流动的液体。进行胸腔穿刺术，由肋膜腔移除 340 mL 的清澈液体。分析结果为纯粹的漏出液。

内窥镜检查

　　进行胃十二指肠镜检查。胃黏膜正常，但十二指肠黏膜的外观严重异常，外观极不规则，且呈鹅卵石样（图 25.1）。

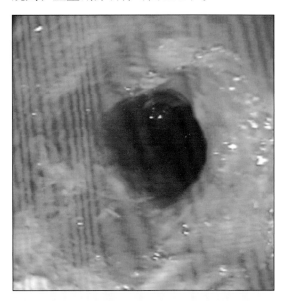

图 25.1　患严重蛋白流失性肠病病犬的小肠内窥镜影像。小肠失去正常黏膜且有出血和发炎现象

　　胃黏膜的组织病理学检查结果为正常。十二指肠的黏膜组织病理学分析发现：固有层中度浸润伴随细胞发炎，主要为淋巴细胞和浆细胞，以及出现乳糜管扩张。

诊断

由于淋巴细胞性浆细胞性 IBD 和淋巴管扩张，诊断病犬为蛋白质流失性肠病。而蛋白质流失性肠病是一种病理性的描述，不是最终诊断。这只是表示由于胃肠道的流失而造成的低蛋白，潜在病因仍需鉴定。

临床小提示

犬的 IBD 评分指数（the canine IBD activity index 或 CIBDAI）如下，包含：

A. 精神 / 活力

B. 食欲

C. 呕吐

D. 粪便硬度

E. 排便频率

F. 体重减轻

以 0~3 分评分以上 6 个项目：

0 = 正常

1 = 轻度变化

2 = 中度变化

3 = 严重变化

CIBDAI 为这 6 个项目的总得分数，判读为：

0~3 = 无临床意义

4~5 = 轻度 IBD

6~8 = 中度 IBD

9 或更高 = 重度 IBD

此病犬的 IBD 评分指数总分为：

精神和活力 = 2

食欲 = 2

呕吐 = 1

粪便硬度 = 3

体重减轻 = 2

总分为 10，为重度 IBD。

治疗与追踪

开始先提供限制性的饮食：家庭自制的肌肉和米饭，每 12 h 口服胃复安 10 mg/kg，每 12 h 口服泼尼松龙 5 mg（1 mg/kg），每周钴胺素皮下注射 125 mg。

一个月后，病犬再度住院。病犬持续腹泻且体重减轻，每天呕吐 2~3 次，精神不振。触诊腹部时出现不适。犬特异性胰脂肪酶检测为阳性，以及 Spec cPL 定量为 600 µg/L（参考范围 <200），为并存胰腺炎。病犬血清白蛋白和球蛋白的浓度分别下降到 12.8g/L 和 13.3 g/L（参考范围 26~35 g/L，与 28~37 g/L）。

给予病犬静脉输液、止痛剂（每 8 h 静脉注射丁丙诺啡 0.02 mg/kg）、止吐剂（每

临床小提示：静脉营养

静脉营养为透视肠外途径给予患病动物营养支持。调制静脉营养剂（以无菌的方式，正确的比例，正确地将营养成分混合在一起）已超出大多数兽医的临床业务范围，然而，有许多三合一的产品含有葡萄糖、氨基酸和脂肪，适用于大多数患病动物短期（3~7 d）的需求。以渗透压大于 650 mOsm/L 的溶液，借由中心导管（即放置在颈内静脉的长导管），或由隐静脉通往腔静脉的导管给予。400~650 mOsm/L 的溶液，可借由外周静脉内的导管给予，并配合使用 1.2 µm 的管线过滤器。当使用中央导管时，营养目标是达到给予患病动物休息时所需能量（RER）而不是超过，计算式为（体重）0.75×70= 每日 kcal。周边静脉营养是为期数天的提供营养的好办法，提供周边或中央静脉营养时，可一并给予部分肠内营养。

24 h 皮下注射马罗匹坦 1 mg/kg）3 d。病犬第 2 d 开始少量进食，但精神仍然不佳，且持续产生腹水。

透过颈静脉导管给予持续 3 d 的静脉营养支持。

进一步的内科治疗包括：每 24 h 口服咪唑硫嘌呤 2 mg/kg，每 8 h 口服雷尼替丁 2 mg/kg，每 24 h 口服布地缩松 1 mg。布地萘德为局部作用性类固醇，在肝脏会受到强烈的首渡效应（first-pass metabolism），因此比其他皮质类固醇所造成的全身副作用较小。持续给予泼尼松龙，剂量减少为每 24 h 口服 1 mg/kg。使用皮质类固醇可能会增加胰脏炎的风险，所以应降低给药剂量。由于使用自制食物没有改善此病犬的临床症状，所以改吃低脂肪罐头以减少胰脏炎复发的风险。每周皮下注射钴胺素 250 μg。

临床小提示：钴胺素

许多患小肠疾病的犬猫会缺乏钴胺素（维生素 B_{12}），故往往需要给予非肠道补充。患病动物每周皮下注射钴胺素 250~500 μg，可有效补充血清钴胺素浓度。足量的血清钴胺素对于修复发炎的肠道是必要的。

病犬对新的疗法以及静脉营养反应良好。血清白蛋白浓度上升至 20.8 g/L，血清球蛋白浓度上升至 19.2 g/L。血清蛋白浓度的增加使病犬的腹水减少。病犬的食欲变好，粪便形状改善为稍软的成形便。

接下来的 2 个月（诊断后 3 个月），病犬的食欲、粪便形态、运动耐力持续获得改善。体重增加到 5.65 kg。闭塞时，颈内静脉处的中央导管装置未充满血液，因此，怀疑有血栓形成。病犬的血清蛋白浓度改善，白

蛋白浓度为 26.1 g/L，血清球蛋浓度为 16.0 g/L。

护理小提示：关于颈静脉导管的护理

留置导管最主要的问题是形成血栓及感染的风险。穿刺静脉血管的内皮细胞时，血栓就会开始形成，在导管周围形成的血栓，会裂开脱落或者阻塞导管末端。因为导管尖端会刺激血管壁，远离穿刺处的血管也会形成血栓。

细菌污染可能发生在：静脉穿刺时、经由导管注射时、管线更换时、或在连接静脉管线时连接处受到毛发污染。血栓形成有利于细菌的累积，细菌形成的生物膜又有利于形成血栓。为了减少血管和导管的损伤，您可以：

1. 使用低创伤的静脉穿刺技术。

2. 使用软导管。

3. 每次装置导管，或随后使用导管时，都须谨慎地无菌操作。

一般建议不应将颈静脉导管留在体内超过 3 d；然而，如果细心照顾（而且幸运的话），您可以延长导管寿命远远超过 3 d。但如果医护人员没有小心使用，3 d 都会算太长了。

1 个月后（诊断后 4 个月）泼尼松龙剂量减少至每 24 h 口服 0.8 mg/kg，同时持续给予其他药物和低脂肪罐头饮食。1 个月后，患病动物预约回院复诊。在泼尼松龙剂量减少后，动物主人表示病犬的食欲下降，变得更嗜睡且粪便较软，另外还瘦了 0.3 kg。将泼尼松龙剂量增加至 1 mg/kg，但隔日换为 0.5 mg/kg，交替使用。

泼尼松龙剂量增加的 1 个月后，患病动物回院复诊，动物主人表示病犬的精神良好，运动耐受性与粪便形态再次获得改善。病

犬的体重增加到 5.7 kg。血清白蛋白浓度为 24.9 g/L，血清球蛋白浓度为 15.6 g/L。

1 个月后，泼尼松龙剂量减少到每 24 h 口服 0.5 mg/kg，病犬病情仍然相当稳定（加上其他药物和饮食），并持续了 5 个月。下次回诊时，病犬出现皮质类固醇的副作用，轻度腹部胀大、脱毛和腹部色素沉着。动物主人表示病犬的饮水与排尿量，都较使用皮质类固醇前增加，但不至于过多。病犬有软便现象，且体重略为减轻至 5.5 kg。

本次回院复诊时，血液学检查结果发现，嗜中性粒细胞轻微上升，为 19.6×10^9/L[参考范围（3.6~12.0）× 10^9/L]，推测与皮质类固醇的使用有关。血清白蛋白浓度为 16.9 g/L。血清球蛋白浓度为 14.9 g/L。腹部超声波检查发现，小肠壁厚度增厚至 6.8 mm（之前为 6mm），表示炎症反应可能加剧。泼尼松龙的剂量下降至每 48 h 口服 0.5 mg/kg。1 个月后回诊（诊断后第 11 个月），动物主人表示病犬的食欲下降且嗜睡，病犬的粪便形态较软，体重减轻 0.2 kg。泼尼松龙剂量再次增加至 1mg/kg，隔日换为 0.5 mg/kg 交替使用。4 个月后（诊断后第 15 个月），剂量再次下降到每日口服 0.5 mg/kg。

病犬持续给予此药物和饮食 6 个月（在诊断后 21 个月），生活质量相对良好。当进一步尝试减少剂量为隔日投药时，会导致临床症状复发。

在诊断后 21 个月回院复诊，病犬腹泻、体重减轻和食欲时好时坏。检查发现三尖瓣处有收缩期心杂音（3/6）。病犬的血清白蛋白浓度仍下降，为 19.6 g/L。

病犬的血清钙浓度下降到 2.0 mmol/L（参考范围 2.2~3.0 mmol/L），磷下降到 0.7 mmol/L（参考范围 0.9~2.1 mmol/L），镁下降到 0.55 mmol/L（参考范围 0.69~1.18 mmol/L），以及

钾下降 3.2 mmol/L（参考范围 3.6~5.6 mmol/L）。

心脏超声波检查确认有轻度肺高压，推测为肺栓塞所造成。心脏腔室未发现扩张（enlarged）亦无肥厚（hypertrophy）。

额外的治疗包括维生素和矿物质补充剂，加上每 24 h 口服骨化三醇 2.5 ng/kg。每周进行血清钙离子浓度测试以确保没有形成高血钙症。

追踪

病犬对本次治疗反应不良，依然消瘦且嗜睡。不幸的是，病犬在下次回院复诊 2 周后，因心脏停止而死亡。经解剖发现非常大型的血栓，填塞在右心室及肺动脉，极有可能是死亡的原因。

讨论

蛋白流失性肠病（PLE），是指过多的蛋白质流失进入胃肠道，严重的会导致血浆白蛋白和球蛋白减少。当血清白蛋白浓度降低，由于渗透压的降低，就会增加腹水和肋膜积液的风险。造成 PLE 的原因包括 IBD（淋巴 – 浆细胞性，嗜酸性或肉芽肿性）、肿瘤、异物、肠套叠、淋巴管扩张、免疫媒介性疾病，以及过敏。

炎性肠道疾病会增加通透性，造成蛋白质从血浆和组织间流失。在本病例可见淋巴管扩张，成年动物患淋巴管扩张，通常是淋巴管阻塞性病变。淋巴液阻滞造成淋巴管高压，导致组织间液渗漏至腹腔与肠管内。淋巴细胞也会流失进入肠管，且患淋巴管扩张的患病动物常会有淋巴细胞数量过低，但紧迫或疾病也常造成淋巴细胞数量过低，因此不具专一性。

小动物炎性肠道疾病的治疗方式有时是

依据经验疗法，因为目前不太了解本疾病的成因，实际上也可能只是集合组织病理学变化的总和定的疾病名称。治疗的主要方向，包括饮食疗法、皮质类固醇、咪唑硫嘌呤（azathioprine）、环孢素（ciclosporin）、抗生素（如泰乐菌素或甲硝哒唑），以及使用益生菌或益菌生，以上疗法可任意组合。如果皮质类固醇的副作用，严重到会降低病犬的生活质量，应添加其他药物（如咪唑硫嘌呤或环孢素）来控制病情，减少皮质类固醇的使用剂量。

如同本病例，蛋白流失性肠病也会出现低血钙，推测与低蛋白血症有关。然而，这些变化也可能是因维生素 D 吸收不良所造成。未吸收的脂肪酸，也会结合饮食中的钙质，而形成无法吸收的不可溶性盐类。在本病例是使用骨化三醇形态的维生素 D 治疗，尝试增加肠道对钙的吸收。

流行病学

大多数患淋巴细胞性浆细胞性肠炎的病犬为中年至成年，但也可能发生在年轻的狗。免疫增殖性肠病常见于巴仙吉犬。蛋白流失性肠病常见于爱尔兰软毛㹴与伦德猎犬。沙皮犬也是炎症性肠炎的高风险群，推测与 IgG 或 IgA 缺乏有关。许多德国狼犬也有 IgA 缺乏症，可能是引起慢性肠病的主要原因。有趣的是，有些兽医师相信杰克罗素㹴也是患肠炎的高风险群。

预后

炎性肠道疾病可能难以控制。一项研究报告指出，患 IBD 的病犬中只有 26%，在 6 个月后的追踪发现病情得到缓解。低白蛋白血症的存在为负面的预后指标，犬胰脂肪酶浓度升高也会有较负面的结果。

由于炎症造成患 PLE 的病犬，预后需要长期观察，大部分病犬需要长期治疗。淋巴管扩张症的预后也需要观察。

其他原因造成的蛋白流失，可能也会造成分子量与白蛋白类似的抗凝血酶流失。凝血酶流失伴随血管因免疫复合物造成的损伤，可能在这些病例中造成血栓。本病犬的另一风险，为颈内静脉形成的大型血栓，此血栓可能散播至他处而造成其他部位形成血栓。

26 犬发炎性肠道疾病与对食物的不良反应

基本资料与主诉

基本资料：沙皮犬，4岁，雄性未绝育，体重15.5 kg。

主诉：软至水样腹泻与体重减轻已6个月，且最近开始呕吐。

病史

病犬来院时，有慢性腹泻与体重减轻6个月的病史。病犬排出大量的软便，排便频率没有增加，粪便不带血液或黏液，无里急后重的情形。病犬几乎每天都呕吐，通常在进食后不久，吐出消化过的食物和胆汁。动物主人表示病犬比之前文静。

临床小提示

出现体重减轻、大量的粪便且无里急后重、黏液或血便，表示腹泻起源于小肠。找出腹泻的来源，有助于临床兽医师列出鉴别诊断清单，并决定进行哪种检查技术来辅助诊断。

临床小提示

呕吐内容物为消化过的食物和胆汁，表示很可能是真正的呕吐而不是逆流。呕吐或逆流，无法以进食后隔多久发生来进行鉴别诊断。

平日给予病犬不同种类的食物，包括胃肠道疾病专用的易消化食物，和优质狗干饲料，试图控制胃肠道症状。

目前的饲料为羊肉和米饭为主的市售干饲料。病犬对此饲料食欲良好，但并未改善腹泻或呕吐。除了吃狗饲料之外，病犬也会翻垃圾桶找食，动物主人也给予人类食物作为点心。

病犬的疫苗接种记录完整，来院6个月前进行了寄生虫治疗。病犬没有离开英国的记录。

之前兽医师进行的诊断性检验和治疗如下。

● 粪便寄生虫检查：阴性。

● 以柳氮磺胺吡啶和甲硝哒唑治疗1周（剂量未知）。

● 饲喂疗法：专为肠道疾病所设计的处方干饲料2周，然后再喂优质狗干饲料2周。

以这些方式治疗曾获得初步改善，接着2个月后复发腹泻。再次给予病犬柳氮磺胺吡啶和甲硝哒唑（剂量未知）和泼尼松龙0.6mg/kg，病情没有改善。

临床小提示

　　磺胺柳吡啶用于治疗大肠性腹泻，所以不预期会改善病犬的腹泻症状。咪唑尼达确实对某些腹泻病例有所帮助。未经确诊前不应使用泼尼松龙，如果病犬被假定患发炎性肠道疾病，所下的泼尼松龙剂量太低，因为介于狗的生理剂量 [0.15~0.25 mg/（kg·d）] 和消炎剂量 [0.5~1 mg/（kg·d）] 之间。

临床小提示

　　虽然给予本病例易消化的饮食，但仍包括数种蛋白质来源，不适合作为排除饲喂（elimination diet）。羊肉和米饭饲料的首要成分是小麦，显示需要阅读成分标签。本病例的饮食中包含了以下主要成分。

　　A.为肠道设计的兽医处方饲料：玉米、麸粉、鸡肉和火鸡肉。

　　B.优质干饲料：鸡肉、米、玉米、禽肉、麸粉、小麦、油鱼、蛋。

　　C.羊肉和米饭饲料：小麦、羊肉、米、麦麸。

　　临床检查时的病犬文静且保持警戒，并无脱水情形。身体状况评分为3/9，并可见肌肉量下降。病犬的黏膜呈粉红色，微血管充血时间少于 2.5 s。体温、脉搏和呼吸数均在正常范围之内，胸腔听诊未见异常，淋巴结大小在正常范围内。腹部触诊时发现肠管增厚，感觉充满液体。被毛干涩无光。

问题与讨论

　　●慢性小肠性腹泻

●体重减轻但食欲良好
●偶有呕吐

鉴别诊断

慢性小肠性腹泻的鉴别诊断
●饮食
　●暴食：病犬食欲良好，但不太可能是慢性腹泻的原因
　●改变饮食：可能与翻垃圾桶找食和喂予点心有关
　●对食物的不良反应：过敏或不能耐受
●胃部疾病
　●排空速度过快
●小肠疾病
　●感染，如细菌、病毒、真菌，胃肠道寄生虫
　●炎性肠道疾病
　●浸润性肿瘤，如淋巴瘤、肥大细胞增多症
　●局部阻塞，如肠套叠、异物
　●刷状缘缺陷
　●淋巴管扩张
●胰脏疾病
　●慢性胰脏炎
　●胰脏外分泌不足
　●胰脏肿瘤
●肝脏疾病
　●胆管阻塞
　●肝衰竭
●肾脏疾病：应可排除，因为病犬没有多尿/多渴（PU/PD），虽然肾小球疾病也可能没有 PU/PD
●其他
　●瘀血性心衰竭：无与此相符的症状
　●免疫缺乏症：如 lgA 缺乏症，沙皮犬已有报告

- 肾上腺皮质功能低下症。

体重减轻但食欲良好

- 饮食
  - 饮食不均衡或劣质饮食
  - 食物不足
- 食物吸收不良
  - 如上述肠道疾病造成的腹泻
  - 胰脏外分泌不足
  - 肝衰竭
- 养分流失
  - 糖尿病（因无 PU/PD 应可排除）
  - 蛋白流失性肠病
  - 蛋白流失性肾病
- 营养需求量增加
  - 发烧（没有）
  - 甲状腺功能亢进症（不大可能）

偶有呕吐

- 饮食、小肠、如上所述的肝脏和胰脏疾病
- 胃
  - 胃炎
  - 胃溃疡
  - 发炎性肠道疾病
  - 异物
  - 寄生虫
- 全身性疾病
  - 尿毒症
  - 肝衰竭
  - 败血症
  - 瘀血性心衰竭
  - 酸中毒
  - 肾上腺皮质功能低下症
  - 糖尿病酮酸中毒
  - 副甲状腺功能亢进症

- 胃泌素瘤
- 神经系统疾病（病犬没有症状相符）
  - 自律神经失调
  - 前庭疾病
- 中枢神经系统疾病
- 药物、毒素（除了之前的兽医给予的药物之外，没有其他已知的病史）

病例的检查与处置

临床病理学检查

进行血液学、血清生化学检查和常规尿检。最显著的发现为低白蛋白血症，为 15.2 g/L（参考范围 26~35 g/L），位于参考范围边缘的低球蛋白血症为 21.9 g/L（参考范围 22~45 g/L）。病犬也有周边血液嗜酸性粒细胞增多，为 1.7×10^9/L[参考范围（0~1）× 10^9/L]。病犬尿液 pH 值 6.5，比重 1.040。尿蛋白与肌酸酐比值为 0.8（略高于参考范围的 0.5），尿渣中有草酸钙结晶。

低白蛋白血症的成因有：白蛋白由肠道流失、白蛋白由尿流失、肝脏疾病造成白蛋白生成减少、第三空间（third spacing）、白蛋白由血管进入细胞间质，或急性期炎症反应过程中肝脏降低生产白蛋白。同时并存球蛋白减少，且尿蛋白只有轻微上升，并有腹泻的病史，本病犬最可能的诊断为肠道流失。

嗜酸性粒细胞增加可能与过敏（如食物、寄生虫）或嗜酸性粒细胞疾病（嗜酸性粒细胞性发炎性肠道疾病、嗜酸性粒细胞性肺炎、嗜酸性粒细胞性肉芽肿病、嗜酸性粒细胞性白血病）有关，有时也可在肥大细胞瘤、癌症和肾上腺皮质功能低下症发现嗜酸性粒细胞增加。

粪便送交寄生虫检查，并进行肠内病原菌培养，结果均为阴性。

促肾上腺皮质激素刺激检测

进行促肾上腺皮质激素（ACTH）刺激检测，且结果位于参考范围内（ACTH 刺激前 223 mmol /L，刺激后提高到 443 mmol/L），排除肾上腺皮质功能低下症。

内窥镜检查

内窥镜检查发现十二指肠颗粒性增加、充血且脆弱（图 26.1）。胃和小肠组织病理学检查结果发现：浸润的嗜酸性粒细胞增加，与嗜酸性粒细胞性发炎性肠道疾病的症状相符。

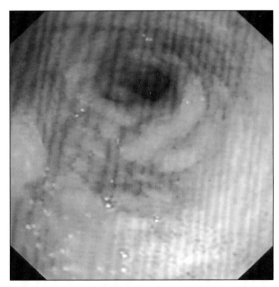

图 26.1　嗜酸性粒细胞性发炎性肠道疾病病犬的小肠内窥镜影像。黏膜粗糙且有小型针点状出血区域

病犬的 CIBDAI 得分总和如下：活动力轻微下降（1），食欲未改变（0），粪便硬度中度改变（2），中度呕吐（2），体重中度减轻（2），总分为 7 分，为中度 IBD。

治疗与追踪

病犬最初每 24 h 口服泼尼松龙 2 mg/kg，并每周皮下注射钴胺素 500 μg，共 4 周，和每 24 h 口服苯硫哒唑 50 mg/kg，共 3 d。动物主人不希望改变食物，所以继续喂予病犬市售羊肉和米饭饲料。

第 19 天，病犬对治疗无反应，喂予松饼后开始呕吐。继续给予病犬泼尼松龙。并改变饮食为单一的新蛋白质、无麸质、易消化的饮食。

第 37 天，狗仍偶尔呕吐，粪便松软。动物主人表示未持续给予泼尼松龙。

第 42 天，回院复诊，动物主人已给予泼尼松龙但食物中增加了马铃薯、肉汤、面包和禽肉，临床症状并未改善。泼尼松龙剂量减少至每 24 h 口服 1.6 mg/kg。

第 56 天，回院复诊，动物主人表示已遵守饮食和药物疗法。病犬增重 1 kg，粪便虽软但成形。泼尼松龙剂量减少至每 24 h 口服 1.25 mg/kg，治疗计划为每 3 周减少剂量 20% 左右，直到剂量低于每 24 h 0.5 mg/kg，然后再改为隔日服用药物。

第 120 天，回院复诊，动物主人表示已经停止给予泼尼松龙，病犬增重 2.5 kg，粪便仍为软至硬，精神与活动力都有改善。血清白蛋白和球蛋白位于参考范围内。

讨论

直到去除饲料内的小麦前，病犬的病情未见改善，内科治疗（泼尼松龙）在未干预饮食情形下没有发挥效果。

由于病犬对饲喂试验有所反应，病犬极有可能为对食物不良反应。为了确定何种成分引起的反应，并确认反应是因食物所引发，需进行饲喂挑战（food challenge）试验。

此动物主人也与许多动物主人一样，在症状缓解之后不愿意对患病动物进行挑战，因此需要在未确认过敏原情形下设计饮食。如同本病例，喂予的食物应可口，营养完全且均衡。这些病例使用市售优质不含麸质，

临床小提示

排除－挑战饲喂试验（Elimination-challenge），可确认或排除对食物的不良反应，但无法确认对此反应的免疫媒介（过敏）。然而，因给予内科治疗并未改善病情，也许了解免疫如何通过媒介激发此疾病并不重要。

排除饲喂试验为：限制患病动物饮食中的蛋白质与碳水化合物皆为单一来源。应使用动物之前没有接触过的成分作为饮食内容。并没有一种普遍通用的"低敏饲料"含有完整的蛋白质，因过敏性取决于各个患病动物之前被喂予的食物。通常建议喂予自制食物。然而，喂予自制食物没有症状的病犬中，喂予具有相同成分的罐头饮食时，有 20% 会出现临床症状。另一种选择是使用市售水解蛋白。不应补充 n-3 或 n-6 脂肪酸，因为可能某些患病动物对鱼过敏。

研究指出，对食物过敏且有胃肠道症状的病猫，喂予新蛋白质食物后，大部分在 3~4 d 会立即停止呕吐，并减少腹泻。这些病猫大多在抗原挑战后 3~5 d 会症状复发。

2 周后若不出现临床症状，可添加少量之前病犬已接触过的蛋白质到饮食内，做为第二种蛋白质来源（例如一匙半至两汤匙奶粉），并喂予 3 d，如果出现症状则减少天数。每周重复此步骤，直到发现造成症状的可疑食物。将可疑食物从饮食中移除，并观察症状是否复发。没有出现症状 1~2 周后，再次以可疑食物对患病动物进行挑战。

含低至中等含量的脂肪，无乳糖的饲料，并限制抗原和添加剂应可适应良好。某些病例很难找到未曾喂食过的蛋白质来源，这些病例可喂予水解蛋白，或尝试过去 6 个月未曾喂予的食物。虽然许多患病动物如同本病例体重过轻，在小肠吸收不良。饲喂时应避免给予过多脂肪，因脂肪酸和胆汁酸吸收不良可引起分泌性腹泻。

本病例可能单独以饮食疗法即可控制，但大多数嗜酸性粒细胞性发炎性肠道疾病的病例，还需要免疫抑制药物，如泼尼松龙。

本病例因动物主人不配合饮食和药物治疗，使病情复杂化，也延长了复原时间。许多药物都没有按照指示投予，临床医师必须敏锐观察动物主人用药，及对控制饮食的配合度与能力。勿以批评的态度，询问动物主人是否在投药时有任何问题，或是否忘记给药，使用一种评估动物主人配合度的方法，并确认动物主人在给药时是否有任何困难。如果动物主人否认没有给药，但兽医师对于动物主人配合度仍有疑问，在追踪检查与计算剩余药物颗数时，可能会发现动物主人配合度的问题。

预后

一项回访性研究报告指出，追踪 80 例的 IBD 6 个月后，只有 26% 的病例获得缓解。许多病犬（约 50%）的疾病症状呈间歇性发作，其中，大部分（65%）仍然治疗中。低白蛋白血症为预后的负面指标，犬胰脏脂肪酶浓度升高也会有负面影响。

27 猫肠套叠

基本资料与主诉

基本资料：短毛家猫，2 岁，雌性未绝育，体重 3.2 kg。

主诉：腹泻和食欲不振。

病史

病猫生活在收容所，来院时已有 3 d 食欲不振与水痢症状。来院之前病猫已在收容所生活了大约 1 个月，因为怀孕所以没有接种疫苗，也没有驱虫，病猫来院时正哺育两只 3 周龄的幼猫，奶水量充足。

病猫的腹泻样粪便不带血液与黏液。排便频率未知，但排便时不会很吃力。收容所的工作人员未观察到病猫呕吐，但不确定以前是否有呕吐病史。病猫的饮水量与排尿量均没有变化。

此猫在进入收容所之前为流浪猫，因此，既往病史并不清楚。

理学检查

病猫的精神良好，对周围环境保持警惕。近日体重减轻，有 6% 左右的脱水。身体状况评分为 3/9。病猫的黏膜呈粉红色，微血管再充血时间少于 2 s。心跳 170 次 /min，体温 38.8℃。由于一直持续不断地大声的呼噜叫，故未计算呼吸速率。胸腔听诊发现啰音，但无其他异常肺音。呼吸道声音增加，推测与病猫瘦弱的身体状况有关。

处在哺乳期的病猫乳腺发达，无发热或异常肿胀症状。腹部触诊时有坚实感，推测与结肠粪便堆积、肠套叠或子宫疾病有关。

问题与讨论

病猫的症状包括：腹泻、食欲不振，推测与腹泻和腹部触诊到的坚硬结构有关。

鉴别诊断

推测腹泻源于小肠，鉴别诊断如下

- 肠道疾病

  - 炎性肠道疾病，如浆细胞性 / 淋巴细胞性、嗜酸性粒细胞性等

  - 感染：病毒、细菌（肠毒素）、真菌——在英国不大可能

  - 肠套叠

  - 寄生虫，如梨形鞭毛虫、隐孢子虫、粪杆线虫、蛔虫、钩虫、弓形虫

  - 肿瘤，如淋巴瘤、肥大细胞增多症

  - 淋巴管扩张症（猫少见）

  - 肠阻塞，出现低血钾、肠炎、自律神经失调

- 抗生素反应性腹泻
- 胰脏疾病
  - 胰脏外分泌不足
  - 慢性胰脏炎
- 肝脏疾病
- 肝衰竭
- 肝内胆汁淤积
- 胆管阻塞
- 肾脏病和尿毒症
- 甲状腺功能亢进症
- 瘀血性心力衰竭
- 肾上腺皮质功能低下症（猫罕见）
  　关于坚硬构造
- 肠套叠
- 子宫疾病，如感染、幼猫或胎盘未完全产出
- 结肠疾病或粪便滞留

查发现：在腹腔前中侧有 1 段 6 cm 长的小肠，其影样符合肠套叠多重分层的特征（图 27.1 和图 27.2）。在肠套叠套入部位的前端，有一个位于肠套叠外鞘部隔开低回音与无回音性的圆形构造，怀疑为脓性溃疡。

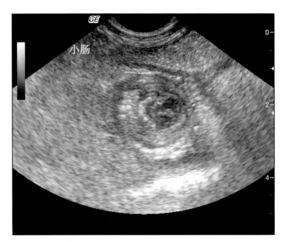

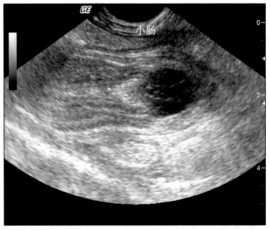

图 27.1 和 图 27.2　猫的肠套叠超声波横切面与矢状面观：横切面可见，"甜甜圈"样外观，矢状面可见肠道内的双层影像

病例的检查与处置

临床病理学检查

　　进行静脉输液治疗，以矫正 60% 的脱水。血液学检查结果发现：嗜中性粒细胞增加，为 16.3×10^9/L [参考范围（2.5~12.8）$\times 10^9$/L] 单核细胞上升，为 2.14×10^9/ L [参考范围（0.07~0.85）$\times 10^9$/L]，与发炎反应的诊断相符。其他血清生化参数都在参考范围内。以 SNAP Combo TM 进行检测，猫白血病病毒和猫免疫缺乏病毒呈阴性。

影像学检查

　　胸部 X 光检查未见异常。腹部超声波检

治疗与追踪

　　术前内科治疗

　　每 8 h 静脉注射增效阿莫西林克拉维酸 20 mg/kg，并持续静脉输液直到病情稳定、能够进行麻醉和手术。

临床小提示

一般而言，肠套叠在内科上不可能成功治愈，因此主要的治疗方法是外科手术。肠套叠手术的方法为复位术（reduction）和/或切除与吻合术。找出肠套叠处后，将其从腹腔分离并包覆好避免污染。可能的话，从肠套叠外鞘部轻轻地挤压肠套叠套入部位，以利于复位术的进行。在肠套叠套入部尖端处轻柔挤压外侧鞘层，同时轻柔地牵引回肠。较急性的病例通常进行复位术，并严密监控肠管存活情形。若像本病例中内层和鞘层之间已形成沾黏时，通常无法复位且需进行切除吻合术。

某些病例，进行肠套叠复位术和/或切除吻合术之后，还需进行肠折叠术或肠固定术。

手术治疗

本病例由剑突后侧正中切创白线至耻骨前缘。开腹探查术发现为空肠 – 空肠肠套叠。当尝试进行复位术时，浆膜开始撕裂，证明此肠套叠无法进行复位。斜切套叠肠道的开口一侧，并在开口对口直切将肠套叠区域切除。将切开的开口侧肠道进行断端 – 断端吻合术。这次手术顺便进行例行性的结扎（子宫卵巢切除术）。切除的肠管送交组织病理学检查，并寻找潜在的病因。

被切除的小肠的组织病理学检查结果为：典型肠套叠及套入部的坏死，且周围有挤压退化的近端肠管。有许多细菌菌落出现，推测为共生细菌在缺氧和坏死的环境下增殖。套入部分的小肠，部分有肉芽肿样反应，推测与结痂或肠管愈合有关，可能造成蠕动异常并成为肠套叠的起因。

术后护理

术后持续给予病猫静脉输液、抗生素和吗啡止痛。体温升高，夜间温度高达 40.3 ℃，但在尚未治疗的情况下，隔天早晨即下降至 39.0 ℃。加入抗生素治疗，每 24 h 静脉注射恩诺沙星 5 mg/kg。

临床小提示：在猫的病例中使用恩诺沙星

在猫的病例使用恩诺沙星可能会引起罕见的眼毒性的副作用，可见瞳孔放大、视网膜退化和失明。这些副作用一般发生在使用高剂量（>15 mg/kg）时，将猫的建议最大剂量降到 5 mg/（kg·d）是必要的。其他猫的罕见副作用可能包括：呕吐、食欲减退、肝指数升高、腹泻、共济失调、癫痫、抑郁/嗜睡、发出声音并有攻击性。

2 d 后，病猫的精神和食欲良好。最初的饮食仅供给休息时所需能量（RER）的 1/3，计划在第 3 天时提供休息时所需能量（RER）的 100%，但猫在给食后的第 1 天再次腹泻，所以先维持给予休息时所需能量的 1/3。3 d 后腹泻现象已得到缓解。

追踪

病猫出院回到收容所之前，以每日口服芬苯达唑 50 mg/kg 共 5 d 进行驱虫。预约 5 d 后回院复诊，病猫的精神和食欲良好，且腹泻的情况已得到缓解。

流行病学讨论

猫较犬不常发生肠套叠，即使发生，最

常见于幼龄猫，但一项研究结果显示，猫发生肠套叠的年龄呈双峰分布，猫的 20 个病例中有一半年龄不到1岁，将近一半为 9 岁以上。老龄猫患肠套叠，往往与消化道淋巴瘤或炎性肠道疾病有关。犬肠套叠有 80% 的患病动物不到1岁。目前尚无报告指出肠套叠的易发品种，但在一项研究中显示，逞罗猫和缅甸猫较常患肠套叠。目前尚无性别或绝育可能会增加患病风险的报告。

目前，尚不清楚确切的肠套叠的生物理化成因，也没有实验对此进行模拟。似乎有局部区域的正常推进力和分节运动受到抑制。当蠕动波前进至患处时，近端肠道（成为肠套叠套入部）会进入远端肠道（成为肠套叠外鞘部）。基本上会形成 3 层肠壁，两层肠套叠套入部和一层肠套叠外鞘部（图 27.3）。

肠道有严重的蛔虫或球虫寄生，以及严重的肠炎，这些都可能是发生肠套叠的诱因，如本病例生活在收容所的病猫，患有寄生虫病的概率很大。其他原因包括肠道病毒感染、线性异物、肠道肿瘤和黏液。开腹进行选择性或非选择性手术后，也会使肠套叠的概率增加。

临床症状取决于阻塞的完整性和程度。大多数的犬肠套叠发生于回盲结肠交界，但也有空肠 – 空肠套叠、幽门 – 胃套叠，以及胃 – 食道套叠的报告。一项研究报告指出，猫最常见的肠阻塞位置为空肠 – 空肠。

发生严重肠套叠的病例通常会大量呕吐、迅速脱水和死亡。回肠 – 盲肠套叠往往出现零星呕吐，食欲不振或血便病史。如果

本病例的空肠 – 空肠套叠，小肠没有被完全阻塞，可能转为慢性肠阻塞，并只有轻微的临床症状。若阻塞的更完全，体液和电解质失衡会与肠扩张一并发生，阻塞处近端的细菌数量大幅增加，有可能导致内毒素血症。

超声波检查有助于诊断小肠肠套叠。肠套叠超声波横切面观，或类似"靶心病灶"（Target lesion）或类似"多重同心圆影像"（multiple concentric ring sign），反映出套叠段同心圆肠壁（图 27.1）。纵切面发现，肠套叠处的肠管外观增厚，且分层数量过多，改变了肠道的回音性（图 27.2）。应当注意的是，其他的胃肠疾病也可能导致"靶心"或"牛眼"型病灶。因此，从横切面影像怀疑有肠套叠时，必须同时再从纵切面扫描病灶。

大多数病例为不完全阻塞，会出现数周的慢性食欲不振、腹泻或出血性里急后重。

大多数猫肠套叠的病例报告显示，有必要进行肠切除吻合术。通常建议肠套叠手术后进行肠折叠术，虽然一项追踪犬肠套叠病例的研究发现，无论是否进行此手术，都无显著差异，也无法避免并发症。

虽然被吞入的肠道可能变得脆弱，但穿孔导致腹膜炎的情况并不多见，因为外鞘层依然存活，且有纤维素沾黏封闭肠套叠的近端边缘。当无生命力的肠套叠套入部脱落时，偶尔会出现自发性复原，使肠腔重新畅通。

预后

手术成功后的预后良好，虽然报告的病例数量并不多，但超过 80% 的病例复原良好。

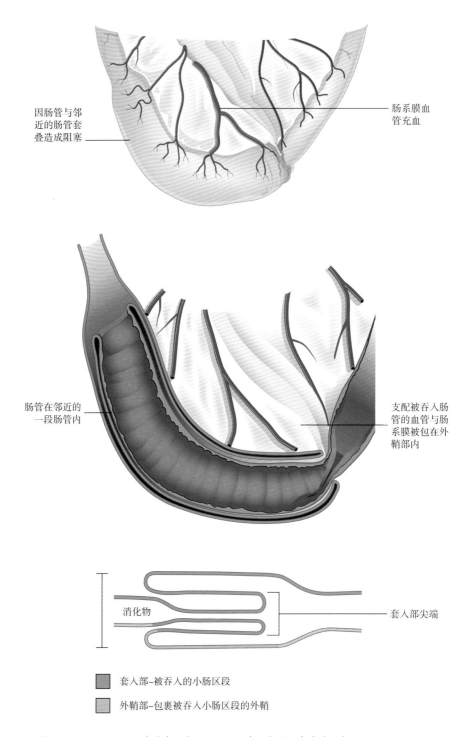

因肠管与邻近的肠管套叠造成阻塞

肠系膜血管充血

肠管在邻近的一段肠管内

支配被吞入肠管的血管与肠系膜被包在外鞘部内

消化物

套入部尖端

■ 套入部–被吞入的小肠区段

■ 外鞘部–包裹被吞入小肠区段的外鞘

图 27.3　图解肠套叠，可见被吞入的肠套叠套入部，以及吞入套入部的肠套叠外鞘部

28 猫胰腺外分泌不足

基本资料与主诉

基本资料：短毛家猫，7 岁，雄性已绝育，体重 3.33 kg。

主诉：体重减轻、腹泻、脂肪样下痢和呕吐。

病史

病猫来院时体重减轻、腹泻、脂肪样下痢和呕吐，但食欲良好。

动物主人 5 年前开始在室内饲养此猫。病猫曾进行核心疫苗接种，并定期追加疫苗接种，但并未进行体内或体外寄生虫驱虫。病猫自饲养时即出现腹泻。腹泻粪便为棕色半成型，通常在 2~3 d 后可不经治疗自行缓解。每年发生 6~8 次。来院大约 3 个月前此猫的腹泻便性质改变，粪便量变多、油腻、恶臭且呈白色。病猫排便时不费力且粪便不带血液或黏液。

猫主人表示病猫曾呕吐过（每年 1~3 次），呕吐物通常含有半消化的食物。来院 3 个月前病猫的食欲增加。病猫每日大约食用市售猫食罐头 450 g 和 50 g 干饲料。

病猫以前一直是体重过重（以前体重为 6 kg），但从 8 个月前最后一次接种疫苗开始，体重持续减轻。

临床检查

病猫过瘦（身体状况评分 2/9），但精神状态良好。病猫身上的毛发油腻、打结且蓬乱。腹部触诊发现，感觉肠道充满液体但病猫并未出现不适感。胸腔听诊未发现异常。心跳 160 次 /min，每次心跳均有强度良好的脉搏，呼吸 28 次 /min，体温为 37.9 ℃。会阴部周围有粪污。

问题与讨论

病猫的主要问题为体重减轻和腹泻，但良好的食欲有助于将鉴别诊断范围缩小，呕吐与体重减轻的情况，推测与腹泻有关。其临床症状符合小肠性腹泻。

鉴别诊断

此病猫腹泻的鉴别诊断如下

- 消化不良
- 胰脏外分泌不足（EPI）
- 吸收不良
- 发炎性肠道疾病（淋巴细胞－浆细胞性疾病，嗜酸性粒细胞疾病，肉芽肿）
- 淋巴瘤
- 代谢性疾病
- 甲状腺功能亢进
- 糖尿病

- 胃肠道寄生虫
- 胰腺炎
- 淋巴球性胆管炎
- 脂肪样下痢与恶臭粪便，推测与消化不良有关

患病动物的检查与处置

进行常规血液学、血清生化与尿液检查。测量总甲状腺素以筛检是否有甲状腺功能亢进症。除了 ALT 上升至 865 IU/L（参考范围 20~75 IU/L），和碱性磷酸酶上升至 124 IU/L（参考范围 20~80 IU/L），其于检查结果皆位于参考范围内。

再次进行粪检检查寄生虫，结果也为阴性。

进行消化道更具专一性的检查：猫胰脏脂肪酶免疫活性反应（fPLI）和猫类胰蛋白酶免疫活性反应（fTLI），以评估胰脏功能。测量叶酸及钴胺素，以评估是否有吸收这些维生素的障碍。叶酸和 fPLI 都位于参考范围内。钴胺素下降为 99 ng/L（参考范围 290~1 499 ng/L），fTLI 也下降为 9.2 µg/L（参考范围 12.0~82.0 µg/L）。

进行腹部超声波检查，主要评估肝脏和胰脏。肝脏大致上正常，胰脏虽然可以看到但较正常小。由于猫的肝指数上升，进行肝脏活检可能对诊断有帮助。然而进行活检前应先评估凝血时间。虽然此猫的活化部分凝血活酶时间（AP TT）正常，但凝血酶原时间（PI）延长至 27.7 s（参考范围 7.0~12.0 s），因此暂缓肝脏的活检。

诊断

综合病史、临床检查结果，以及低于正常值的 fTLI，都支持诊断为 EPI。缺乏钴胺素常见于患 EPI 的病猫，PT 延长是因缺乏维生素 K 而造成的。

治疗方案

补充胰脏激素

市面上可购得粉末或胶囊状的胰脏激素补充品。因已，证明肠衣会减少十二指肠的激素量，所以不应使用以肠衣包覆胰脏激素的补充品。使用的剂量应配合进食量，而不是动物的体重，并应随食物提供。猫比犬更需要考虑药物适口性的问题。

给予此病猫两颗胶囊量的胰脏补充激素，打开胶囊将粉末洒于每餐的罐头食品上，病猫都愿意进食。

尽管胃口很好，有些猫不肯吃含有胰脏补充激素的食物。若可取得新鲜的冷冻胰脏，可作为替代来源。1995 年发布的牛杂禁令特别命令，禁止范围并未涵盖胰脏，因此，可以使用牛的胰脏作为激素替代品。因动物主人可能对疯牛症有所顾忌，在英国选择猪胰脏可能较适合。在假性狂犬病盛行的国家，较适合使用牛胰脏。应取得动物主人的知情同意书，因为有食物中毒的风险，如沙门氏菌、大肠杆菌和弓形虫，但冻结的胰脏可大幅降低风险。每餐应混合 30~40 g 的胰脏。虽然目前无冻结后激素疗效维持期间的报告，依据笔者的经验，已冻结长达 8 个月的胰脏，仍保留其激素功能。

钴胺素

服用胰脏补充激素无法解决缺乏内在因子的问题（第 5 章临床小提示），因此，需要永久补充钴胺素。缺乏内在因子会造成回肠无法吸收，因此，必须由肠外补充。研究报告的建议剂量各有不同。给予病猫每周皮下注射 250 µg，共 6 周。病猫的血清钴胺素浓度仍很低，为 179 µg/L，因此，剂量增加

至每周皮下注射 500 μg。下个月回院复诊时，血清钴胺素浓度已回到参考范围内，因此，注射频率减少至每个月一次。可以指导动物主人在家里进行注射，与糖尿病动物主人注射胰岛素的方法相同。

叶酸

缺乏钴胺素会影响小肠绒毛，导致吸收不良，可能会造成缺乏叶酸。评估叶酸浓度，如果发现过低，应口服补充（400 μg/d），此猫先前诊断时，叶酸浓度位于参考范围。

维生素 K

如果发现 PT（和 / 或 APTT）时间延长，如本病例 PT 明显延长，可能需要立刻补充维生素 K_1，以防止潜在的出血问题。维生素 K_1，以细针头皮下注射，以减少形成血肿的风险，剂量为 2.5 mg/kg。因为缺乏脂肪酶可能会影响吸收，所以最初未使用口服补充，且口服效果可能不佳。延长的 PT 在 24 h 之内已回到参考范围内。大部分的病例一旦补充激素后，肠道即可吸收维生素 K。

饮食

如果上述的治疗策略未达到充分的效果，接下来应考虑改变饮食。虽然有些学者提倡低脂肪饮食，但支持此说法的证据不多。发炎性肠道疾病常常会伴随胰脏炎，这可能源于当猫呕吐时，迫使细菌从十二指肠上行胰管，或源自于肠道（与肝脏）的淋巴细胞性浆细胞性造成胰脏浸润。胰脏炎、发炎性肠道疾病和肝病的组合，常称为三体炎。患 EPI 的猫，给予低过敏性饮食或新蛋白质饮食，使得发炎性肠道疾病受到控制而从中受益。

讨论

EPI 为胰脏功能疾病，因消化激素生成不足造成消化不良症状。涉及的主要消化激素为消化蛋白质的胰蛋白酶、消化碳水化合物的淀粉酶，和消化脂肪的脂肪酶。缺乏这些激素会引发消化不良，产生大量的脂肪便和造成体重减轻。

犬最常见引起疾病的原因为负责生成消化酶的腺泡（acinar glands）选择性萎缩。有学者提出在某些品种的犬猫中，可能是免疫媒介的异常。猫患 EPI 可能与慢性胰脏炎造成的破坏有关，此猫的病史表示可能发作过胰脏炎（可能并存胆管炎）。

EPI 造成的脂肪酶缺乏，使三酸甘油酯无法分解为单酸甘油酯和脂肪酸，而导致脂肪痢，使粪便内腐败的脂肪产生恶臭。此外，脂溶性维生素（A、D、E 和 K）的吸收可能会受到影响。凝血因子 II、VII、IX 和 X 的生成需要维生素 K，其中，VII 的半衰期最短，因此由 PT 测量的外在凝血路径，会比由 APTT 测量的内在凝血路径更早受到影响（图 28.1）。

吸收钴胺素需要内在因子。犬的内在因子有一部分由胃产生，猫仅能由胰脏产生。除了消化激素不足之外，患 EPI 的猫也缺乏内在因子，会导致钴胺素吸收不良。患 EPI 的犬也可能发现缺乏钴胺素，因缺乏钴胺素会导致绒毛萎缩和吸收不良，所以对治疗反应不良的患病动物进行此检查应该是值得的。

流行病学

比起犬，猫患 EPI 的概率很低。本病常见于德国狼犬和粗毛牧羊犬，但在猫可能无特别好发品种。一份研究指出，180 648 个病例中只有 11 例，发病率为 0.006%，虽然此研究是以病理解剖为基础进行的。患 EPI 的猫大部分为中年至成年，表示慢性胰脏炎发病具有潜在的致病性。品种或性别对本病没有影响。

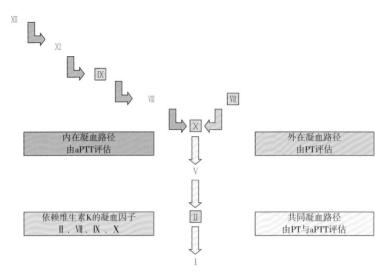

图 28.1　凝血机制

预后

　　虽然疾病会持续一生，但经由提供病猫可接受的激素补充来控制疾病，预后通常良好。大部分病猫与本病猫相同，会迅速对治疗产生反应（图 28.2）。应告知动物主人猫可能会患糖尿病，因糖尿病与胰脏外分泌不足的病因相同，即反复性／慢性胰脏炎。慢性胰脏炎较常导致糖尿病，虽然少见，但猫有可能同时形成糖尿病与慢性胰脏炎。有些猫的胰脏外分泌较内分泌受损程度严重的原因目前未明。

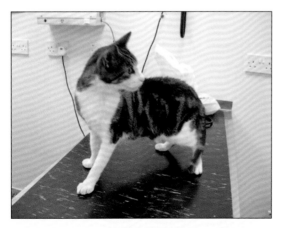

图 28.2　治疗后 6 周的猫可见体重增加与皮毛状况改善

护理小提示

　　患 EPI 的病猫，因脂肪吸收不良及缺乏钴胺素，会造成皮毛油腻。此外，尤其是长毛猫其皮毛可能受排泄物玷污。以抗皮脂液的洗剂沐浴乳洗澡，可能有助于控制临床症状。

临床小提示：治疗患 EPI 的猫

　　建议定期监测钴胺素和叶酸浓度，并适量补充。以竞争性化学冷光酶免疫法测量钴胺素，精确度较放射免疫法更佳，使用此检测方法的实验室数据较具有参考价值。

　　如果使用猪胰脏作为补充胰脏激素，以每餐加入约 1/3 的猪胰脏为宜。冷冻之前先以保鲜膜个别包覆胰脏，每天即可从冰箱取出胰脏解冻。

　　猫的 TLI 会因肾脏疾病或采食方式而增加，如果猫出现典型的临床症状以及临床病理学检查数据过低，应禁食并重新评估样本。数值 <8 μg/L 具 85%~100% 的特异性。

29 犬细小病毒感染

基本资料与主诉

基本资料：罗威纳幼犬，5月龄，雄性未绝育，体重 20 kg。

主诉：急性血痢和呕吐，且呕吐物带有血丝。

病史

病犬来院时为非门诊时间的急诊病例。来院 36 h 前，病犬开始变得精神不佳并开始干呕，接着呕吐出含有胆汁的液体。病程逐渐进展为呕吐出血色液体和出现腹泻。腹泻便越来越呈血样，有消化过的暗色血液（黑便）和一些鲜血出现。排便时病犬无需费力且粪便不带黏液。病犬呕吐后就开始不吃不喝。

病犬来院前 1 个月曾以非班太和吡喹酮进行过驱虫。在 6 周龄被动物主人从繁殖业者购买回来时，已接种了细小病毒、腺病毒、副流感病毒和犬瘟热病毒疫苗。但尚未进行过疫苗追加注射。病犬平日吃市售的幼犬饲料。

理学检查

病犬来院时精神活力极差。身体状况评分为 4/9，黏膜呈淡粉红色但稍干，微血管再充血时间 3 s，有脱水情形。病犬有流涎，推测因恶心感造成。心跳 90 次/min，周边脉搏微弱。呼吸 40 次/min，肛温为 39.6℃。肛温计上沾有带血液的粪便。

问题与讨论

病犬的主要问题，为急性出血性腹泻和呕吐。虽然粪便中出现一些新鲜血液，腹泻主要起源仍推测于小肠。因幼犬的呕吐和腹泻两者是同时发生，可能为源于同一种疾病所造成，所以，在鉴别诊断时将两者合并考量。

鉴别诊断

可能造成此幼犬急性呕吐和出血性腹泻的原因如下。

- 细小病毒感染
- 肠套叠或肠扭转
- 钩虫
- 腐蚀性物质
- 药物（如皮质类固醇，NSAIDs）
- 出血性胃肠炎
- 重症急性胰腺炎
- 因年龄过小可排除肿瘤和胰脏外分泌不足

临床小提示

出血性腹泻有种特殊的气味，一旦闻过后就不容易遗忘。造成出血性腹泻的疾病都会有这种气味，细小病毒性肠炎不具专一性。

病例的检查与处置

急诊的诊断性检验和治疗

为病犬办理住院，进行诊断测试和治疗，并安置于隔离病房，以防止可能的传染性疾病传播给其他动物。

护理小提示：传染病

若疑似患传染病的患病动物，应与其他患病动物进行隔离，尤其是免疫功能低下的患病动物（如进行皮质类固醇或化疗药物治疗的患病动物、老龄或幼龄患病动物）。处理患病动物时应戴手套并穿防护衣，处理其他患病动物时，应更换新的手套与防护衣。也应严格清洗双手，以消毒水浸泡鞋子或使用鞋套。尽可能以不同的工作人员处理疑似传染性疾病患病动物与其他患病动物，特别是免疫功能低下的患病动物。疑似传染性疾病患病动物应有专用的温度计，并使用温度计封套(肛温套)。听诊器和其他用具使用后应消毒，或该配备仅属单一患病动物使用。

细小病毒可在宿主体外生存，可抵抗许多消毒剂。应使用 1:32 稀释的漂白剂（每加仑的水加入半杯漂白剂）清洁细小病毒患病动物住过的病房，因洗手液的主成分可能是酒精，需注意可能无杀死病毒的效果。

病犬经评估后约有 8% 脱水。静脉给予晶体溶液治疗（乳酸林格氏液），输液速率为 116 mL/h。

临床小提示：静脉输液量计算

输液量需根据所需的维持量、脱水量，与正在流失中的液体量来计算。维持输液量为 24 h 40~60 mL/kg。本患病动物的计算式为：20 kg×60 mL/kg = 1200 mL/24 h 或 50 mL/h。本病犬为幼犬，因此采用维持输液量的最高值，幼犬每千克体重的含水量较成犬高，因成年动物体内的脂肪比例较高。在大型犬通常使用低值。

要想 24 h 之后矫正其脱水状态，以病犬的体重乘以脱水的百分比：20 kg×0.08 = 1.6L（1600 mL）/24 h 或 66 mL/h。加上维持输液量的 50 mL/h 后，输液速率为 116 mL/h。若以更快的输液速率，脱水可在 10~12 h 内矫正（如 10 h 内给予 210 mL/h 或 12 h 内给予 183 mL/h）。

估计呕吐或腹泻中流失的液体量，也可加入维持量与脱水补充量之内。应时常重新评估脱水状态（以较快速率输液的患病动物应每小时进行评估），以确定是否需要更改输液速率，和评估是否过度的补充水分。

临床小提示：输液选择

晶体溶液内含有电解质，适用于脱水补充液体。腹泻和大部分呕吐造成的脱水（上消化道阻塞引起的除外），由于组织灌流量下降，患病动物呈代谢性酸中毒的状态。如乳酸林格氏液的缓冲性静脉晶体溶液，比 0.9% 的氯化钠溶液碱性大，比较有助于矫正酸中毒，然而增加组织的灌流为治疗的最关键的部分。

急诊的临床病理学检查

血液学检查结果发现：嗜中性粒细胞明显减少，为 $0.06 \times 10^9/L$ [参考范围 $(0.5\sim4.99) \times 10^9/L$]，血容比（PCV）偏低，为 $0.322\ L/L$（$0.32\sim0.55\ L/L$）；因患病动物脱水，所以真正的血容比可能会在输液治疗之后下降。出血性腹泻也可能会导致 PCV 急速下降。

电解质分析发现，血清钾浓度下降，为 $2.9\ mmol/L$，参考范围 $3.6\sim5.6\ mmol/L$，血清钠和血清氯位于参考值范围内。胃肠道疾病常出现血清钾浓度降低，并可能导致进一步的胃肠道阻塞。所以一般添加 $15\ mEquiv/L$（毫当量／升）的氯化钾进行输液。

临床小提示：补充钾

依据血清钾浓度，于维持输液内添加的钾离子的量如下。

血清钾浓度	每升溶液内添加氯化钾 mEquiv
< 2.0 mEquiv/L	80
2.1~2.5 mEquiv/L	60
2.6~3.0 mEquiv/L	40
3.1~3.5 mEquiv/L	20

因病犬的输液速率超过维持速率的两倍，因此将添加的钾减少一部分。乳酸林格氏液内已有 $4\ mEquiv/L$ 的氯化钾，所以另外加入 15mEquiv，共为 19 $mEquiv/L$（输液速率为维持输液的两倍以上），大约相当于血钾 $2.9\ mEquiv/L$ 时，需添加 $40\ mEquiv/L$。

其他治疗

除了矫正低血钾与脱水之外，病犬的治疗包括每 8 h 静脉注射氨苄青霉素 $20\ \mu g/kg$，每 12 h 静脉缓慢注射甲硝唑 $10\ mg/kg$。每 12 h 皮下注射雷尼替丁 $2\ mg/kg$，每 8 h 皮下注射丁丙诺啡 $2mg/kg$，并于静脉输液内定速注射（CRI）胃复安 $1\ mg/kg$ 超过 24 h。若出现血痢，表示细菌位移穿过肠壁和引发败血症的风险会增加，所以建议使用抗生素。

临床小提示：对细小病毒传染患病动物使用抗生素

有些兽医师与本病例相同，建议对感染细小病毒的患病动物投予氨苄青霉素，而另一些兽医师则认为甲氧磺胺为广谱抗生素中更佳的选择，因氨苄青霉素对正常的肠道菌群有负面影响，并会导致如沙门氏菌等的细菌过度生长。

护理小提示

因幼犬易有低血糖的风险，特别是患厌食和胃肠道疾病的幼犬，因此本病犬应进行血糖检查。

临床小提示：止吐药

柠檬酸马罗匹坦为止吐剂的另一个良好选择，但在病犬来院时本药物尚未上市。胃复安用于严重呕吐，且皮下注射效果较好，因胃复安的半衰期不够长，无法持续维持一致疗效。胃复安和雷尼替丁都具有促进胃肠道蠕动的作用，对出现肠阻塞的本病例来说此作用十分重要。

护理小提示

静脉导管应该适当包扎以保持清洁，对呕吐和腹泻的患病动物尤为重要。静脉导管应每日检查并数次确认畅通。留置针感染是发烧常见的原因，所以需有良好的卫生习惯。有装静脉留置导管且肛温上升的患病动物，往往与导管部位的发炎有关。

粪便 SNAPTM 细小病毒检测呈阳性。本病犬的病征和临床症状也相符，因此诊断为细小病毒性胃肠炎。

临床小提示：细小病毒检测

ELISA 粪便 SNAPTM 细小病毒检测，为最常见的细小病毒检测套组。本检测有一定的局限性，近期使用活毒疫苗接种，可能会干扰检测结果造成判读伪阳性。这种干扰通常发生在接种疫苗后 5~12 d，所以如果在接种疫苗的期间内，ELISA 粪便 SNAPTM 细小病毒检测呈阳性建议另外进行检测。本检测的敏感性（100%）和特异性（99.9%）。

病犬翌日的精神稍改善，但腹泻仍然带血和呕吐。

进行完整的血液和血清生化学检查。血液学检查结果发现：血容比下降至 0.30 L/L（参考范围 0.35~0.55 L/L），白细胞数量上升，但嗜中性粒细胞数量仍降低，为 2.1×10^9/L [参考范围（3~12）$\times 10^9$/L]，及淋巴细胞数量为 0.47×10^9/L [参考范围（0.7~4.8）$\times 10^9$/L]。病犬的 ALP 上升至 422 IU/L。此实验操作成犬 ALP 的参考范围为 20~60 IU/L。6 月龄幼犬的 ALP 值增加是可能的，但通常是成年范围的 2~3 倍（应不会远大于 180 IU/L）。

病犬患的胃肠道疾病，可能是 ALP 增加的原因。血清磷也增加至 2.4 mmol/L，此实验操作成犬血清磷的参考范围为 0.4~2.0 mmol/L。6 月龄成长中幼犬的参考范围为 1.65~2.84 mmol/L，因此本病犬的血清值磷位于参考范围内。血糖为 5.0 mmol/L，位于参考范围内（参考范围 3.0~5.0 mmol/L）。

临床小提示：幼犬与幼猫的血液学与血清生化学

成年动物与年幼成长中的动物相比，临床病理学检查中有些项目的参考范围不同，而大多数实验室的参考范围是供成年动物使用。幼年动物的临床病理学参考范围请参见附录 5。

血清钾离子经补充后上升至 4.4 mmol/L（参考范围 3.6~5.6 mmol/L），其他所有电解质都位于参考范围内。

血清白蛋白浓度下降，为 17.6 g/L（参考范围 26~35 g/L），球蛋白浓度亦下降，为 17.5 g/L（参考范围 18~37 g/L）。幼犬的血清白蛋白浓度较成年动物低，但 4 月龄幼犬的血清白蛋白浓度，应位于成年动物的参考范围内。病犬的血清白蛋白浓度降低推测与肠道流失有关。

结果和进一步治疗

病犬在接下来几天逐渐好转。最初提供冰块供病犬舔食，接着供给少量的水。到了第 4 天，开始进食少量的熟鸡肉。口服的平衡电解质溶液中含有谷氨酸，也由注射方式少量补充。

在接下来的几天，病犬的淋巴细胞和嗜中性粒细胞数量增加，血清白蛋白和球蛋白也增加。

护理小提示：呕吐患病动物的营养

如果过早提供水或食物给呕吐的患病动物，可能会使他们再次呕吐。等 12~24 h 没有呕吐后给予冰块舔食是让患病动物恢复饮食的一个很好的方式，因为患病动物一次只能吞下非常少量的液体。严重腹泻期间通常会耗尽肠道细胞的营养，使用含有谷氨酸的补充液，可以提供肠道内衬细胞的营养。初次进食的食物需为极易消化且低脂肪，因肠道需要一些时间来调整和重新产生消化酶。有些患过细小病毒感染的幼犬，可能数个月内，甚至终其一生都需要易消化的食物。

对感染细小病毒的幼犬，提供部分静脉营养短期来说效果不错。可由周边静脉给予静脉营养。

已证实若能尽早给予感染细小病毒的患病动物肠内营养，临床症状会较快改善，并可能改善患病动物肠道的屏障功能。有些学者建议通过鼻食道管给予肠道营养，但应监测以确保病犬不会将喂食管吐出，造成食物误入气管。

猫重组干扰素（ω 型）也被推荐于治疗犬小病毒，一项研究结果指出，每天一次静脉注射猫重组干扰素 250 万 u/kg，共 3 d，可有效改善临床症状，并降低死亡率。病犬住院 5 d 之后办理出院，腹泻持续大约一个星期但已停止呕吐，进食状况良好。

讨论与流行病学

犬细小病毒普遍存在于犬之间，大多通过疫苗来预防与其他犬接触或因犬粪便而接触到病毒。该病毒可在粪便内存活 5~7 个月，接触具感染性的粪便为最常见的感染途径。

病毒于体内潜伏 3~8 d，出现临床症状之前即可能开始排出病毒。食入病毒后，病毒在口咽部的淋巴组织复制，然后扩散到血液中。病毒停留在体内迅速分裂的细胞，包括骨髓和肠道的上皮细胞。病毒在淋巴生成系统和骨髓中复制，通常会造成淋巴细胞和嗜中性粒细胞减少。肠道细胞内出现复制中的病毒（图 29.1），会导致肠道绒毛减少与上皮坏死，造成典型的严重出血性腹泻。如产气荚膜梭菌和大肠杆菌的肠内细菌，可能会由肠道移行进入体内，引起败血症和死亡。

罗威纳犬、拉布拉多与杜宾犬较易感染细小病毒。大多数病犬小于 1 岁龄，最常发生在 6~18 周龄的幼犬。

虽然本病犬已接种疫苗，但可能发生疫苗失效（接种疫苗却仍患病）。有时是由于母奶的抗体（母源抗体）的作用，干扰疫苗的反应。仅接种一剂疫苗的幼犬，免疫力也可能不足。

应在 6~9 周龄接种第一剂细小病毒疫苗，3~4 周后再追加第二剂细小病毒疫苗。是否应在 10 周龄或 12 周龄给予第二剂疫苗目前仍有争议。如果延迟到 12 周龄接种，表示在那之前必须与其他幼犬隔离，而这段时间是与其他幼犬互动和社会化的重要阶段。然而，小于 12 周龄的幼犬，易于受母源抗体干扰疫苗效果。处于高危险的品种或个体，最好于 14~16 周龄接种追加疫苗。1 年后应接种追加疫苗，接着每 3 年再追加一剂疫苗。

在一项研究结果显示，饮食中补充如维生素 E 和维生素 C、β-胡萝卜素和硒的抗氧化剂，会增强幼犬对接种细小病毒（与犬瘟热）疫苗的反应。

1978 年发现原始的细小病毒株（CPV-2）之后，陆续出现新的细小病毒株（CPV-2a，2b，2c）。犬猫也出现 CPV 的变异种。

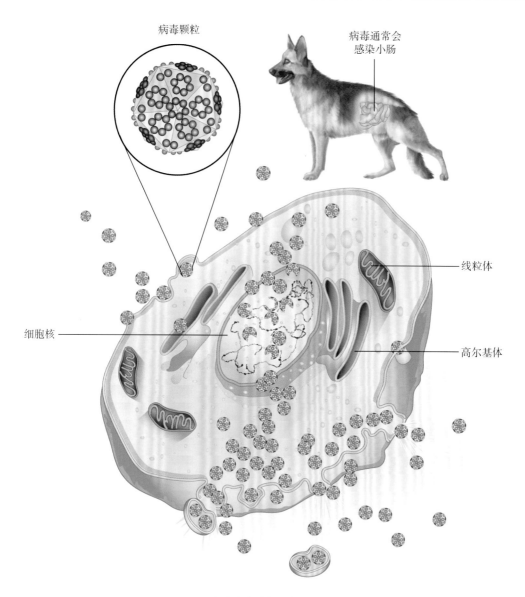

病毒颗粒

病毒通常会
感染小肠

线粒体

细胞核

高尔基体

细小病毒感染肠道上皮细胞

图 29.1　图解细小病毒感染肠道上皮细胞

对抗原始病毒株的疫苗也确认可对抗新的病毒株，但也有暴发疾病的报告。一般而言，由接种疫苗获得部分免疫力的犬病情较轻。

预后

　　大多数接受治疗 2~3 d 后仍存活的病犬会复元。未经治疗的死亡率估计高达 91%，积极支持疗法可将死亡率降低到 5%~20%。

死亡病例目前已较首次暴发的 20 世纪 70 年代少见。死亡率下降可能与免疫力的提高、病毒力下降和 / 或医疗进步有关。

部分 **4**

血便与黑便

30 血便与黑便概论

大肠性腹泻和 / 或小肠性腹泻均有可能出血，有时血便为最主要的临床表现。黑便是指经消化道消化后的出血粪便，呈现黑焦油样外观。粪便颜色加深是血红素氧化分解造成的，黑焦油样外观是血红素被细菌分解的结果。当犬的前部消化道出血达到300~500 mg/kg 的血红素时才会有临床可见的黑便，所以没有排出黑便并不表明消化道没有出血。

以人类为例，血液必须在消化道内停留至少 8 h 才会变成黑色。结肠出血时，如果粪便缓慢通过的话，也可能形成黑便。总的来说，黑便的成因包括：前段消化道出血，鼻腔、口腔、食道、咽部或呼吸道出血进入消化道，使用水杨酸、铋制剂（Bismuth）或活性碳等也可能造成黑色粪便。

血便表现为粪便内带有鲜血。如果鲜血在粪便的表面，很有可能是源自于后段结肠或直肠的出血。

确诊是否为黑便，应在停止喂食含肉日粮 3 d 后进行粪便潜血检查。少量的消化道出血，粪便眼观颜色可能正常，所以未明病因的贫血患畜，也应进行粪便潜血试验。

黑便的鉴别诊断包括如下。

- 吞入血液，如口、鼻处病灶的出血
- 食道疾病，如食道处的溃疡、糜烂、肿瘤等
- 胃部疾病，如糜烂或溃疡、严重胃炎、尖锐异物、肿瘤、药物（NSAIDs、皮质类固醇、铁过量等）
- 小肠疾病，如溃疡、严重的炎症、肿瘤、异物、钩虫等
- 胃肠道缺血，如因休克、肠套叠、肠扭转引起的缺血
- 肝脏疾病
- 胰腺炎（急性、严重型）
- 肾脏疾病引起的尿毒症

血便的鉴别诊断包括如下。

- 结肠炎或直肠炎
- 结肠或直肠肿瘤 / 息肉、狭窄、梗塞或异物
- 盲肠翻转
- 结肠血管扩张症
- 回盲肠套叠
- 寄生虫，如钩虫
- 小肠出血且粪便通过时间短（血红素氧化不足）

消化道出血原因的诊断

首先应检查病畜有无非胃肠道出血的可能性，如咳嗽造成的咳血或流鼻血。应检查口腔及咽部是否有口腔疾病。逆流可能与食

道异常有关，而吐血可能与胃出血有关。

　　血液血检查可能会发现贫血。消化道慢性出血造成的贫血可能发展成为红细胞减少、低色素性和非再生性贫血。即使少量出血也可能造成血容比迅速下降，严重出血可能会导致血容比在数小时内急剧下降。血液经消化道消化会造成血中尿素氮的增加。应进行血小板数量、口腔黏膜出血时间和凝血检测，以确认为原发性或继发性出血性疾病。不同于大部分的消化道出血疾病，自发性出血性胃肠炎往往会使血容比上升，可能是因为液体流失较红细胞流失更明显。然而，腹泻往往会出现严重出血，临床上通常没有那么明显的脱水。

　　可用来定位出血部位的方法包括超声波诊断、内窥镜检查和外科手术探查。

31 犬出血性胃肠炎

基本资料与主诉

基本资料：德国短毛指示犬，2 岁，雌性已绝育，体重 29.1 kg。

主诉：表现为急性发作的出血性腹泻和呕吐。

病史

病犬在来院的前一天晚上，开始急性发作，出现出血性腹泻与呕吐，来院的当天晚上病犬的精神与食欲不佳，排出含大量含血液的水样稀便，且有细微里急后重的表现。最初的呕吐物含有消化过的食物，接着只呕吐出胆汁。

上一次接种疫苗的时间为 4 个月前，来院前 2 个月曾用芬苯达唑驱过虫。平时日粮饮食为混合市售干粮和罐头食品，有时也会给予点心食品。病犬有翻垃圾的行为，畜主觉得病犬不太可能从垃圾堆里找东西吃。

理学检查

临床检查时病犬非常安静，但对刺激有反应。病犬身体状况良好（身体状况评分 5/9）。黏膜湿润但有充血，微血管再次充血时间相对较慢，为 3 s。除了心动增快至每分钟 200 次以外，胸腔听诊无其他异常。呼吸频率为 16 次/min。外周脉搏为微弱的丝脉。外周淋巴结触诊正常。

触诊小肠时病犬出现不适，结肠感觉扩张且呈团状。肛温为正常的 38.2 ℃，但肛温计上沾有带暗色血液的粪便。

问题与讨论

病犬的临床表现如下。

- 出血性腹泻
- 呕吐
- 食欲下降
- 嗜睡
- 心动过速

病犬的主要临床表现为严重的出血性腹泻和呕吐。嗜睡、食欲下降与心动过速，同时可能继发于潜在疾病或异常。由于此犬是急性发作，因此慢性疾病未列入鉴别诊断范围内。

鉴别诊断

急性出血性腹泻的鉴别诊断

- 自发性出血性胃肠炎（HGE）
- 感染：如犬细小病毒、沙门氏菌(Salmonella)、产气荚膜梭菌（Clostridium perfringens）等
- 鹅膏蘑菇中毒（Amanita mushroom）
- 华法令（Warfarin）中毒
- 肠扭转
- 肠套叠
- 休克

呕吐急性发作的鉴别诊断

- 胃部疾病
  - 异物
  - 胃炎
  - 溃疡
- 小肠疾病
  - 异物
  - 肠套叠
  - 肠扭转
  - 自发性出血性胃肠炎（HGE）
  - 如上述会造成腹泻的传染病
- 大肠疾病
  - 结肠炎
- 全身性疾病
  - 胰腺疾病
  - 肾上腺皮质功能低下症
  - 腹膜炎
- 饮食因素
  - 饮食过敏
  - 饮食不当

病例的检查与处置

心动过速和微弱丝脉符合突发性休克的临床表现。第 1 小时以休克剂量 [60 mL/（kg·h）] 静脉进行盐溶液的治疗。过 30 min 后，因病犬的 CRT 和脉博的改善，应将剂量减小至 30 mL/（kg·h）。

急诊的临床病理学检查

病犬来院时非门诊时间，因此无法进行完整的临床病理学检查。简易血容比（PCV）试验结果为 0.60 L/L（参考范围 0.37~0.55 L/L，通常仅灰狗和其他视觉猎犬会超过 0.50 L/L）。血清白蛋白浓度为 26 g/L（参考范围 22~39 g/L）。

球蛋白浓度为 27 g/L（参考范围 25~45 g/L）。血清尿素为 13.1 mmol/L（参考范围 2.5~9.6 mmol/L），肌酸酐为 147 μmol/L（参考范围 40~132 μmol/L）。其他检测项目包括血清丙胺酸氨基转移酶、钙、葡萄糖、磷和总胆红素。电解质中钠、钾和氯值均偏高。病犬当晚未排尿，因此未进行尿液检查。收集粪便隔日进行粪检。

> **临床小提示：脱水对血液学和血清生化学检验项目造成的影响**
>
> 脱水造成血液浓缩，会影响许多血液血及血清特殊化学检验项目，包括使 PCV、白细胞数量、白蛋白、球蛋白、尿素、肌酸酐和钠上升。这些项目应在病犬补充水分后重新评估。脱水可能屏蔽了一些异常表现，使得本该异常的数值呈现假性正常，如低白蛋白血症及肾前性氮血症（由于肾灌流量减少，造成血清尿素和肌酸酐增加）的病例。

病犬维持静脉输液，并每 8 h 口服肠道保护剂硫糖铝 5 mL，同时每 8 h 皮下注射雷尼替丁 2 mg/kg。每 8 h 缓慢静脉注射丁丙诺啡 20 μg/kg 以止痛，同时每 24 h 皮下注射马罗皮坦 1 mg/kg 止吐。同时给予犬每 12 h 缓慢静脉注射甲硝唑 10 mg/kg。

> **临床小提示：以抗生素治疗出血性腹泻病例**
>
> 抗生素治疗对许多腹泻病例没有良好效果，因此通常不建议抗生素治疗。若出现黑便或血便，应建议使用抗生素，因为细菌可能由肠道进入全身。此外，产气荚膜梭菌可能是导致 HGE 的部分原因，抗生素的使用可能有助于治疗。

次日，病犬的精神改善，输液矫正脱水损失的 2.8 kg 体重（体重 31.9 kg）。病犬仍然出现血痢，但自从使用马罗皮坦（Maropitant）之后就没有出现呕吐。

临床病理学检查

进行完整的血液和血清生化学检查。输液后血容比下降到 0.42 L/L（参考范围 0.37~0.55 L/L）。血清肌酸酐与尿素水平处于参考值范围之内，分别为 75 μmol/L 和 4.1 μmol/L。血清白蛋白和球蛋白已降至低于参考范围，分别为 19.3 g/L（参考范围 26~35g/L）和 13.7 g/L（参考范围 18~37 g/L）。钙也下降到 2.02 mmol/L（参考范围 2.3~3.0 mmol/L），这可能是因为白蛋白水平的下降，使得与白蛋白结合的钙水平下降。

尿液检查除了胆红素（+1）外，其他检测项目均为阴性。尿液 pH 值为 6.5，尿比重为 1.015，尿液无异常。尿比重低可能是由于积极的输液疗法造成的尿液稀释。

粪检

粪检包括梨形鞭毛虫（Giardia）在内的寄生虫检查均呈现阴性反应。产气荚膜梭菌（Clostridium perfringens）的培养呈阴性。IDEXX SNAP® 粪便细小病毒检测呈阴性反应。

促肾上腺皮质激素刺激检测

进行促肾上腺皮质激素（ACTH）刺激检测，结果数值位于参考值范围内，刚可排除肾上腺皮质功能低下症，其基础值为 70.1 nmol/L，刺激后的数值为 262 nmol/L（参考范围基础值为 20~230 nmol/L。基础值大于 70 nmol/L，即可有效排除肾上腺皮质功能低下症的可能）。

追踪

病犬在接下来 2 d 病情逐渐改善，粪便内血液量减少，且粪便硬度增加（软而成形）。病犬没有再继续呕吐。在提供少量、易消化、低脂肪的罐头食品后，病犬愿意进食。

临床小提示：细小病毒检测

ELISA 粪便 SNAP® 细小病毒检测为临床最常用的细小病毒检测套装。本检测试剂盒的准确性有一定的极限：若近期内曾接种过活毒疫苗可能会影响检测结果，造成假阳性结果。这种干扰通常发生在接种后的 5~12 d，所以如果有以上情况的存在，使得 ELISA 粪便 SNAP® 细小病毒检测呈阳性，建议再进行额外的检测。受细小病毒感染的病犬，也可能不会由粪便排出病毒颗粒，或病毒颗粒可能完全被抗体包覆，使其无法与检测的化学试剂发生反应。本检测的敏感性为 100%，特异性为 99.9%。

护理小提示：营养

患胃肠功能疾病且未进食的病犬，在重新进食时需循序渐进。患严重肠道疾病的动物，小肠刷状缘酶常常会减少，消化大量碳水化合物的能力因此会下降。脂肪也可能难以消化。建议提供少量且容易消化的食物给久未进食的病犬，一开始应给予静息能量的 1/3。在本病犬为：RER（kcal）= 每千克体重 $0.75 \times 70 = 31.9^{0.75} \times 70 = 13.4 \times 70 = 939$ kcal。1/3，即为 313 kcal/d，可分成 4~6 餐，或每餐 50~80 kcal。

讨论

HGE 常为超急性（peracute）或急性，如本病例的病犬突然出现严重的出血性腹泻，且可能吐血。粪便常被描述为看起来像黑覆盆子果酱。腹泻便会排出大量的鲜血，有时呕吐物也会有大量的鲜血，造成动物快速发生血容量降低、休克和虚脱。即使大量失血，动物通常会出现 PCV 的上升（即 50% 或 0.50 L/L 以上）并伴随血清总蛋白（白蛋白和球蛋白）正常或偏低。PCV 增加与正常或降低的血清总蛋白两者之间的冲突关系，推测可能是由于血浆蛋白流失造成的。细胞连接之间的漏洞，使蛋白质、电解质和体液流失，但空间不足以大到使血细胞的渗漏通过。因此，蛋白质、电解质和体液的流失超过细胞的流失。

虽然临床症状很典型，但鉴别诊断应包括：尖锐或穿透性异物、肠套叠、中毒、细小病毒和其他感染性疾病、体内寄生虫、凝血性疾病、肾上腺皮质功能低下症、弥漫性血管内凝血（Disseminated intravascular coagulation）或肿瘤等。

治疗

治疗主要为积极的输液支持疗法，静脉给予盐溶液（40~90 mL/kg）。若血浆蛋白非常低，可能需要添加胶体溶液维持渗透压。

产气荚膜梭菌（Clostridium perfringens）可能是造成出血性胃肠炎的病因之一，且肠道细菌有位移的风险，所以，需进行广谱抗生素治疗。也建议进行肠胃保护剂治疗，以及静脉输注止吐药物等。

因为抗胆碱类药物会抑制肠道蠕动，且可能恶化肠阻塞情况的发生，应避免使用。鸦片类药物因可能会延长食物通过胃肠道的时间，造成细菌过度生长，也为禁忌药。

预后

如果病患及早就诊，并给予适当的治疗，通常预后良好。一项研究表明，提供输液疗法、抗生素和饮食管理的综合治疗措施，有 15 例病犬均恢复良好。

32 犬结肠血管扩张症

基本资料与主诉

基本资料：比雄犬，5 岁，雄性已绝育，体重 8.5 kg。

主诉：虚脱和血便。

病史

1 个月前病犬因虚脱，到动物医院就诊，当时的临床检查大致正常，唯一的异常是严重的再生性贫血，血容比为 0.22 L/L（参考范围 0.37~0.55 L/L），而网织红细胞的数量为 335×10^9/L（参考范围 $>60 \times 10^9$/L 表示再生性贫血）。给予泼尼松龙（Prednisolone）和硫酸亚铁（剂量不明）进行经验性治疗。

此后病犬越来越嗜睡，且食欲不佳。病犬的粪便硬度正常，但常为暗色并夹带鲜血（血便）和一些黏液。畜主表明在此期间病犬体重下降了 0.5 kg。

病犬每 6 个月进行定期驱虫，疫苗接种纪录完整。平日喂给病犬市售干饲料。

理学检查

病犬对刺激有所反应，但嗜睡且安静不活泼。病犬的身体状况评分为 4/9，近日来有体重下降情形。黏膜非常苍白且稍有干燥表现。微血管再充血时间 <3 s。腹部触诊和胸腔听诊无异常，除了左侧有 Ⅱ / Ⅳ 收缩期心杂音。心跳 142 次 /min，脉搏强度增加。呼吸 32 次 /min。肛温为 38.7 ℃，且肛温计上沾有血液。

问题与讨论

病犬的主要问题为黏膜苍白，且有明显黑便和血便。心杂音可能继发于贫血。病犬有再生障碍性贫血病史，可能是黏膜苍白的原因。再生障碍性贫血主要分为失血性和溶血性，因病犬有胃肠道失血的证据，因此推断是造成贫血的原因。

鉴别诊断

因病犬出现黑便和血便而引起贫血的鉴别诊断如下

- 从口腔、鼻腔、咽部或呼吸系统异常处吞入血液（黑便）
- 食道疾病，如溃疡或肿瘤
- 凝血性疾病，如缺乏维生素 K、血小板减少症、血管性血友病（温韦伯氏疾病，von Willebrand's disease）
- 药物，如非甾体类消炎药（NSAIDs）、皮质类固醇（首次发病前无此类药物用药记录）
- 毒素，如腐蚀性物质、重金属、鹅膏蘑菇（Amanita mushroom）中毒
- 体内寄生虫，如钩虫

- 肿瘤，如腺癌、肥大细胞癌、胃肠道恶性淋巴瘤、多发性骨髓瘤、胃泌素瘤
- 炎症性肠道疾病与溃疡
- 胰腺炎
- 肝脏疾病
- 尖锐或穿透性异物
- 尿毒症（先前的血清生化学检查结果并无患此病的证据）
- 胰腺炎
- 弥漫性血管内凝血（disseminated intravascular coagulopathy）（不太可能）
- 血管疾病，如结肠血管扩张症

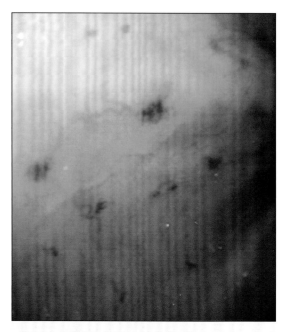

图 32.1　内窥镜检查结肠可见异常血管

病例的检查与处置

临床病理学检查

进行简易（以毛细管离心）PCV 检测，结果为 0.11（参考范围 0.37~0.55 L/L）。病犬血型为犬红细胞表面抗原（Dog erythrocyte antigen，DEA）1.1 阴性，因此，选用 DEA1.1 阴性的新鲜全血 250 mL 进行输血。以输血前的血液为样本进行常规血液学检查，以确认 PCV。病犬的血液为低血色性红细胞增多，平均红细胞血红素浓度为 29.5%（参考范围为 23%~36%），平均体积为 68 fL（参考范围 60~77 fL）。贫血仍为再生性贫血，其网织细胞数量为 17%（参考范围为 >1%）。病犬的血小板数量位于参考值范围内，其余凝血检查项目 [活化部分凝血酶时间（activated partial thromboplastin time）和凝血酶原时间（prothrombin time）] 也均正常。除了白蛋白轻微下降，为 23.6 g/L（参考范围 26~35 g/L），血清生化结果检测均位于参考值范围内，白蛋白下降推测为肠道疾病产生消化不良而

引起的，或与失血有关。

病犬输血后 PCV 提高到 0.27 L/L 且心杂音消失。病犬心跳下降到 60 次 /min，心电图除了游走性节律点（wandering pacemaker）（但不认为是疾病）外，无其他异常。

粪检寄生虫和肠道细菌检查为阴性，但粪便潜血检查呈高度阳性。

影像学检查

X 光及腹部超声波检查未见异常，除了空腹 12 h 后仍有食物停留在胃内，显示胃排空速度延迟。

内窥镜检查

内窥镜检查胃和十二指肠的黏膜外观正常。结肠有许多区域具有突出、弯曲且扩张的血管，弥漫整个结肠（图 32.1）。十二指肠的黏膜组织样本检查结果与轻微十二指肠肠炎表现相符。结肠样本组织学检查结果表明为中度慢性进行性结肠炎。

诊断

病犬症状的严重程度，结肠外形病变的严重程度以及对皮质类固醇无反应等均与炎症性肠道疾病不相符。依据结肠镜检查时所观察到的特征性异常外形论断为结肠血管扩张症。

治疗与追踪

最初试图以泰乐菌素（tylosin）和泼尼松龙（prednisolone）进行缓和治疗，但未见效果。由于病灶弥散分布于整个结肠，以激光凝固或局部结肠切除术并非可行的方案。经与畜主商讨，决定采取次全结肠切除术进行治疗。此手术在犬的治疗成功率没有在治疗猫自发性巨结肠症时那么高，因为犬常出现排便失禁的并发症。与畜主进一步商讨使用激素进行治疗，然而，病犬有其他的严重出血问题，且很遗憾的是畜主选择让病犬接受安乐死。

讨论

结肠血管扩张症也称为血管发育不良症，会出现在结肠黏膜和黏膜下层内的动静脉与内衬单层细胞的淋巴管等处。血管因受损造成出血，往往导致慢性血便，以低染性红细胞和小形红细胞症为特征的缺铁性贫血。如果病灶延伸入小肠，或粪便通过结肠的时间过长，使血红素被消化，也可能会出现黑便。

诊断本病应根据内窥镜评估肠黏膜与外观特征。浆膜面通常不会见到病灶，因此，开腹探查术可能无法正确诊断本病。

次全结肠切除术和局部结肠切除术（有一病例以术中内窥镜辅助定位病灶）可成功用于该病的治疗。

人类有成功使用口服性激素－黄体激素治疗的报告，且在犬有两例报告。人类使用此疗法不会使病灶消失，但可减少为维持正常的血红素浓度进行的输血的次数。药物组合的作用机制尚未明了，但理论上包括诱导鳞状上皮化生，修复异常血管的内皮细胞，主要影响肠系膜微循环的血液凝固和止血。与人类相同，犬病例的病灶仍未消失，但血便已缓解，且不需要再次进行输血。剂量为每 24 h 口服炔雌醇（ethinyl oestradiol）2 μg/kg，和每 24 h 口服醋酸炔诺酮（norethindrone acetate）23 μg/kg。也可每 24 h 口服硫酸铁（ferrous sulphate）18 mg/kg。

以性激素－黄体素治疗的潜在风险为骨髓毒性，造成泛细胞减少及脱毛、囊性子宫内膜增生和子宫蓄脓。但此两犬病例所使用的剂量较低，可以避免这些副作用的发生。

预后

本疾病因病例报告不足，仍无法预测预后。有文献报道，手术切除局部病灶可成功治疗本病。无法进行外科手术治疗的病例也有少数以内科方式治疗的。可能有许多病例尚未接受诊断即死亡或接受安乐死。

33 犬肠道平滑肌瘤

基本资料与主诉

基本资料：英国史宾格犬，12 岁，雄性已绝育，体重 19.8 kg。

主诉：间歇性黑便。

病史

病犬来院检查时，间歇性黑便、嗜睡和黏膜苍白的情形已持续 2~3 周。病犬的粪便成形，但颜色呈暗褐色至沥青色。病犬排便急迫性并未增加且粪便不带鲜血或黏液。虽然仍愿意进食但整体食欲下降。畜主表示病犬体重有所下降，但不确定轻了多少。病犬未再出现呕吐现象。

病犬的平日主食为市售的优质干饲料。不给予残羹剩饭或点心，也没有翻垃圾桶找食的记录。病犬的疫苗接种记录完整，并于来院前 5 个月进行过驱虫。

理学检查

来院时的病犬安静不活泼，但对刺激反应良好且保持警戒。身体状况评分为 5/9。病犬口腔黏膜非常苍白，但微血管再充血时间正常。病犬的黏膜湿润无脱水情形。心跳增加至 134 次 /min，且呼吸略微升高至 36 次 /min。肛温为正常的 38.2℃。胸腔听诊与腹部触诊未发现异常且外周淋巴结触诊正常。

问题与讨论

病犬的主要问题为嗜睡、黏膜苍白和间歇性黑便。黏膜苍白可能缘自贫血或灌流不足。病犬无心血管疾病的病灶且无脱水现象。嗜睡和怀疑贫血（经由血容比确认）推测与肠道失血造成的黑便有关。

鉴别诊断

本病例出现黑便的鉴别诊断如下

- 从口腔、鼻腔、咽部或呼吸系统异常处吞入血液（黑便）
- 食道疾病，如溃疡或肿瘤
- 体内寄生虫，如钩虫
- 胃肠道肿瘤，如腺癌、肥大细胞癌、胃肠道淋巴瘤、多发性骨髓瘤、胃泌素瘤、平滑肌瘤、平滑肌肉瘤
- 炎症性肠道疾病与溃疡
- 胃肠道有尖锐或穿透性异物
- 血管疾病，如结肠血管扩张症，因病犬无血便，病灶可能在近端结肠

  其他可能性较低的鉴别诊断包括如下。
- 肝脏疾病（无其他相符的临床症状）
- 尿毒症（没出现多尿）

- 胰腺炎（没有呕吐或腹痛的表现，应可排除）

- 弥漫性血管内凝血（可能性低）

- 凝血性疾病，如维生素 K 缺乏症、血小板减少症、血管性血友病（温韦伯氏疾病，von Willebrand's disease）

- 药物，如非甾体类消炎药、皮质类固醇（无使用药记录）

- 毒素，如腐蚀性物质、重金属、鹅膏蘑菇中毒（无误食毒物之病史）

病例的检查与处置

临床病理学检查

常规血液学检查发现重度贫血，PCV 为 0.11（参考范围 0.39~0.55 L/L），伴随中度再生性红细胞（网织红细胞的数量为 2.76%）。平均红细胞体积（MCV）为 56 fL（参考范围 60~77 fL），平均红细胞血红素（MCHC）浓度为 30.2%（参考范围为 23%~36%）。小红细胞症和低血色性红细胞缺铁性贫血症状相符。血液学抹片检查发现明显的小细胞性低血色性贫血，伴随中度多染色性细胞（polychromatophils）和少量幼红细胞（normoblasts）。红细胞有中度大小不等症和轻度低血色性。血小板数量充足。成熟嗜中性白细胞中度增加和单核细胞轻微增多，伴随有少量活化的淋巴细胞。

虽然溶血的可能性也存在，但因病犬的黑便病史，推测再生性贫血是继发于胃肠道失血。玻片凝集检测为阴性，IgG、IgM 和补体库姆氏检测（Coombs tests）的结果表明为非免疫媒介性溶血。血液学项目检查结果符合缺铁性贫血的特征，均可能与胃肠道失血有关。

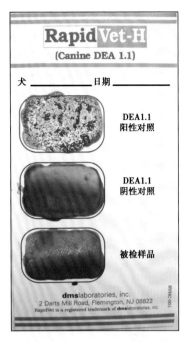

图 33.1　检测套组显示：样本红细胞表面抗原 DEA1.1 阳性

套组检测的结果为红细胞表面抗原（Dog erythrocyte antigen, DEA）1.1 阳性，也显示无自体凝集（autoagglutination）现象（图 33.1）。

血清生化学检查发现此犬有低白蛋白血症，因总蛋白为 40.4 g/L（参考范围 58~73 g/L），且白蛋白下降至 20.4 g/L（参考范围 26~35 g/L），球蛋白的值偏低，为 20 g/L（参考范围 18~37 g/L）。白蛋白下降的可能原因包括：进行中的肠道流失、从尿中的流失、由于肝脏疾病造成的肝脏白蛋白生成量的减少或急性期蛋白反应使白蛋白生成量减少（白蛋白对急性期蛋白的生成量有负面影响）而从第三空间流失。

尿检无异常，尿液比重为 1.032。粪检寄生虫和肠道细菌检查皆呈阴性。

小细胞性、低血素性与轻微的再生性贫血，总蛋白与白蛋白量的下降，球蛋白值偏低，表明有慢性失血的可能。

影像学检查

进行胸腔和腹腔的侧面及腹背部 X 光检查。肺部区域发现数颗 1~2 mm 界限明显的不透明结节,特征与胸膜斑(pleural plaques)相似(图 33.2)。心脏轮廓正常。未发现肿瘤转移到胸腔。又肩部可见退化性关节炎。腹部 X 光检查结果显示:结肠大小正常且充满粪便(图 33.3),因部分不明显的软组织团块,使部分横结肠向背侧位移。

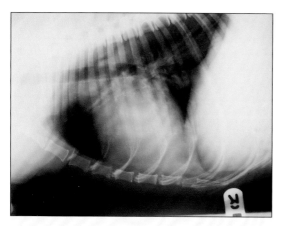

图 33.2　X 光胸腔侧面检查发现结节,特征为典型的胸膜斑

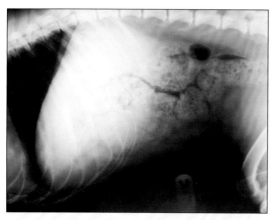

图 33.3　X 光腹部侧面检查可见粪便填满结肠

腹部超声波检查结果显示:腹中腺胃部后侧发现一团块,并有正常的空肠肠管进入两端。团块有良好的血管供应且突出于肠腔内,同时发现肠管腔扩张且部分肠管分层消失。团块的中心为具有血管团块的外翻肠壁组织,并连接至腔内组织。外翻组织无肠壁分层(图 33.4)。团块的位置与 X 光检查时发现的软组织团块位置相符。十二指肠、回肠和大肠均正常,超声波的其他检查未发现异常。

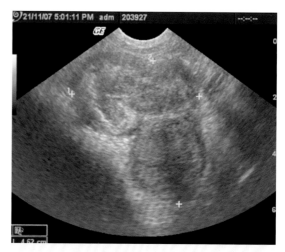

图 33.4　超声波检查发现空肠团块与肠壁外翻

根据这些发现初步诊断为空肠肿瘤。腺癌、平滑肌瘤、平滑肌肉瘤与其他肉瘤,涉及空肠的转移性疾病以及淋巴瘤等,为最有可能的鉴别诊断疾病。

手术治疗

影像学检查后,输给病犬一个单位的 DEA1.1 阳性血液,并进行肠切除术以及移位于空肠内的团块,测量团块直径为 4 cm。局部淋巴结和其他腹部器官的外观无异常。以术用钉(surgical staples)进行空肠的断端 – 断端吻合术,并以常规方式缝合腹中切口。

组织病理学检查

团块送交组织病理学检查。团块在肉眼观察外观完整且包覆良好,并有坚实的浆膜面。

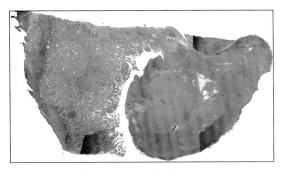

图 33.5　肠道团块的组织病理学检查发现团块的成分与平滑肌组织相符

由超声波检查发现的结实团块，从空肠管腔内离心扩大，由不规则的条状、旋涡状与波浪状的强烈嗜酸性均一纤维素组成，与平滑肌性质相符。这些平滑肌细胞中由淡染的椭圆细胞核组成，并有细碎的斑点样染色质。切片检查部分未发现细胞核分裂，亦无炎症细胞。

结实的团块浸润至黏膜下层和黏膜层，并于管腔周围延伸成环状。部分正常黏膜被旋涡状与波浪状的嗜酸性组织取代，且黏膜表面呈水肿性炎症反应。部分正常和不正常的黏膜交界处，发现营养不良性钙化。

平滑肌细胞分化良好且无细胞核分裂，诊断为良性平滑肌瘤，可能源自空肠固有肌层。因此团块为单一团块，长期预后非常良好。

追踪

手术 1 周后为病犬办理出院，并指示畜主在移除皮钉之前应限制病犬的运动。并开始口服药物阿莫西林克拉维酸钾，每 12 h 服 250 mg，疗程 10 d。

此外，给予口服药富马酸亚铁，以补充铁质，要求每 24 h 口服 200 mg。出院时病犬的 PCV 为 0.17 L/L。补充铁剂持续到红细胞检验项目回到参考值范围内为止。

6 个月后病犬的运动耐受性良好，体重增加且不再贫血。

讨论与流行病学分析

肿瘤造成的胃肠道溃疡病例通常出现黑便和小细胞性、正血色性或低血色性贫血。特别是平滑肌瘤和平滑肌肉瘤。这两种肿瘤常引起溃疡，引起严重的出血。其他肠道肿瘤的症状可能包括阻塞、呕吐、厌食、腹泻、腹痛和体重减轻。研究报告指出，腹腔内平滑肌瘤会造成低血糖。推测原因为肿瘤细胞造成类胰岛素生长因子生成量增加。平滑肌瘤通常是生长缓慢的肿瘤。在出现临床症状之前，肿瘤体积可能已经很大。

肠道肿瘤可能分为弥漫性或结节性，转移扩散和肿瘤的生长，造成发病率不同的局部淋巴结病变。良性肿瘤的特征为小型细胞，其细胞核型小，且细胞与细胞核的大小变化不大。平滑肌瘤为源自平滑肌的良性肿瘤，且不如平滑肌肌肉瘤常见。

胃肠道平滑肌瘤在超声波检测下有些特征，这有助于与其他类型的消化道肿瘤的鉴别与区分。平滑肌肉瘤和平滑肌瘤往往较大（超过 3 cm），在肌壁间病灶突出浆膜层，形成大型离心性团块或腔外团块。本病例中侵入或突出于胃肠腔内的肿瘤较为少见。无回音性与低回音性的团块病灶，可能与该病灶区常见的中央区变性与坏死有关。

胃肠道平滑肌瘤为典型平滑肌瘤的表现型，最常发生在人类的食道。一系列的人类病例报告显示，患病平均年龄为 30~35 岁，这些肿瘤在胃和肠道中非常罕见。相反，犬良性平滑肌瘤最常发生在老龄犬的胃部。而报告指出，小肠和盲肠发生恶性平滑肌瘤的概率较高。

本病例为 12 岁龄公犬，正如发表的报告：大多数平滑肌瘤发生在较老龄的雄性犬。一项研究表明，82% 的平滑肌瘤发生于雄性犬，诊断的平均年龄为 11 岁（范围为 8~17 岁），只有 31% 的病例有相关的临床症状。

另一项研究报告指出，犬患小肠平滑肌瘤的平均年龄 [（9.1±2.3 岁）] 低于犬患盲肠肿瘤的平均年龄 [（10.7±1.9）岁]。相比前项研究，本项研究中所有的肠道肿瘤的病犬皆出现临床症状，4 例盲肠肿瘤的病例皆未出现临床症状，而团块为偶然发现。患肠道肿瘤的病犬，最常见的症状为体重减轻，而肠穿孔和腹膜炎较常发生在患盲肠肿瘤的病犬。一般而言，盲肠肿瘤较易出现坏死及出血。本病无好发犬种的报告。

在人类的病例中，先前许多诊断为平滑肌瘤的肿瘤，已被重新归类为胃肠道间质性瘤（gastrointestinal stromal tumours），而且，除了手术治疗之外，以选择性受体谷氨酸激酶（selective receptor tyrosine kinase）抑制剂（Inatinib mesylate）的内科疗法，目前仍在研究中。

预后

已知肿瘤直径增加为预测预后重要的负面指标，统计报告指出绝育犬比未绝育犬的存活率高。在一项研究中，42 只患小肠肿瘤的病犬以手术治疗后，整体 1 年与 2 年的存活率分别为 63% 和 52%。19 只患盲肠肿瘤的病犬以手术治疗后，整体 1 年与 2 年的存活率则为 84% 和 66%。以手术治疗的病犬，因手术或肿瘤相关并发症，于术后 15 d 死亡的病例，小肠肿瘤 42 例中有 9 例，盲肠肿瘤 19 例中有 1 例。存活的小肠肿瘤病犬，1 年内有 80% 未复发，2 年内有 67% 未复发，而存活的盲肠肿瘤的病犬，则分别为 83% 和 62%。

以肿瘤类型或组织学特征的分类方式，对手术的预后并无重大影响。即便病犬的组织学检查为非常恶性的肿瘤，若肿瘤的摘除较完整，则长期存活的概率增加，预后较佳。

34 皮质类固醇诱发犬胃肠道溃疡

基本资料与主诉

基本资料：拉布拉多犬，7 岁，雌性已绝育，体重 21.8 kg。

主诉：虚弱、嗜睡、肌肉萎缩、排软且暗色的粪便。

病史

病犬一年前有免疫媒介性血小板减少症的病史，当时用甲泼尼龙（Methylprednisolone）治疗有一定效果。入院前两个月，病犬的血小板数量下降到 136×10^9/L[参考范围（200~500）$\times 10^9$/L]。当地动物医院同样用甲泼尼龙以每日口服 1.5 mg/kg 两次治疗并持继此剂量，在当地动物医院进行的血清生化学检查，结果发现丙氨酸转氨酶（ALT）和碱性磷酸酶（AP）均上升，但未记录确切的数值。

畜主陈述病犬有嗜睡且运动耐受性极差的状况。此外，排尿量增加，常口渴且食欲非常良好。曾发生数次腹泻，粪便呈软黑状，没有呕吐现象。

通常每日给予病犬两次低热量的干饲料。病犬曾接受过葡萄糖胺和软骨素的治疗（治疗关节炎），但已经停止用药 2 个月。病犬的疫苗接种记录完整，但大约一个月未进行驱虫。

理学检查

病犬安静，但对刺激反应良好。身体状况评分为 5/9，但患病犬的肌肉中度萎缩以及体内脂肪滞留，使身体状况评分难以评估。

微血管再充血时间少于 2 s，黏膜颜色为淡粉色且黏度略高。估计病犬约有 6% 的脱水。

胸腔听诊心音和肺音皆正常，心跳 76 次/min，呼吸 14 次/min。触诊腹部时没有疼痛反应，但腹部下垂且触感软。病犬的肛温为 38.4℃，皮毛干燥且有皮脂漏的现象。

问题与讨论

病犬的问题包括如下。

- 嗜睡且运动耐受性差
- 黏膜苍白且黏度上升
- 肌肉萎缩
- 腹部下垂
- 可能多渴多尿
- 肝指数升高

鉴别诊断

病犬的许多问题可能是由于使用皮质类固醇造成的，但仍需要进行探讨，以免因此假设而忽略其他疾病。

嗜睡和运动不耐受在很多情况下均会发生，应进行鉴别诊断，就本病而言，应与贫血、肝脏疾病、电解质失衡、低血糖、皮质类固醇诱发的肌病、心肺疾病和肾脏疾病相区别。

黏膜黏度上升可能是多尿造成的轻度脱水。

黏膜苍白可能是由于灌流不足和贫血造成的。心音规律且脉搏触诊正常，使得贫血为更可能的原因。贫血可分为非再生性贫血和再生性贫血，可由网织红细胞的计数来判断是何种贫血。非再生性贫血是因全身疾病抑制骨髓功能或原发性骨髓疾病造成的。以皮质类固醇治疗的病患，此有胃肠道失血问题的可能。

皮质类固醇常诱发肌肉萎缩，但也可能因肌病或其他疾病引起体重减轻，造成肌肉萎缩。肌肉损失可能比脂肪流失更为明显。

此病犬腹部下垂，可能是因为使用皮质类固醇药，而导致肌肉无力与腹部脂肪沉积。其他会造成腹部肿大的原因包括腹水或器官肿大。

肝指数升高，可能是由于皮质类固醇的使用，或有原发性或继发性的肝脏疾病。

暗色的粪便可能为黑便（粪便中出现消化过的血液），通常被形容为暗色焦油样的粪便。黑色为血红素氧化造成的，焦油样的外观是血红素被细菌分解造成的。一般认为黑便是由于肠道出血或吞入血液造成的（如鼻出血或口腔病灶）。血液必须在消化道存在数小时（人类须8 h）才会变成黑色，所以若血液快速通过消化道，可能不会出现黑便，下消化道若出血且通过缓慢，也有可能出现黑便。

临床小提示：诊断消化道出血

犬必须有300~500 mg/kg的血红蛋白进入胃肠道，才会看到黑便，所以消化道出血也不一定会排出黑便。粪便潜血检测有助于排除黑便。

患有慢性消化道出血的病患，可因铁从消化道流失造成缺铁性贫血。缺铁性贫血为小细胞性低血色素性贫血。更为急性和出血，可在数个小时内导致血容比显著下降。

在上消化道出血中，因吸收血液中的蛋白质，使得血清尿素氮与肌酸酐的比值增加。血清尿素增加但肌酸酐位于参考范围内，暗示医师应检查胃肠道是否出血。使用利尿剂也可导致这种变化。

使用邻联甲苯胺和愈创木脂试验进行粪便潜血检测仅能定性，且仅具中度敏感性。建议给予病犬3 d无肉饮食，然后再进行粪便潜血检测，因肉中的肌红蛋白质可能干扰检测而造成假阳性结果。

病例的检查与处置

为病犬办理住院，静脉给予晶体溶液以补充水分。

临床病理学检查

进行血液学、血清生化学检查和常规尿检。血液学检查结果显示：严重再生性贫血，

PCV 为 0.277 L/L（参考范围 0.39~0.55 L/L），未修正的网织红细胞为 2%。依据病犬的 PCV 将网织红细胞修正为 1.23%，为轻度的再生性贫血。血小板数量为 218×10^9/L[参考范围（200~500）$\times 10^9$/L]，位于参考值范围内。

临床小提示：修正网织红细胞数量

红细胞再生程度以网织红细胞的数量进行客观评估，但数量应考虑贫血的程度。修正网织红细胞数量的方法之一，为使用下列公式。

修正后网织红细胞百分比 =

[网织红细胞数量（%）$\times$ PCV]/[动物平均 PCV（犬为 45%）]

结果如下。

1%~4%：轻微再生

5%~20%：中度再生

>20%：高度再生

另一种评估再生程度的方式是将网织红细胞%$\times$ 红细胞 $\times 10$。再生性贫血的计算结果，会大于 60 000 细胞 /μL。

血清生化学检查发现肝指数升高，AP 为 1 454 IU/L（参考范围 20~60 IU/L），ALT 为 815（参考范围 21~102 IU/L）。空腹血清胆汗酸的浓度也上升到 43.9 μmol/L（参考范围 0~7 μmol/L），血清胆红素上升到 10.9（参考范围 0~6.7 μmol/L）。

总钙下降到 1.9 mmol/L（参考范围 2.3~3.0 mmol/L），白蛋白略低于参考范围，为 25.2 g/L（参考范围 26~35 g/L）。血液浓缩会使血清白蛋白浓度明显增加，真正的白蛋白值可能比 25.2 低。血清钙离子正常，

为 1.1 mmol/L（参考范围 1.1~1.5 mmol/L）。虽然血清淀粉酶和脂肪酶位于参考范围内，仍送交样本进行犬特异性脂肪酶检查。约 2 周后得到检查结果，为 271 μg/L（参考范围 0~200 μg/L），表示有轻度至中度的胰脏疾病。凝血时间和凝血酶原时间都位于参考值范围内。

尿检无异常，除了尿液比重为 1.011 外，就脱水而言此尿比重偏低。很可能受皮质类固醇的影响，但也可能因肾脏疾病若其他疾病而影响尿液浓缩能力。尿液细菌培养结果为阴性。

库氏检验（Coombs test）

进行库氏试验，结果为阴性，从而可能排除免疫媒介性溶血的可能，但使用类固醇类药物也可能会导致假阴性结果。胆红素增加可能是溶血或肝脏疾病造成的。虽然病犬没有出现溶血时会发生的血红素尿，但仍有溶血的可能性存在。

粪检

粪检检查寄生虫及肠道病原菌，结果均为阴性。给予病犬 3 d 乡村起司（Cottage cheese）和米饭后，粪便潜血试验的结果为阳性，表明有胃肠道出血或吞入血液的可能，由于病犬无鼻或口咽部的出血，因此最有可能为胃肠道出血。

本病犬的粪便潜血检测呈阳性结果的鉴别诊断包括如下。

●凝血功能疾病。虽然病犬的凝血功能检查和血小板数量正常，但可能有血小板异常的可能

●胃肠道溃疡。可能因药物（尤其是使用非类固醇消炎药物或皮质类固醇类药物）、炎症、肿瘤（如淋巴瘤或腺癌）、尖锐异物、

胃肠道缺血及血管异常引起

● 胃肠道寄生虫也可能导致胃肠道出血，虽然粪检寄生虫的结果为阴性，但仍口服给予芬苯达唑进行治疗，为期 3 d

影像学检查

腹部超声波检查显示：肝脏肿大，呈高回音、均质性；胰脏右叶变大；腹腔有可自由流动的液体（图 34.1 和图 34.2）。两侧肾上腺均缩小（图 34.3）。胃蠕动缓慢，并进行肝脏 Tru-Cut 针活检。

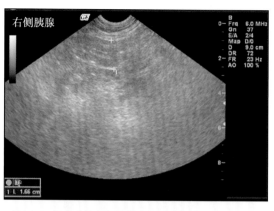

图 34.2　超声波检查发现胰脏右叶肿大

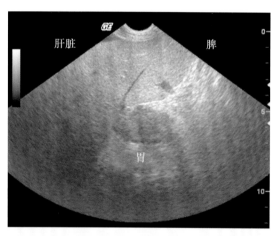

图 34.1　肝脏和脾脏超声波检查，肝脏呈现斑点样高回声外观

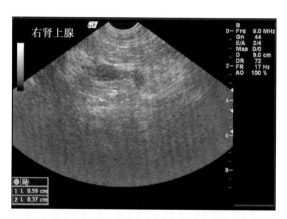

图 34.3　左侧肾上腺超声检查显示肾上腺非常小（右侧肾上腺亦然）

表 34.1　临床小提示：腹水类型判定

	比重	有核细胞数（个/μL）	蛋白质（g）	主要细胞类型	主要成因
漏出液	<1.017	<1 000	<2.5	间皮细胞巨噬细胞；嗜中性粒细胞可达 60%	低蛋白血症；门脉高压
修饰性漏出液		<5 000	>2.5	间皮细胞巨噬细胞；嗜中性粒细胞可达 60%	门脉高压（肝前性、肝中或肝后性）；心衰竭
渗出液	>1.017	<5 000	>2.5	间皮细胞巨噬细胞；嗜中性粒细胞 >60%	多种，如腹膜炎、创作、肿瘤、乳糜性积液、血液

腹水和肝活检结果分析

腹水的比重为 1.015，蛋白质的含量较低，为 2.4 g/L，含有一定量的细胞，为 6.1×10^9/L。其中，以嗜中性粒细胞为最多，可占到细胞总数的 80%，其余的 20% 为巨噬细胞，并有少量的淋巴细胞和间质细胞。嗜中性粒细胞过度分布。因细胞结构的关联性差且蛋白质含量低，故难以将此腹水样本进行明确分类。腹水细菌培养结果为阴性。

肝脏活检结果显示，中间区至门静脉周围的肝细胞严重弥漫性肿胀且空泡化，与皮质类固醇肝病相符。

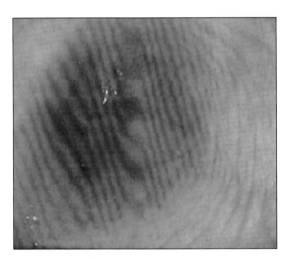

图 34.4　内窥镜检查食道有炎症，可见胃食道括约肌交界处远端的食道泛红

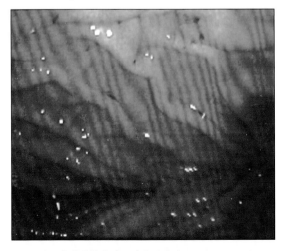

图 34.5　内窥镜检查贲门有点状溃疡

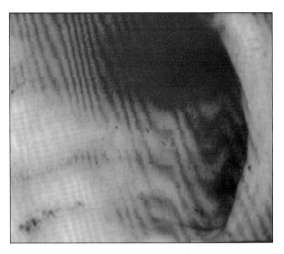

图 34.6　内窥镜检查回肠呈线性溃疡表现

胃肠道内窥镜检查

内窥镜检查发现食道下部发炎，且胃、十二指肠和回肠有多处溃疡。在胃、十二指肠、回肠和结肠进行夹取式组织病理学活检，均可见发炎症状。

内科治疗方案

本病例的治疗包括两个方面：食道炎和胃出血，以及肝脏疾病。

食道炎和胃出血用雷尼替定进行治疗，每 12 h 口服 2 mg/kg，以抗酸及促进胃肠道蠕动。同时口服硫酸铝，每 8 h 3 mL，以使其与溃疡面结合，促进前列腺素分泌。同时每 12 h 口服短效，因消化道出血可能造成肠道细菌移位。

监测血小板数量，直到稳定后约 1 个月，降低口服用量，用量降到时，隔日给药，使病犬可以休息 1 天，以减少药物的影响且通常可明显减少副作用。治疗肝脏疾病以每 24 h 口服 ursodcoxycholic acid 10 mg/kg，以及口服 S–腺苷甲硫胺酸和维生素 E（HepatosylTM）1 天 2 次，1 次 3 粒胶囊，这些对肝脏细胞有一定的保护作用。

临床小提示：皮质类固醇

虽然皮质类固醇可以治疗许多疾病，但也可影响和混淆检验结果的判断（如肝指数、血清胆汁酸浓度、库氏检测、血清甲状腺素、尿比重），并会造成许多副作用，如多尿 / 多饮（PU/PD）、肌肉萎缩、呕吐和胃肠道溃疡。

临床小提示：胃肠的组织病理学检查与肉眼外观

胃肠的组织病理学检查常与内窥镜检查外观的结果不同，因为这两种检查方法分别检查疾病的不同方面，所以需要结合这两种技术所提供的结果综合判断。

临床小提示：血小板减少症

许多患免疫媒介性血小板减少症的病犬，其血小板数量达不到参考值范围。应监控停药后的血小板数量是否持续下降，根据情况可能需要进行诊断和治疗。治疗的目标为预防血小板减少症所出现的临床症状，而非使血小板数量回到参考值范围内。

追踪

病犬恢复良好，PCV 上升到 0.33 L/L，酶在六周内下降约一半。畜主表示病犬的精神、肌肉量、多尿 / 多饮和皮毛状况都获得改善。

讨论

药物为造成犬胃肠道溃疡的重要原因。虽然对是否所有的皮质类固醇皆会造成严重溃疡仍有争议，但大多数临床医师均认为，高剂量的地塞米松很可能造成严重的胃侵蚀。波尼松龙一般而言本身不会造成严重胃溃疡，除非长期投予高剂量 [如 >1~2 mg/（kg·d）]。然而，有些病犬对波尼松龙特别敏感。许多医师认为大型犬的风险较高。任何患贫血、黑便和血清尿素上升的病犬，应检查是否有消化道出血，尤其是正在使用皮质类固醇治疗的病患。

预后

犬患胃肠道溃疡和预后取决于溃疡的严重程度。某些病例可能迅速发展为穿孔性溃疡，可引起致命的腹膜炎。在停止使用刺激性药物后症状会有所缓解。任何使用皮质类固醇或非类固醇消炎药物治疗的病患，一旦出现胃肠道症状、黏膜苍白或 PCV 下降，就及时予以处理。

部分 **5**

结肠与结肠疾病

35 结肠与结肠疾病概述

大肠由盲肠、结肠、直肠和肛门组成（图35.1）。结肠的主要作用包括吸收水和电解质。结肠细菌能够将可发酵的纤维降解成短链脂肪酸－乙酸、丁酸和丙酸，丁酸是大肠细胞重要能量来源。

当水或电解质的吸收受到干扰，肠蠕动异常或由于胰腺、肝脏或小肠疾病导致肠腔内出现异常内容物时，便发生结肠性腹泻。

结肠疾病包括如下。

- 腹泻
- 便秘和巨结肠
- 肿瘤
- 直肠疾病；肿瘤，狭窄，异物
- 结肠血管发育不良
- 盲肠炎——少见

大肠性腹泻的原因包括如下。
- 炎性疾病
- 急性非特异性结肠炎
- 慢性结肠炎、非特异性结肠炎、炎性肠道疾病
- 感染性结肠炎（与小肠疾病相同的细菌）
- 寄生虫，如鞭虫、球虫
- 梗阻性疾病
- 肠腔内梗阻，如肿瘤、便秘、异物、肠套叠、狭窄
- 肠腔外梗阻（疝、肿物、粘连）
- 缺血性疾病——梗阻、肠套叠

- 肿瘤
- 腺癌
- 淋巴肉瘤
- 良性息肉
- 非炎性疾病
- 肠道蠕动障碍、如肠道过敏综合征（irritable bowel syndrome，IBS）
- 先天性畸形
- 全身性疾病
- 毒血症（如子宫蓄脓、腹膜炎）
- 尿毒症
- 胰腺炎
- 食物性原因
- 食物中毒
- 食物不耐受或者过敏
- 异物（骨头、毛发、塑料）
- 继发于小肠性腹泻的营养不吸收

大肠疾病的临床症状包括如下。
- 慢性或急性腹泻
- 里急后重
- 排便困难
- 血便
- 黏液性产物
- 腹痛
- 间歇性呕吐（20%的病例）

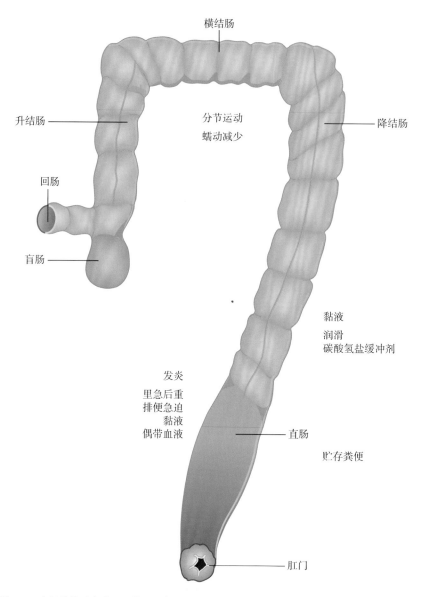

图 35.1 大肠的结肠由盲肠、结肠、直肠和肛门组成

大肠疾病调查

与小肠性腹泻相同（116 页），需要获取基本的临床信息，尤其是粪便检查，有助于慢性病例的诊断。对于猫病例，应使用生理盐水获取新鲜粪便，用于显微镜和 PCR 检测，检测胎儿滴虫（tritrichomonas foetus）。

影像学检查

X 线片和超声检查有助于诊断巨结肠、异物、肠壁增厚或局灶性肿物、肠系膜淋巴结病变（通常为非特异性发现）和肠套叠。电脑断层扫描也有助于对局部或整个肠壁增厚进行定位和评估。

结肠镜与活组织检查

结肠镜可用于对结肠黏膜进行检查（如果准备充分）（图 35.2），和观察肠腔内肿物、黏膜质地和颜色。黏膜下血管也应清晰可见，如果不可见，提示黏膜增厚。在某些病例中可见大面积或局灶性出血。

活组织检查有助于确诊是否存在炎性反应或者肿瘤细胞。通常在大肠性腹泻的结肠活组织检查中，可见到少量/无炎性反应。这些病例与人的 IBS 相同。

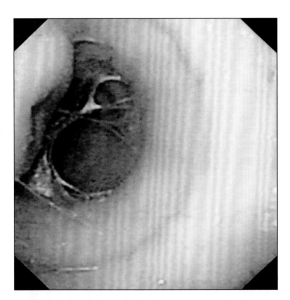

图 35.2　结肠内窥镜可见结肠黏膜

肠道过敏综合征

肠道过敏综合征（IBS）认为与潜在的蠕动机能障碍有关，且患病动物对结肠 – 直肠疼痛的敏感性可能增加。患病动物的腹泻或便秘，通常为间歇性出现，并可能存在呕吐、腹痛、腹鸣和胀气。在结肠镜或结肠黏膜的组织病理学检查中并未发现病理性损伤。可能与应激有关，有时可发现于工作犬中。IBS 并无确诊的诊断方法，只能在排除其他疾病以后作出诊断。

在某些病例中，可以通过增加可溶性纤维食物的食疗方法来治疗。也可尝试使用改变肠道蠕动的药物来治疗，如洛哌丁胺（loperamide）、解痉灵（buscopan）和美贝维林（Mebeverine）。

便秘

便秘是指排便次数少或排便困难。便秘可以是急性也可以是慢性。但是，并未发生功能永久性丧失，而顽固性便秘是指对药物治疗无效的便秘。

巨结肠症通常在顽固性便秘的临床检查中发现，结肠内存在坚硬的粪便，且不再向后移动称为结肠积粪（colonic impaction）。可能与顽固性便秘、便秘或巨结肠有关，但并未意味着功能的丧失。

临床症状可能包括里急后重、排便困难、排便量少且次数增多。粪便表面可能会出现血液。

便秘的病因很多，不仅仅局限于结肠疾病。因此，对患便秘的动物进行全面的临床检查非常重要。

便秘的病因包括如下。
- 食入了难消化的物质，如骨头、毛发、猫砂、植物纤维
- 缺乏运动，如肥胖、骨科疾病、住院
- 排便疼痛。如骨科疾病、肛周疾病
- 机械性阻塞
- 结肠直肠肿物
- 先天性肛门直肠病变
- 骨盆骨折愈合后造成狭窄
- 骨盆内肿物
- 会阴疝
- 前列腺肥大
- 假性便秘（pseudocoprostasis）
- 直肠憩室
- 狭窄

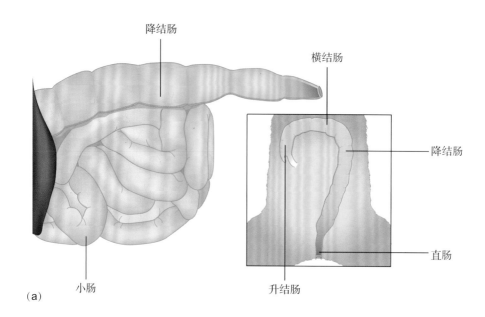

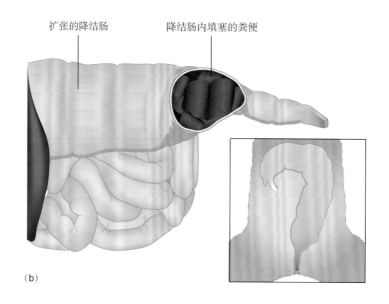

图 35.3　（a）正常结肠；（b）巨结肠症

- 神经性疾病
- 自律性神经失调
- 自发性巨结肠症（患顽固性腹泻猫最常见的原因）
- 截瘫
- 骶脊髓畸形（如某些曼岛猫）
- 其他，如脱水、药物、低钾血症、甲状腺机能低下、甲状旁腺机能低下

直肠积粪的治疗包括灌肠、口服泻药、矿物油，如有必要，全身麻醉后人工清除粪便。大部分的病例在接受其他治疗手段之前需要输液。

由于可能复发预后需要谨慎，尤其是潜在疾病尚未解决的情况。便秘得不到解决时可导致巨结肠症的发生。

巨结肠症

巨结肠症可分为先天性和获得性（图35.3）。获得性扩张性巨结肠症通常是自发性结肠功能障碍的晚期。患有自发性扩张性巨结肠的猫通常其肠道平滑肌功能存在异常。

肥大性巨结肠症通常是由于骨盆骨折和狭窄、肿瘤或慢性异物导致的梗阻所致。犬猫的自律性神经失调也是获得性便秘的病因，可以导致巨结肠的发生。

一般认为先天性病例是由于肠肌层神经丛发育不良所致。

患病动物可能出现排便减少、无排便、排便疼痛或排除硬粪便等症状。可能存在脱水。X 线片检查通常可见结肠增大，整段结肠均扩张。骨盆骨折愈合不良或者其他梗阻可发生肥大性巨结肠。根据病史、临床检查和 X 线片可以作出诊断。

对于患有巨结肠症的患病动物，可以通过 5 个方面来治疗：补充全身的水分，去除积粪，提高食物的纤维含量（疾病的早期）以增加粪便的体积并刺激肠道的蠕动，使用泻药和结肠促动力药，如西沙必利（cisapride）、普卢卡必利（prucalopride）和替加色罗（tegaserod）。

结肠肿瘤

大肠中最常见的肿瘤包括淋巴肉瘤、腺癌和直肠腺瘤性息肉。

根据直肠检查、影像学（钡餐灌肠造影或 CT 扫描、近结肠段的超声检查）和结肠镜、活组织病理学检查可作出诊断。

根据肿瘤的类型采取不同的治疗手段。如果腺癌属于局灶性，且手术可以切除，则可通过手术的方法进行切除。可采用吡罗昔康（piroxicam）通过直肠栓或口服的方式，或者非甾体类固醇药物可以减少腺癌和腺瘤的临床症状。

直肠疾病

直肠狭窄

直肠狭窄在犬常见而猫少见。病因通常难以界定，但可由于之前发生创伤或者与肿瘤相关。

患病动物可出现血便和排便困难。并可能为了避免排便时的疼痛而造成便秘。

直肠检查时通常可以触诊到直肠狭窄，如有肿瘤存在，则可感觉到直肠黏膜表面粗糙或梗阻。因此，有必要采用内窥镜与活组织的病理学检查对肿瘤进行排除。

治疗包括手术切除（如有可能）。对于不宜手术切除的病例可考虑用扩张（stretching）直肠的方式进行治疗。

36 猫便秘与巨结肠症

基本资料与主诉

基本资料：8 岁，雌性绝育的德文雷克斯猫，体重 2.5 kg。

主诉：最初表现里急后重、血便和腹部膨胀。

病史

该猫来就诊时的病情为里急后重、血便且腹部膨胀，同时有厌食和嗜睡。4 年前动物主人开始饲养时，开始出现间歇性便秘，排便困难，粪便坚硬偶尔覆盖有鲜血或黏液。最初每年发生 2~3 次，但 6 个月前每月均发生。在这期间，猫会排便出猫砂盆外，且看起来腹部膨胀。对症治疗给予泻药后 1~2 d，情况会有所好转。

偶尔会有少量的腹泻（每年 1~2 次）。就诊时已经 4 d 未见排便，2 d 食欲不良。

该猫为 4 年前从收容所领回，与一只没有任何血缘关系的德文雷克斯猫生活于室内。每 6 个月接种猫疱疹病毒–1、杯状病毒和猫瘟病毒，同时用吡喹酮（Praziquantel）和噻嘧啶（pyrantel）驱虫。主食是猫罐头。

该猫之前可能用于繁殖育种，2 年前因肠套叠做了一次手术。

理学检查

该猫体型稍瘦（体型评分为 3/9），且腹部膨胀（图 36.1）。临床检查中并未发现脱水，黏膜颜色粉红，毛细血管再充盈时间为 2 s。胸部听诊发现存在 1~2/3 级的收缩期杂音，杂音最强点位于左侧胸骨边缘。

未检查到脉搏缺失或者节律不齐。呼吸频率稍快，30 次 /min，可能与应激有关，未检查出异常的肺音。腹部触诊发现结肠增大，填充有大量粪便，且膀胱中度膨胀。

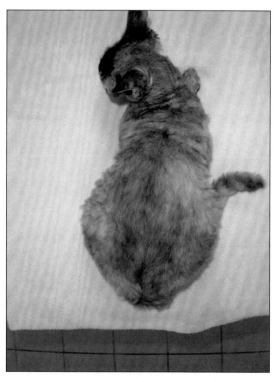

图 36.1　背侧可见猫的腹部膨胀

问题与讨论

根据病史与临床检查结果，认为该猫的主要问题是便秘。

病例的检查与处置

神经学检查未发现异常。直肠检查未发现疝、肛门腺疾病、狭窄或异物。直肠中存在少量干硬粪便。

临床病理学检查

常规血液学检查提示中性粒细胞中度升高 [26.2×10^9/L，参考值（$2.5 \sim 12.8$）$\times 10^9$/L]。这可能属于非特异性炎症反应的表现。血清生化指标均在正常范围之内。

影像学检查

腹部 X 线片检查发现：横结肠与降结肠有积粪（图 36.2）。此外，腰荐交接处腹侧脊柱出现病变。采用两种体位对骨盆腔的狭窄情况进行全面评估。

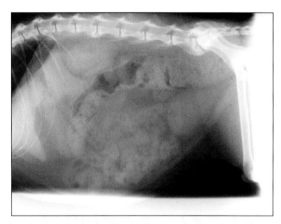

图 36.2　腹部侧位 X 线片可见横结肠与降结肠内填充满了粪便

有利于诊断的其他检查包括尿液分析以评估脱水情况，如怀疑腔内或腔外肿物，可进行超声波检查；如果怀疑腔内狭窄性损伤疾病，可通过钡餐造影进行检查。如神经学检查存在异常，则可通过 MRI 进一步评估。

诊断

诊断为结肠积粪。由于不确定该情况对药物治疗的反应，暂时不能诊断为顽固性便秘。初步治疗为将猫麻醉后用温水灌肠，并人工清除积粪。

口服乳果糖，初始剂量为每 8h 口服 0.5mL，随后每 12 h 口服西沙必利（cisapride）1.5 mg/kg，建议主人给予少渣饮食（low residue diet）。临床症状初步改善，但排便次数仍然少，每两天排 1 次。

追踪

在随后的 18 个月中，该猫对乳果糖和西沙必利的剂量需求增加，偶尔用 sodium alkylsulphoacetate 进行了 3 次微灌肠。经过 4 d 未排便后就诊。此外，有一次出现了食欲不振和嗜睡。进一步的 X 线片检查发现，结肠内存在大量积粪（图 36.3），且对自发性巨结肠症的治疗不再有效。

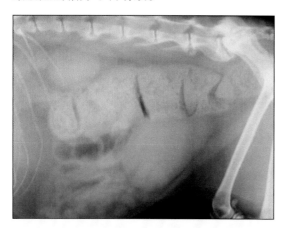

图 36.3　复诊时腹部侧位 X 线片可见扩张的结肠

治疗方案

根据便秘的根本原因和严重程度，采取最适当的治疗方式包括如下。

- 确保患病动物不脱水，如有电解质失衡则给予纠正
- 清除粪便（灌肠）
- 改变饮食和使用粪便膨胀剂（bulking agents）
- 泻药
- 促动力剂（prokinetics）
- 手术

清除粪便

为避免对结肠进行操作时可能引发的呕吐，在猫麻醉后进行气管插管。配合使用手指清除粪便和灌肠。手指清除粪便时需要轻柔、并使用润滑剂。尽管有多种灌肠剂可以选择，对该猫使用温水灌肠。

- 温水或生理盐水（5~10 mL/kg）
- 矿物油，如液体石蜡（猫 5~10 mL）
- 乳果糖（猫 5~10 mL）
- 枸橼酸钠加上碱性磷酸钠
- 二辛酯硫酸钠（dioctyl sodium sulphate）

临床小提示：猫的灌肠

灌肠时应该缓慢，过快可导致呕吐。此外，灌肠过快不利于软化粪便，并容易导致结肠穿孔。含有磷酸钠的灌肠剂不应给猫使用，否则可引起致命的高磷血症以及低钙血症。由于二辛酯硫酸钠可以促进矿物油的吸收，因此两者不应同时使用。

饮食改变

饮食改变主要包括增加食物中纤维含量，或少渣饮食。膨胀剂主要含有不易消化的纤维素和多脂体（不可溶性纤维）。不可溶性纤维可将水分吸收到结肠中，并刺激结肠的蠕动，从而促进排便。可以使用含纤维含量多的食物或将膨胀剂，如苹婆属（sterculia）加入食物中。在使用膨胀剂之前应该给予猫足够的饮水，且该方法仅适用于轻微的病例。对于巨结肠症猫，禁忌增加食物纤维，因为纤维不能诱导结肠的蠕动，并导致顽固性便秘。此时更适合给予容易消化 / 少渣食物以减少粪便的量。

泻药

软化性泻药

软化剂属于一种洗涤剂，能够增加脂肪（油）与水的混合。由此增加脂肪在结肠中的吸收而降低水分的吸收，从而起到软化粪便之目的。

● 多库酯钠（docusate）加二羟蒽醌（dantron）

口服软化剂泻药的临床经验有限，因此疗效尚未得到证实。人医已有报道该药具有肝毒性和致癌性，因此仅用于疾病晚期的治疗。应避免长期使用。

润滑性泻药

润滑性泻药可以减少水分的吸收并促进排便。疗效温和，但对于轻微便秘有帮助。

● 白石蜡

● 液体石蜡（猫 5~10 mL）

口服液体石蜡时需要谨慎避免吸入肺内。长期使用矿物油可以导致脂溶性维生素的吸收减少。

高渗性泻药

高渗性泻药主要包括糖、镁盐和聚乙二醇，由于这些泻药属于高浓缩状态，能够将水分渗透到结肠中。最常用的是乳果糖（每8~12 h 按照每千克口服 0.5 mL），在结肠中可以发酵产生有机酸。有机酸能够刺激液体分泌到结肠中。镁盐在猫的耐受性不如人好，因此对于患有肾衰的猫不能使用（可以使镁的分泌受损）。聚乙二醇在人医中常用，然而由于该药需要配合大量饮水，而不方便用于猫。另外，聚乙二醇禁用于机械性或功能性肠梗阻的病例中（即猫巨结肠症的大部分病例），且使用聚乙二醇也有导致肾衰的风险，因此笔者不建议使用该药。

临床小提示：猫便秘

患有便秘猫的主人偶尔会发现猫出现腹泻而非便秘。粪便在结肠内结块，刺激黏膜导致液体能够通过积粪而发生腹泻。

刺激性泻药

刺激性泻药可以引起水分从结肠的细胞中外渗，并刺激神经引起平滑肌的收缩。长期使用时由于平滑肌收缩而损伤神经，因此不建议每天使用。

● 蕃泻叶

● 蓖麻油

● 双醋苯啶，每 24 h 口服 5 mg

促动力剂

促动力剂可以改善肠道的收缩，从而将食糜从胃推入直肠。肠道中不同区域有不同的受体，因此某些促动力药在胃内的效果强于结肠。西沙必利属于苯甲酰胺类促动力药，由于与位于结肠内的 5HT4 受体结合，而其在猫的结肠内效果甚佳。由于该药在英国没有，需要经过特殊途径以后才能进口。此类药物的新药包括伦扎必利（renzapride）、普卡必利（prucalopride）、莫沙比利（mosapride），以及非苯甲酰胺类药物替加色罗（tegaserod）。替加色罗在美国可以合法使用，但由于对心脏的副作用而撤销，因此在兽药市场中也不可能获得此药。

H_2 颉颃剂雷尼替丁和尼扎替丁有一定的促动力作用，但其效果不如西沙必利。它们通过对乙酰胆碱酯酶的抑制而发挥作用，可以导致乙酰胆碱在神经肌肉结合处蓄积，可增加运动能力。其药效在体外已经得到证明，但体内效果未得到证明，与 H_2 颉颃剂相关的西米替丁和法莫替丁没有类似的作用。

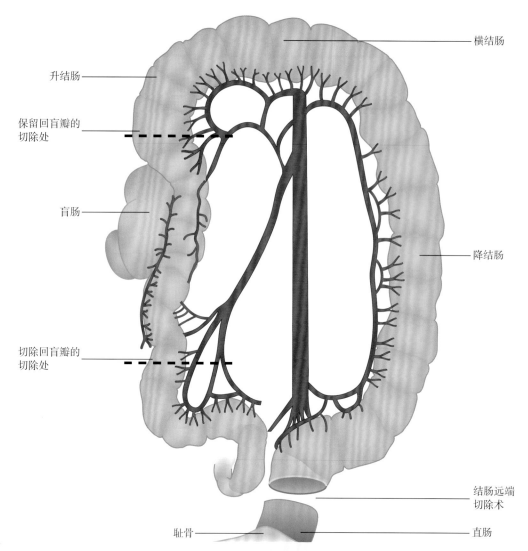

升结肠

保留回盲瓣的
切除处

盲肠

切除回盲瓣的
切除处

横结肠

降结肠

结肠远端
切除术

耻骨　　　　　　　　　　　直肠

图 36.4　结肠切除位置图解

- 西沙必利，0.1~1.0 mg/kg PO， q8~12h
- 雷尼替丁，1.0~2.0 mg/kg PO， q8~12h
- 尼扎替丁，2.5~5.0 mg/kg PO， q24h
手术

　　尽管药物治疗对轻微便秘的病例有效果，但对于顽固性便秘而言，通常需要采用手术的方法将扩张和非功能性结肠段切除。本方法称为次全结肠切除术（subtotal colectomy），保留或切除回–盲–结肠瓣皆可（图 36.4）。表中列出了各种手术方式的优缺点。

追访

　　诊断为自发性巨结肠症且对药物治疗无效后，对猫实施了次全结肠切除术。组织病理学检查结果与自发性巨结肠的诊断结果相一致。术后猫的精神状态和食欲得到改善，但排出腹泻样粪便。该猫术后已经存活了 6 年，现在主要以极易消化的食物为主。

表　次全结肠切除术的优缺点		
手术名称	优　　点	缺　　点
回–结瓣保留手术	减少结肠内细菌逆行进入小肠引起腹泻的风险	结肠段未切除时，便秘可以复发。大肠修复部分可产生较大的张力
回–结瓣切除手术	大部分结肠被切除，便秘复发的可能性更少。有些外科医生认为该法更容易进行，因为在该区域大肠两端吻合时张力更小	由于结肠中细菌移行进入小肠，发生腹泻的风险较高
两者切除手术	绝大部分的病例永久性消除了便秘的问题，该法能够改善猫的生活质量，无需长期用药	手术： 麻醉风险 伤口感染，伤口裂开 失血 腹膜炎 术后： 便秘复发 腹泻 排便频率增加

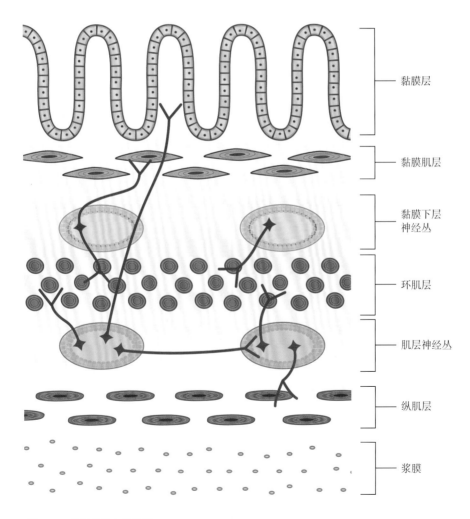

图 36.5　结肠壁肌肉层图解

黏膜层

黏膜肌层

黏膜下层
神经丛

环肌层

肌层神经丛

纵肌层

浆膜

病理生理学

　　结肠有两个主要的功能：吸收水分和电解质，并储存粪便。结肠壁有两类平滑肌组成，管腔内由环形肌组成，浆膜由纵形肌组成。肌肉层接受内在神经（intrinsic nerves）的刺激，这些内在神经位于黏膜下层和肠肌神经丛中的神经细胞（图 36.5）。这些神经引起"慢波"收缩，大约 5 次/min。收缩由位于横结肠和降结肠之间的"起搏器"发起。慢波收缩对食糜起到混合作用。当结肠由于内有食糜而开始膨胀扩张和收缩（分节运动和蠕动），从而促进食糜向直肠方向移动。在这里，通过来自骨盆的外神经和阴部神经控制排便（图 36.6）。外神经对分节运动也有控制作用，由副交感神经控制分节运动，交感神经 – 肾上腺素抑制分节运动。

　　巨结肠症的病因尚未清楚。易发年龄为中年到老年猫，病史为进行性恶化的便秘。可能的机制包括结肠后段的支配神经异常（内神经或外神经），神经肌肉结合处或平滑肌异常。在组织病理学中未发现结构性异常的情况，但发现平滑肌的收缩能力发生改变。尚未清除收缩力的改变是否是巨结肠症的病因，或者是仅仅造成肌肉收缩延长。

　　巨结肠症有两种类型 – 扩张型和肥大型。自发性巨结肠症属于扩张型巨结肠症，功能永久性丧失。由于梗阻引起的结肠扩张时（如骨盆骨折），便可发生肥大型巨结肠症，但是梗阻得到及时（<6 个月）处理后，巨结肠症可自行消失。如果潜在的病因没有得到及时解决，肥大型巨结肠症便可演变成不可逆的扩张型巨结肠症。

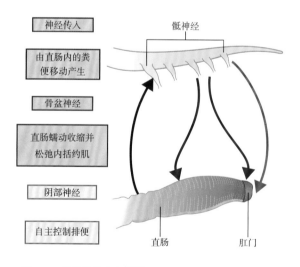

图 36.6　结肠神经支配图解

流行病学

便秘可发生于猫的任何年龄、任何品种和性别中。据文献报道，中年雄性猫更容易发生此病（雄性 70%，雌性 30%）。家养短毛猫的发病率为 46%，家养长毛猫的发病率为 14%，暹罗猫为 11%，但上述的发病率并未考虑品种的易感性是否属于过度代表（暹罗猫）或低度代表（DSH）。此外，文献报道主要集中于顽固性便秘或者巨结肠症病例中，因此猫便秘真正的发病率尚未清楚。

预后

对于简单便秘或者潜在病因能够解除的病例，预后通常良好。便秘复发的病例中，大部分出现不同程度的结肠蠕动不足，并随后发展成巨结肠症。尽管最初的药物治疗有效果，但病情仍可能会恶化，因此，需要告知动物主人，猫可能复发并对药物治疗无效，需要通过手术的方法对结肠进行切除。有些病例由于主人不愿意进行手术，或者术后猫出现顽固性腹泻或复发巨结肠症，而不得不提早对猫实施安乐死。

37 幼猫滴虫感染

基本资料与主诉

基本资料：两只同窝暹罗幼猫，6月龄，雄性未绝育，体重分别为3.18 kg和3.4 kg。

主诉：最初表现大量水样腹泻。

病史

两个月之前从育种者那里带回，此后便开始出现腹泻。腹泻物为水样，量大，且含有黏液。排便常常很急且频率高。

两只猫平日以优质商品幼猫粮为主，且食欲良好，未见有任何呕吐表现。已经完全接种疫苗且用芬苯达唑进行过驱虫。主要饲养于室内，偶尔到花园里玩耍。

理学检查

两只猫的精神状态良好，体况良好（体型评分为5/9）。黏膜粉红且湿润，微血管再充血时间少于2 s。两只猫的胸腔听诊与压诊均正常。腹部触诊无明显异常，仅在结肠段有液体充盈感。在一只猫的肛周发现有炎症反应。两只猫的直肠温度、心率和呼吸频率均在正常范围之内，脉搏良好。

问题与讨论

- 大肠性腹泻

鉴别诊断

对两只幼猫慢性大肠腹泻的鉴别诊断

- 炎性疾病
- 慢性肠炎
- 炎性肠道疾病
- 感染性肠炎，如沙门氏菌，弯曲杆菌、产气荚膜梭菌
- 寄生虫，如胎儿滴虫、鞭毛虫、隐孢子虫、弓形虫
- 饮食
- 食物中毒
- 食物不耐受或者过敏
- 中毒，包括植物中毒
- 先天性急性
- 小肠吸收不良和促分泌素的生成，如游离胆汁酸和羟化脂肪酸
- 其他原因，如梗阻、局部缺血或肿瘤，不太可能同时发生在两只幼猫身上。因此感染性或者环境因素（饮食、毒素）是造成腹泻最可能的病因

病例的检查与处置

临床病理学检查

　　进行了血常规和血清生化检查，结果未见有明显异常。胰蛋白酶样免疫反应（TLI）、钴胺素、叶酸均在参考值范围之内。与假定大肠性腹泻的诊断相符。FeLV 和 FIV 的筛选性诊断均为阴性。两只猫的常规尿液分析未见异常。

影像学

　　腹部超声检查提示大肠的肠系膜淋巴结轻度增大，但未见其他异常。肠壁层次感及厚度均在正常范围之内。

粪便检查

　　粪便漂浮检查法（进行了 3 次化验）并未发现寄生虫卵，粪便培养中肠道病原体呈阴性。硫酸锌离心浮集法检测鞭毛虫与隐孢子虫结果均为阴性。

　　用棉签插入两只猫的肛门内采到新鲜粪便，用等量生理盐水稀释后在显微镜地下进行检查。发现有大量可移动的纺锤形滋养体（图 37.1），带有鞭毛且呈不规则运动。此为典型的胎儿滴虫。为了对此进行确诊，将两只猫的粪便利用 PCR 检测，结果均为阳性。

治疗与追踪

　　给两只猫分别每 12 h 按照 30 mg/kg 口服洛硝哒唑（ronidazole），连续口服 14 d。两只猫对治疗效果反应良好。腹泻完全消失且未发现有任何的副作用。

讨论与流行病学分析

　　胎儿滴虫属于鞭毛原虫性寄生虫，可以

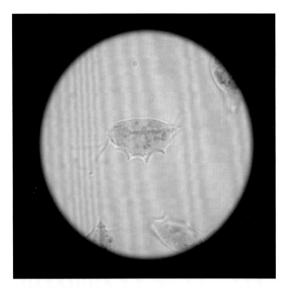

图 37.1　显微镜下的滴虫

引起感染猫的大肠性腹泻。临床症状因猫而异，但通常包括排便次数增多，粪便软或者液体状腹泻，腥臭，且含有黏液和血液，胀气。由于严重腹泻，肛门可出现炎症反应，其中有一只猫即有此情况。患病猫通常健康状况良好，且不会出现明显的体重下降。

　　原虫引起的腹泻似乎在年轻猫（小于 1 岁）、家里养有多只猫且有纯种猫、收容所中的猫更容易发生。有文献报道暹罗猫和孟加拉猫感染的概率更高，且纯种猫也容易感染。遗传基因可使这些品种的猫容易感染，高密度的饲养也可以增加感染的风险。

　　猫排出的粪便中含有病原体，一般认为通过粪 – 口的方式感染。胎儿滴虫的分布目前尚未清楚。但有报道，美国、英国和德国，以及欧洲的其他国家、中国和南美均有发病。

　　新鲜的粪便用生理盐水稀释后在显微镜下可以看到典型运动的滋养体。如果粪便中带有黏液，检查时也应包括黏液，因为病原体有可能存在于这些黏液中。加上盖玻片后在 200 倍和 400 倍光镜下检查。

　　临床上大部分感染的猫都可以发现大量

的病原体。这些病原体有短的尾巴以及贯穿全身的波动膜。表现为不规则直线运动。对多个抹片和多个粪便样品进行检查有助于提高检出率。正如本病例中所介绍的那样，用棉签直接从直肠中采样也可用于病原体的检查。将棉签插入肛门内，在结肠黏膜表面旋转，然后取出棉签，用棉签在载玻片上涂抹，用生理盐水稀释后在显微镜下进行检查。胎儿滴虫需要与贾第虫进行鉴别诊断。贾第虫感染时数量显著减少。贾第虫具有两个核且有一个向内凹陷的腹吸盘，有时将其描述为"猴子脸"。贾第虫与胎儿滴虫的运动方式不同。如果猫最近接受了抗生素治疗，则粪便中胎儿滴虫的数量会下降，使得诊断更加困难。这样的病例中，需要采取更加敏感的诊断方法。

其有两种敏感性和特异性更高的诊断方法可供选择，其一是PCR（聚合酶链式反应），可以检测到病原体的基因水平，这是一种敏感度极高的方法。在美国，可以将样品寄到北卡州立大学兽医学院进行检测。详情见附录6。在英国的爱丁堡首都诊断中心（电话：0131-535 3145）可以进行PCR检测。关于胎儿滴虫的更多信息请查阅附录6。

治疗

洛硝哒唑（30~50 mg/kg）可以消除腹泻和感染（PCR为诊断基础）。然而，尽管少数的研究表明，洛硝哒唑对猫安全，但并不允许用于猫，因此，需要谨慎使用，且在征得主人同意并签字以后方可使用。已有报道洛硝哒唑具有神经毒性，包括躁动、面部震颤、颤抖、癫痫、共济失调和厌食。有两个病例报道，停药后症状消失。也有使用甲硝唑的报道，但疗效不佳。也有尝试使用替硝唑的报道，认为其发生神经毒性的风险低于洛硝哒唑。但是替硝唑可降低胎儿滴虫的检测与排出，疗效似乎不如洛硝哒唑。

预后

大部分感染猫的临床预后良好，尽管很多主人发现随后可复发并有短期腹泻。并不清楚复发是否与胎儿滴虫的排出有关。随着时间的推移，腹泻可以解决，且由于药物的副作用可能带来更大的问题，因此，并非所有的感染猫都需要洛硝哒唑治疗。给予简单、易消化的食物通常可以改善粪便的质地，并仅此足以控制某些猫的临床症状。

38 犬结肠直肠肿瘤

基本资料与主诉

基本信息：德国牧羊犬，2岁，雄性未绝育，体重29 kg。

主诉：最初表现为血便、腹泻，且排便时里急后重。

病史

该犬就诊前4个月开始出现腹泻。随后逐渐发展成血便、排便次数增加，且排便紧急。步行来就诊的路上持续不断地排便。排便时量少，软至液体状，且有大量血液。很少发生呕吐，主人告知在过去的4个月中，患犬体重减轻了7 kg。

目前的饮食为蛋白限制性干粮，没有其他零食或点心。该犬的疫苗以及记录完整，最近按照50 mg/kg的剂量用芬苯达唑驱虫，连续服用5 d。

由于髋关节发育不良，曾经服用过美洛昔康。1~2个月前停止服用，但腹泻或血便的临床症状并未缓解。除了髋关节发育不良之外无其他疾病，直到腹泻的发作。

理学检查

患犬的精神状态良好，对外周保持警惕（图38.1）。体型相当消瘦（体型评分为3/9），腰部肌肉消失（图38.2）。黏膜粉红且湿润，毛细血管再充盈时间<2 s，没有脱水表现。胸腔听诊未见有明显异常。心率为82次/min，且脉搏良好，呼吸频率为32次/分。外周淋巴结大小正常。由于血便原因，直肠

温度在镇痛（局部使用利诺卡因）后才能检测，检测到的温度为38.2℃。

腹部触诊中发现几个大的坚硬肿物。其中一个在后腹部特别显著，直径大小4~5 cm。这些肿物并未黏附在体壁上，而是有一定的游离性。腹部的腹侧发现有一管状肿物，推测认为可能是向腹侧移位的结肠，或者是增大的小肠。在腹部触诊过程中，患犬有不舒服的表现。

图38.1　病犬的精神良好且保持警戒

图 38.2　可看见病犬的肌肉流失

- 动脉瘤
- 梗塞
- 肿瘤
- 寄生虫（钩虫、鞭虫）
- 使用非甾体类固醇药物的使用（NSAID）

问题与讨论

患犬的主要问题是血便和里急后重，与大肠疾病相符。其排便的频率和紧迫性与结肠和/或直肠疾病相符，但是大肠疾病通常不会引起体重下降。

严重急性胰腺炎可以导致黑粪症和血便，但是该犬精神状态良好而发生急性胰腺炎的可能性不大。且给予了足量的芬苯达唑，存在肠道寄生虫的可能性也不大。尽管之前曾经使用过一段时间的美洛昔康，但是停药后临床症状并未改变。

其他问题是在腹部触诊过程中发现有肿物或者增厚的区域。最可能的原因是肿瘤、淋巴结增大或者肠套叠（多处）。

鉴别诊断

血便、腹泻和里急后重的鉴别诊断包括结肠和直肠。未发现有黑粪症和其他部位出血的迹象（如血尿、鼻衄）。通常需要对每一个问题进行鉴别诊断；就本病例而言，可能与每一个问题都有关联。鉴别诊断包括如下。

- 结肠炎
- 血管发育不良
- 肠套叠
- 异物

病例的检查与处置

临床病理学检查

血常规、血清生化与尿液分析的结果均发现明显异常。粪便寄生虫检查阴性，但是粪便培养中产气荚膜梭菌（clostridium perfringens）呈阳性。

影像学

腹部超声检查发现，腹中回肠淋巴结增大，且内部结构中有高度非均质和低回声影响。最大的淋巴结为 8 cm×4 cm×4 cm。接近胃大弯的肠系膜淋巴结明显增大 6 cm×4 cm，肝脏或胰腺十二指肠淋巴结也增大为 3 cm×2 cm。回肠淋巴结附近的结肠壁中发现有一个 1 cm 大小的低回声小结，往后几厘米处有一个更大的结，位于耻骨前沿。该肿物最小 6 cm 长，低回声，有黏液，层次感消失，且管腔边缘不规则（图 38.3）。

对胸腔进行的 X 线片检查以确定是否发生转移，肺区影像正常。

淋巴结细胞学检查

用细针抽吸回肠淋巴结中的细胞样品，进行细胞学检查。结果显示为淋巴肉瘤。

内窥镜

在结肠内窥镜中发现一个大的、不规则肿

物，位于结肠直肠结合处，距离肛门 2~3 cm 处（图 38.4）。直径约有 4 cm，填充了肠腔的 90% 空间。在肿物附近的结肠黏膜肿胀且不规则（图 38.5）。对该肿物及其周围结肠黏膜进行多处采样，采样部位一直深入到距离肛门 35 cm 处，在这里由于粪便的存在而不能继续向内进行检查。

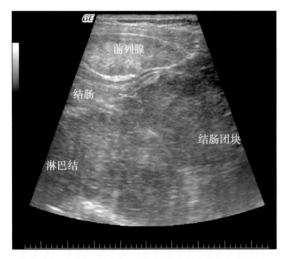

图 38.3　结肠团块的超声波影像（courtesy of Carolina del Junco）

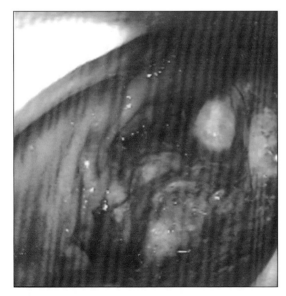

图 38.4　结肠直肠内窥镜中的肿物

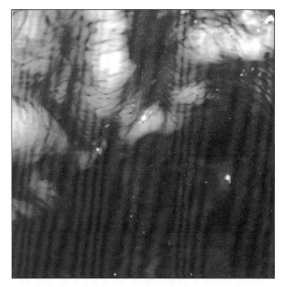

图 38.5　肿物附近的结肠黏膜内窥镜

组织病理学

对肿物组织病理学的描述为过度的坏死性炎性反应，结肠中肿物周围的黏膜组织病理学的描述为含有混合的炎性细胞群。肿瘤表面通常会有炎性反应，且黏膜活组织检查所采到的样品也就这些，因此，肿物可能是淋巴肉瘤或者并发炎性肠道疾病。通常全层活组织检查可以提供更多的信息。但是，由于该犬的淋巴结采样已经诊断为淋巴肉瘤，因此无需再对肠道肿物做进一步检查。因为不管肠道为何种疾病，都需要对淋巴肉瘤进行治疗。由于肠道淋巴肉瘤的有无对预后存在影响，因此作出更加准确的诊断需要进一步的论证。

治疗与追踪

由于已经证实在该犬的腹腔淋巴结中存在肿瘤，以及可能还存在于大肠中，因此，决定采取化疗的方法。最初仅使用泼尼松龙，剂量为 1 mg/kg，每天 2 次，连用 5 d。对肠道淋巴肉瘤采取更加积极的化疗有可能引起淋巴细胞溶解，从而导致肠道穿孔。

患犬对泼尼松龙的治疗效果反应良好，仅2d以后就可以明显感觉到肿物缩小。仍然有血便，但主观上认为有所好转。患犬仍需费力排便。第5天时，泼尼松龙降到1 mg/kg，每天1次。同时静脉给予长春新碱（vincristine）开始化疗，整个化疗使用了长春新碱、环磷酰胺、泼尼松龙和阿霉素（doxorubicin）（CHOP疗程）。

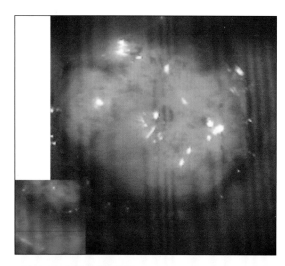

图38.6　结肠腺癌内窥镜

除了化疗之外，该犬还接受甲硝唑治疗产气荚膜梭菌，剂量为400 mg，每天口服2次，连续3周。开始该治疗1周后腹泻消失，且随着化疗的进行，血便在减少。

诊断出本病后1个月，患犬体重增加了1 kg。尽管在腹腔后部存在淋巴结病，但并未出现器官肥大症。在直肠检查中，已经感觉不到之前的肿物。患犬排软便但已经成形，且不再出现血便。体况得到了缓解。4个月后状态非常好，且体重增加了3 kg。

讨论与流行病学分析

犬的结肠、直肠肿瘤不常见。在该部位最常见的肿瘤是腺瘤或腺癌，外观通常比本病例中的肿瘤圆滑（图38.6），且通常只是局部生长，并不发生转移。腺瘤和腺癌是老年犬最为常见的肿瘤。如果不通过手术切除，通过给予NSAIDs可以改善由腺瘤和腺癌引起的临床症状，如吡罗昔康（piroxicam）通过直肠栓塞或者口服。

肠道淋巴肉瘤约占淋巴瘤的5%，在诊断上通常比肠系膜淋巴结的淋巴肉瘤难。该犬所出现的结肠、直肠淋巴肉瘤并没有最终确诊，虽然存在淋巴结肿瘤。这种情况可能是结肠直肠肿瘤的扩散或者该犬有两种疾病。有研究显示，胃肠道淋巴肉瘤的平均发病年龄为8岁，但3~13岁的年龄均可发病，因此，该犬患病的年龄相对年轻。在本研究中，30只犬有6只出现淋巴结肿大。

虽然有些研究表明雄性犬更容易患淋巴肉瘤，但是并没有性别倾向性。

该病例在进行化疗之前给予了泼尼松龙。大部分的肿瘤专家建议，不能使用糖皮质类固醇治疗怀疑有淋巴肉瘤的病例。如果尚未作出淋巴肉瘤的诊断便使用糖皮质类固醇，可能会掩盖诊断，这是因为糖皮质类固醇具有溶解淋巴细胞的特性。另一个原因是皮质类固醇有潜在的多种药物耐药性（multidrug resistance，MDR）产生。MDR是犬淋巴肉瘤化疗失败的常见原因。这是因为与一种跨膜的P-糖蛋白有关。该糖蛋白是某些化疗药物进入细胞内的通道，能够导致化疗药物被排出肿瘤细胞外。其他多重抗药性机制也已经发现，现在认为MDR同时具有抵抗不同结构化疗药物的作用，与MDR相关的蛋白称为MDR相关蛋白（MRP）。

很多化疗药物能够诱导 P 糖蛋白或者 MRP 的表达。然而，地塞米松能够诱导 P 糖蛋白的表达可能具有组织和种属特异性。因此仍然认为，在采取多种化疗药物进行化疗之前使用糖皮质类固醇，对化疗的成功具有一定的副作用，但该情况仍然不具有确定性。一项研究表明，之前给予糖皮质类固醇的犬病情缓解时间（134 d）明显短于没有给予糖皮质类固醇的犬（267 d）。然而在本病例中，最初超剂量的给予可能会导致过度的细胞溶解作用以及肠道破裂，因此，采用了循序渐进的给药方式。

预后

一项研究表明，患有胃肠道淋巴肉瘤的犬平均存活时间为 13 d；然而，患有结肠或直肠肿瘤的两只犬存活了 31 个和 84 个月。因此，整体来说，患肠道淋巴肉瘤的犬短期到中期的存活时间预后尚可，但长期存活的预后谨慎。

39 猫的结肠炎性疾病

基本资料与主诉

基本资料：11 岁雄性绝育家养短毛猫，体重 3.8 kg。

主诉：最初表现腹泻、食欲下降，体重减轻。

病史

该猫出现食欲下降和体重减轻已经有一个月的时间，伴随着粪便越来越软。排便频率越来越高，主人偶尔发现粪便中带有黏液和新鲜血液。粪便的质地类似于牛粪。即粪便软，但能够成形。有时候出现呕吐，主人说这种情况发生已经持续几年时间了。

该猫去年已经接种了疫苗，但是已经几年未进行驱虫了。以商品猫罐头为主，每天 2~3 次。在过去的一个月中，主人为了增加猫的食欲，曾经饲喂过火腿和金枪鱼罐头。

理学检查

临床检查发现猫精神状态良好，对外周反应警惕。体型偏瘦（体型评分 4/9），未见有脱水情况。黏膜粉红，毛细血管再充盈时间小于 2 s。口腔检查发现大部分牙齿已经脱落，其他未见明显异常。

胸部听诊发现心率为 200 次 /min，与脉搏相吻合。心音、肺音以及胸腔的叩诊和压诊未见异常。呼吸频率为 32 次 /min。腹部触诊未见异常，可能存在腹部淋巴结增大。直肠温度 38.3℃。其他的临床检查未见异常。

问题与讨论

- 腹泻
- 体重下降
- 食欲下降

腹泻的诊断方法通常开始于确定是否来源于大肠或小肠。根据临床症状中出现排便频率增加、且粪便中有鲜血和黏液，初步认为本病例的发病部位为大肠。但是，并不能排除并发小肠疾病的情况，尤其是体重下降这点。食欲与体重下降认为与腹泻有关。食欲下降的鉴别诊断包括动物不能进食和不愿进食两种情况；本病例中，猫仍然能够进食，因此认为食欲下降是由于疾病所致。

鉴别诊断

大肠性腹泻

- 炎症反应
  - 非特异性结肠炎
  - 慢性炎性结肠炎，如浆细胞性、淋巴细胞性、嗜酸粒细胞性、颗粒细胞性，化脓性
- 感染性因素
  - FIP
  - 猫白血病病毒（FeLV）

- 沙门氏菌
- 弯曲杆菌
- 产气荚膜梭菌
  - 寄生虫性
  - 鞭虫
  - 钩虫
  - 贾第虫
  - 胎儿滴虫
  - 弓形虫
- 食物因素
  - 食物敏感（过敏或不耐受）
  - 纤维反应性腹泻
- 肿瘤因素，如淋巴肉瘤，腺癌，其他
- 全身性疾病
- 尿毒症
  - 中毒
  - 胰腺疾病
- 促分泌素，如游离性胆汁酸、继发于小肠疾病的羟化脂肪酸

小肠性腹泻

- 食物因素
  - 食物过敏
  - 食物中毒
  - 突然更换食物
- 小肠疾病
  - 炎性肠道疾病，如浆细胞性、淋巴细胞性、嗜酸性粒细胞性，其他
  - 感染性（病毒、细菌性肠毒素、真菌性疾病，虽然英国的小肠真菌性疾病不可能）
  - 寄生虫，如贾第虫、隐孢子虫、类圆线虫、蛔虫、钩虫、弓形虫
  - 肿瘤，如淋巴肉瘤、肥大细胞增多症
  - 淋巴管扩张（不常见于猫）
  - 肠阻塞，如低钾血症、肠炎、自主神

经障碍
  - 抗生素治疗反应性腹泻
- 胰腺疾病
  - 胰腺分泌不足
- 慢性胰腺炎
- 肝脏疾病
  - 肝衰竭
  - 肝内胆汁瘀积
  - 胆管梗阻
- 肾脏疾病与尿毒症
- 甲状腺机能亢进
- 充血性心力衰竭
- 肾上腺皮质机能低下（不常见于猫）

病例的检查与处置

在某些腹泻性病例中，适合采取 4~6 周膳食试验，给予极易消化的丝新蛋白质或水解蛋白等限制性食物。对于结肠炎病例，在食物中添加可溶性和不可溶性纤维有一定好处。目前正在研究益生菌（probiotics）和益菌生（prebiotics）在犬猫肠道疾病中的作用。然而，本病例猫的进食状况不减，且体重下降，应尽快找到病因而不是仅仅等待膳食试验结果。

临床病理学检查

常规血液检查发现中性粒细胞中毒增加到 $21.7 \times 10^9/L$ [参考范围（2.5~12.8）$\times 10^9/L$] 以及轻度单核细胞增多到 $1.06 \times 10^9/L$[参考范围（0.07~0.85）$\times 10^9/L$]。血涂片发现验证了上述结果，此外，还有反应性淋巴细胞出现，提示存在抗原刺激。

血清生化结果提示尿素 9.9 mmol/L（参

考范围 2.8~9.8）和胆汁酸 7.2 mmol/L（参考范围 0~7）轻度增加，以及低磷蛋白血症 1.39 mmol/L（参考范围 1.4~2.5）和低白蛋白血症 24.0 g/L（参考范围 28~39）。

通过检测血清中的猫胰腺蛋白酶（fPL）和胰蛋白酶样免疫活性（TLI）对胰腺进行评估，结果发现两者均在正常范围之内（fPL，1.2 μg/L，参考范围 0.1~3.5；TLI，22.5 μg/L，参考范围：12~82）。血清叶酸 4.2 μg/L（参考范围 9.5~20.2 μg/L）和钴胺素 186.0 ng/L（参考范围 270~1 000 ng/L）浓度明显下降，并开始补充。

临床小提示：血清白蛋白下降

血清白蛋白下降可能是由于肝脏的合成下降、经由肠道和肾脏的丢失增加或者转入第三腔（如流入受阻的肠管、胸膜腔和腹膜腔）。炎症反应也可导致白蛋白产生减少，因为白蛋白对急性期蛋白存在负面影响，且其他蛋白生成增加的情况下白蛋白生成下降。在检查是否经由尿液丢失后（尿蛋白与肌酐比），需要进一步检查是否存在肝脏或者胃肠道疾病，或者在体内其他部位的异常液体蓄积。

血清中 T4 浓度处于参考范围的低限值 15.3 nmol/L（参考范围 15~48 nmol/L）。采用 ELISA 方法对猫免疫缺陷病毒（FIV）和 FeLV 进行了检测，发现 FeLV 抗体阴性，而 FIV 抗体阳性。

弓形虫血清结果，IgM 效价阴性（<20），IgG 效价为 200，提示该猫之前曾感染过弓形虫，而非现在感染。

尿液分析中，尿比重为 1.048，提示尿液浓缩能力正常。尿液试纸检查结果无异常，

临床小提示：血清叶酸与钴胺素

钴胺素在小肠中的回肠部分被吸收，在吸收之前需要与内在因子（intrinsic factor）结合，在猫后者来自于胰腺（在犬则来自于胃和胰腺）。如果由于小肠疾病吸收不足、胰腺分泌不足、小肠上段中大量细菌对维生素的利用或者内在因子缺失等，都可以导致钴胺素缺失。对于人类而言，素食主义者（尤其是老年人）可能存在膳食性缺失；然而，在猫则不可能发生，因为猫不是素食主义者。

与大部分的其他B族维生素不一样，钴胺素存在于体内。在健康猫体内的半衰期为 11~14 d，而患胃肠道疾病的猫仅为 4.5~5.5 d。人类钴胺素缺失的临床症状包括贫血、血小板减少症、神经系统疾病和消化不良。猫（和犬）的临床症状尚不清楚；然而，认为补充钴胺素后肠道疾病得到改善。血清中钴胺素浓度过高时并未有明显的临床症状，在补充的情况下可能会发生钴胺素过高。人医胃肠道疾病的推荐治疗剂量超过了推荐日常需要量，因为认为钴胺素对药效有正向作用。

叶酸仅在小肠近端被吸收。叶酸缺失通常提示存在小肠疾病。且如果伴有钴胺素缺失，可能提示有大范围的肠道疾病。血清中叶酸浓度过高是由于细菌性产物所致，但是过度通过食物摄入也可以导致其血清浓度升高。

尿沉渣也无异常。尿蛋白与肌酐比为 0.13（猫的参考范围为 <0.4），提示低白蛋白血症并非由于经由尿液丢失所致。

肠道寄生虫化验，包括贾第虫和滴虫，

均为阴性。粪便肠道病原菌（沙门氏菌、弯曲杆菌和耶尔森氏鼠疫杆菌）培养均为阴性。对于怀疑感染产气荚膜梭菌的病例，在进行粪便培养后，可以通过 ELISA 的方法对 CPEA 和 CPEB 进行检测。

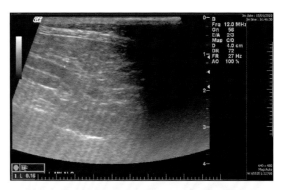

图 39.2　结肠超声波影像，可见黏膜层明显增厚，以及正常肠壁分层消失（courtesy of Carolina Urraca del Junco）

临床小提示：弓形虫抗体效价

　　健康动物中弓形虫抗体效价可能呈阳性，IgM 效价与临床感染有关，因为该抗体在健康动物体内很少能够检测到。对于有临床症状的动物，如果证实 IgM 抗体效价 >1:64，或者 IgG 在 2~3 周内增加到 4 倍或更多，则提示已经感染了弓形虫。效价未增加并不能排除弓形虫感染，因为某些犬猫患有本病时出现抗体类型转换，及由 IgA 转为 IgM。如果怀疑患有此病，可以采用治疗性诊断的方法在佐证诊断，但不能作为确诊的依据。

临床小提示：肠道超声检查

　　小肠超声影响对于小肠肿物的诊断和肠壁的分层非常有用。在超声影响条件下，肠壁中最明显的是黏膜层，通常表现为低回声。超声检查中小肠壁的正常厚度为 5 mm，而猫则接近 4 mm。肠壁厚度发生变化通常是小肠其中某一层或多层的厚度发生变化所致。在某些疾病中可以发现正常的肠壁发生破裂。

影像学检查

　　对猫使用镇静剂后进行了腹部超声检查，提示结肠和空肠淋巴结增大、高回声且不规则轮廓影像（图 39.1）。小肠肌肉层明显。横结肠和降结肠中也可见肠黏膜增厚，同时伴有正常肠壁层消失（图 39.2）。

　　在胃与十二指肠内窥镜检查中，胃和小肠外观正常。结肠镜检查中，结肠黏膜似乎增厚，且黏膜下层血管清晰可见（图 39.3）；然而，并未发现明显的肿物损伤或者溃疡面。对胃、十二指肠和回肠进行活组织采样检查。将猫麻醉后，通过内窥镜，对猫增大的肠系膜淋巴结进行活组织采样，以及在超声指导下对增厚的结肠壁进行活组织采样，对样品进行细胞学检查。

　　淋巴结细胞学检查结果提示存在反应性增生。但是结肠壁细胞学检查结果不具有诊断性。

　　胃黏膜的组织病理学检查提示存在某些

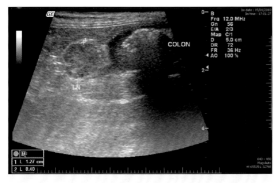

图 39.1　扩大、高回音性和边缘不规则的结肠和空肠淋巴结的超声波影像（courtesy of Carolina Urraca del Junco）

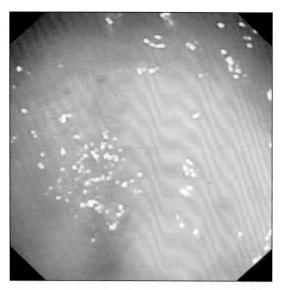

图 39.3   结肠组织病理学检查显示严重—多发性—肉芽肿性溃疡性结肠炎

螺旋杆菌样的螺旋有机体位于胃黏膜表面。并未发现其他与胃炎相关的情况，认为属于偶然发现。

临床小提示：胃幽门螺旋杆菌

关于幽门螺旋杆菌是否属于犬猫慢性胃炎和呕吐的病因尚未清楚，虽然也有文献报道治疗后可以改变临床症状。在本病例中幽门螺旋杆菌仅发现在胃黏膜表面且未发现胃炎或者临床症状，无需进行治疗。如出现临床症状、炎性反应以及病原体位于胃小凹和黏膜下层，则需要治疗。

小肠黏膜的活组织检查结果发现有轻度、弥散性肠炎。结肠黏膜的组织病理学检查发现严重的，多部位、肉芽肿溃疡性肠炎（图39.4）。结肠的尼氏（ziehl-neelsen）染色为阴性，未发现抗酸性病原体（如分枝杆菌）。

治疗与结果

该猫诊断为肉芽肿性溃疡性结肠炎，同时有 FIV 感染的情况。FIV 可能是造成或加剧猫临床症状的原因。虽然小肠肠炎可以导致营养吸收下降，但在临床上并未能造成很大的影响。

初始治疗包括如下。

● 泼尼松龙：5 mg，PO，每天 1 次

● 马波沙星（marbofloxacin）：7.5 mg，PO，每天一次

● 叶酸：2.5 mg，PO，每天一次

● 维生素 B12：300 μg，SQ，每 7 天 1 次，连用 3 周

● 给予新的限制性蛋白、极易消化的罐头食物

临床小提示：猫使用氟喹诺酮

在某些猫病例中，给予恩诺沙星后可以导致视网膜退化，出现部分、短暂性或者全部失明。该反应即使是很高的剂量也不常发生，但是无法确定哪只猫会由此反应。该反应仅在恩诺沙星中有报道，而在其他氟喹诺酮中未见报道。推论可能是由于恩诺沙星的生化结构导致了其可以在猫的眼睛内积聚而出现很高的浓度。由于恩诺沙星对猫潜在副作用，在拿到 PAS 化验结果之前给予马波沙星，以防止出现类似于拳师犬那样组织溶解性肠炎的病理学变化。

猫出院时精神状态很好，食欲旺盛，从入院到出院，体重增加了 500 g，仅间歇性排软便。

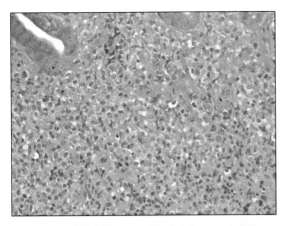

图 39.4　内窥镜中可见：结肠黏膜增厚，且无法清楚观察黏膜下层

两周后主人告知猫的状态很好，粪便也很正常，体重也有所增加。停止给予马波沙星后，猫立即出现腹泻症状，两天后重新给予马波沙星，猫的状况立即得到改善，并且维持的很好。

病理生理学与预后

一般而言，常见的肠道炎性疾病，出现淋巴细胞、浆细胞甚至是嗜酸性粒细胞浸润的情况下，改善临床症状后有相对好的预后。

然而，肉芽肿性结肠炎或者肠炎的预后则更加谨慎。肉芽肿性肠炎的特征是在固有层出现组织细胞的浸润。本病例中，浸润在黏膜和固有层中的主要是大量巨噬样细胞，可能也是一种组织细胞类型。在使用皮质类固醇或者其他免疫抑制剂之前，应该排除是否患有潜在的其他感染性疾病（如支原体、寄生虫、猫传染性腹膜炎或真菌感染，虽然后者在英国不常见）。甲硝唑通常用于治疗猫的慢性结肠炎，因为有一系列的好处：抗菌作用，抗原虫作用，以及抑制某些细胞介导的免疫反应。

有报道年轻的拳师犬可发生溃疡性组织细胞性结肠炎，表现为结肠黏膜增厚和出血。该病表现为浆细胞、淋巴细胞和 PAS 阳性的巨噬细胞浸润。是否存在 PAS 阳性巨噬细胞是区别本类型结肠炎和肉芽肿性结肠炎的标志。

该病例中的组织细胞性疾病怀疑存在感染性病因，尽早给予恩诺沙星可以有效治疗。这些病例需要终身治疗。

患有 FIV 的猫有明显的牙科疾病（占血清阳性猫的 50%~52%）。本病例中，患猫大部分牙齿已经脱落或拔除。血清阳性猫有相当一部分（15%~20%）会有慢性肠炎或者小肠结肠炎。临床症状包括厌食、慢性腹泻、脱水和体重下降。腹泻可能持续存在，就本病例而言，猫的肠道出现了增厚。FIV 阳性猫出现临床症状时，具有较高的死亡率。

附　录

选择题

1. 怀疑有反流的病例中（　　　）

　　a. 反流的食物呈酸性

　　b. 发生时间一般是进食后一个小时内

　　c. 疾病通常位于食管内

　　d. 反流的食物通常含有胆汁

2. 对于怀疑存在反流的犬，以下哪个影像学诊断应该最先进行，以帮助诊断（　　　）

　　a. 胸部 CT

　　b. 胸部透射

　　c. 胸部 X 线片

　　d. 胸部超声

3. 犬的获得性重症肌无力属于（　　　）

　　a. 自发性疾病且病因不清

　　b. 抗 Ach 分子的免疫介导性疾病

　　c. 抗 Ach 受体的免疫介导性疾病

　　d. 由巴尔通体引起的感染性疾病

4. 患有获得性重症肌无力犬的预后（　　　）

　　a. 很差，只有 10% 的病例能够存活一年

　　b. 预后谨慎，仅有 50% 的存活率

　　c. 预后很好，接近 100% 对治疗效果反应良好

　　d. 预后不清，因为没有对足够的病例进行统计

5. 对于患有自发性巨食道症的病例，造成死亡最常见的原因是（　　　）

　　a. 饥饿

　　b. 全身性感染

　　c. 食管破裂

　　d. 吸入性肺炎

6. 治疗食道狭窄通常最重要的治疗方法是（　　　）

　　a. 球囊扩张，必要时重复手术

　　b. 单独使用抗酸药物治疗

　　c. 大剂量使用皮质醇以减少炎症反应

　　d. 立即采取手术修复

7. 一个 4 月龄大的幼犬，有反流情况，钡餐食道造影显示造影剂在心基前侧突然消失，且在此处前段食道有扩张情况。最可能的诊断是（　　　）

　　a. 食道异物

　　b. 自发性巨食道症

　　c. 食道狭窄

　　d. 持久性右主动脉弓

8. 对于持久性右主动脉弓实施手术后，其预后如何（　　　）

　　a. 80% 的病例术后吞咽功能良好

　　b. 仍然存在巨食道症，但患病犬不会有反流表现

　　c. 约有一半左右的患犬仍有反流表现

　　d. 几乎所有的患犬都有反流表现

9. 有证据表明猫患有自主神经障碍（　　　）

　　a. 病因可能与肉毒菌 C 型毒素相关

b. 很可能是由于自体免疫性疾病所致

c. 可能与通过粪便传播的病毒感染有关

d. 可能是一种先天性疾病，因为大部分发生于有血缘关系的猫中

10. 诊断猫患有自主神经障碍主要依据（　　）

a. 临床症状

b. 影像学检查结果

c. 特殊血液学化验

d. 对治疗的反应

11. 猫自主神经障碍的治疗（　　）

a. 通常治疗没有效果，因为所有患病猫均会死亡

b. 用干扰素治疗病毒

c. 主要与支持疗法，补充营养和护理为基础

d. 主要以抗生素治疗厌氧菌的效果为基础

12. 利用毛果芸香碱试验诊断自主神经障碍基于（　　）

a. 由于受试眼的去神经过敏而瞳孔放大

b. 由于受试眼的去神经过敏而瞳孔缩小

c. 由于缺乏敏感而使受试眼瞳孔放大

d. 由于缺乏敏感而使受试眼瞳孔缩小

13. 大块的石头或骨头可以通过犬的胃进入小肠（　　）

a. 随着食糜通过幽门

b. 通过对幽门施加压力，使其开张

c. 由于"看家波（housekeping waves）"在不进食期间幽门开张而通过

d. 在饮水期间随着液体进入十二指肠

14. 犬清晨呕吐胆汁可能患有（　　）

a. 胆汁呕吐综合征，可通过后半夜给予零食来解决

b. 过敏性肠道综合征，益生菌对其有效

c. 与食物在胃内排空相关的动力性疾病

d. 肠道淋巴肉瘤且需要化疗

15. 猫虹膜出现铜一样的颜色几乎可以作为以下何种疾病的特殊诊断（　　）

a. 食物过敏

b. 持久性有主动脉弓

c. 自主神经障碍

d. 门体静脉分流

16. 犬猫由于代谢性碱中毒而出现呕吐，通常还伴发有（　　）

a. 幽门或十二指肠异物

b. 胃肠道寄生虫

c. 螺杆菌感染

d. 子宫蓄脓

17. 钡镶聚乙烯球（barium impregnated polyethylene spheres）最常用于（　　）

a. 检查肠道黏膜疾病

b. 检查胃轮廓

c. 检查肠道梗阻

d. 检查巨食道症

18. "呕吐器官"是指（　　）

a. 食道　　　　　　　　b. 胃

c. 十二指肠　　　　　　d. 结肠

19. 化学受体反应区位于（　　）

a. 第四脑室底

b. 大脑

c. 前庭器官

d. 十二指肠

20. 患有肠道异物性梗阻的动物发生内毒素性休克是由于（　　）

a. 异物内有细菌

b. 呕吐导致随后的脱水

c. 梗阻肠段中细菌数量的增加

d. 身体对扩张肠道异物末端的反应

21. 对一只在过去 4 个月中间歇性呕吐的患犬进行胃肠钡餐造影。在腹背位片中，幽门比正常情况更加居中，且十二指肠处的造影剂量下降。虽然不能确诊，但此时最可能的诊断是（　　　）

    a. 线性异物性梗阻

    b. 部分胃扩张与扭转

    c. 黏膜性幽门狭窄

    d. 肉芽肿性炎性肠道疾病

22. 以下何种药物对于禁食犬在低剂量时具有促进肠道蠕动的作用（　　　）

    a. 阿莫西林

    b. 克林霉素

    c. 红霉素

    d. 恩诺沙星

23. 心动过缓发生于患有肾上腺皮质功能低下的犬，是由于（　　　）

    a. 高钾血症

    b. 低钙血症

    c. 低钠血症

    d. 皮质醇缺失

24. 以下何种化验可以对肾上腺皮质功能低下作出确诊（　　　）

    a. 皮质醇基础水平

    b. 电解质紊乱

    c. 低剂量地塞米松抑制试验

    d. ACTH 刺激试验

25. 给患有肾上腺皮质功能低下的动物输液应选择（　　　）

    a. 0.9% 生理盐水

    b. 0.18% 生理盐水与 4% 的糖

    c. 乳酸林格氏液

    d. 高渗生理盐水

26. 患有胰腺炎的猫其血清钴胺素偏低是由于（　　　）

    a. 由于肠梗阻而使回肠吸收下降

    b. 由于厌食而导致食物性缺失

    c. 缺乏吸收所需要的酶

    d. 内在因素下降

27. 叶酸吸收的部位在于（　　　）

    a. 胃

    b. 小肠近端

    c. 空肠与回肠远端

    d. 结肠

28. 如何将猫的低分化小细胞淋巴肉瘤与淋巴细胞炎性肠道疾病进行鉴别诊断（　　　）

    a. 主要以小肠的内窥镜检查为基础

    b. 主要以超声对小肠壁厚度的检测为依据

    c. 总是以细胞学检查为基础

    d. 哪怕使用组织病理学也有一定困难

29. 对于怀疑食入 Gorilla 胶水的患犬，采取的最好治疗方法是（　　　）

    a. 最初应采取诱导性催吐

    b. 应使用促动力药治疗

    c. 应使用活性碳治疗

    d. 应通过手术的方法将胶块取出

30. 在犬的红细胞 HE 染色中，嗜碱性红细胞（　　　）

    a. 可发生于任何再生性贫血中

    b. 提示发生铅中毒

    c. 提示发生锌中毒

    d. 提示存在门体静脉

31. 小红细胞症可发生于什么品种的健康犬血液中（　　　）

    a. 秋田犬　　　　　　b. 比格

    c. 贵妇犬　　　　　　d. 罗威纳犬

32. 铅如被摄入并吸收，可储存于（　　）
    a. 肝脏　　　　　　b. 骨骼
    c. 大脑　　　　　　d. 前列腺

33. 用 calcium edentate 治疗铅中毒最可能发生的严重副作用是（　　）
    a. 神经毒性　　　　b. 肝衰竭
    c. 肾脏损伤　　　　d. 骨质疏松症

34. 犬最常见的胃肿瘤是（　　）
    a. 淋巴肉瘤　　　　b. 平滑肌肉瘤
    c. 腺癌　　　　　　d. 纤维瘤

35. 在英国发生糖尿病风险最高的猫品种是
（　　）
    a. 缅甸猫　　　　　b. 波斯猫
    c. 暹罗猫　　　　　d. 布偶猫

36. 对于已经发病一个星期的猫，诊断胰腺炎最敏感和特异性最好的方法是（　　）
    a. 脂肪酶
    b. 淀粉酶
    c. 胰岛素样免疫活性反应
    d. 猫胰岛素特异性脂肪酶

37. 猫胰腺炎最常见的临床症状是（　　）
    a. 厌食　　　　　　b. 呕吐
    c. 腹泻　　　　　　d. 发烧

38. 与圆形异物（球或者石头）相比，线性肠道异物（　　）
    a. 由于很少导致梗阻而相对不严重
    b. 容易引起电解质紊乱
    c. 更可能导致肠穿孔
    d. 通常位于胃内

39. 门体静脉分流引起的尿液结晶与尿石属于（　　）
    a. 草酸钙　　　　　b. 胱氨酸

    c. 鸟粪石　　　　　d. 尿酸盐

40. 静脉导管通常闭合于（　　）
    a. 出生前
    b. 出生后 1~2 周之内
    c. 4 月龄
    d. 9 月龄

41. 认为最常发生先天性肝外门体静脉分流的品种是（　　）
    a. 猴犬（Affenpinscher）
    b. 比格
    c. 松狮犬
    d. 约克夏

42. 含有高肉蛋白的食物禁忌给予患有门体静脉分流的犬只，这是因为可能增加以下风险（　　）
    a. 肝脑病　　　　　b. 呕吐
    c. 腹泻　　　　　　d. 烦渴

43. 对于给患有门体静脉分流幼犬补充蛋白的好来源有（　　）
    a. 松软干酪　　　　b. 火鸡肉
    c. 三文鱼　　　　　d. 火腿肠

44. 乳果糖用于治疗门体静脉分流的患病动物，这是因为（　　）
    a. 在结肠中有抗生素作用
    b. 增加肠道的运输时间
    c. 酸化结肠内容物，从而诱捕氨基酸
    d. 降低胆酸浓度

45. 患有脂肪肝倾向的猫属于（　　）
    a. 肥胖然后厌食
    b. 消瘦然后厌食
    c. 以高脂肪食物为主
    d. 以高蛋白食物为主

46. 以下何种指标发生异常提示猫可能患有脂肪肝而非胆道炎（　　）

　　a. AP 和 GGT 升高

　　b. AP 和 GGT 下降

　　c. AP 正常而 GGT 升高

　　d. AP 升高而 GGT 正常

47. 在胃肠道出血问题上，以下哪个正确（　　）

　　a. 如果粪便颜色正常，则不存在出血

　　b. 粪便发黑可能仅仅是 GI 出血所致

　　c. 黑粪症是由于血红蛋白氧化所致

　　d. 血便通常是由于摄入血液所致

48. 急性胃肠炎性出血通常与其他类型的胃肠出血区别于（　　）

　　a. PCV 升高

　　b. PCV 下降

　　c. PCV 不受影响

　　d. 白蛋白升高

49. 结肠血管发育不良的诊断（　　）

　　a. 以血常规和血清生化为基础

　　b. 结肠内窥镜中的典型表现

　　c. 典型的细胞学发现

　　d. 结肠内窥镜中典型的组织病理学发现

50. 犬过敏性肠道综合征的诊断基于（　　）

　　a. 结肠的超声学检查发现

　　b. 结肠内窥镜检查发现

　　c. 结肠组织病理学

　　d. 排除其他疾病以及治疗反应

51. 犬最常见的结肠、直肠肿瘤是（　　）

　　a. 腺瘤 / 腺癌

　　b. 纤维肉瘤

　　c. 淋巴肉瘤

　　d. 肉瘤

52. 猫感染胎儿滴虫（　　）

　　a. 通过常规粪便检查作出诊断

　　b. 通过锌浮集粪便法作出诊断

　　c. 病原体过小而无法在显微镜下观察

　　d. 新鲜的湿粪便中有时可见滋养体

53. 拳师犬的组织细胞性结肠炎对何种药物治疗有反应（　　）

　　a. 阿莫西林

　　b. 恩诺沙星

　　c. 克林霉素

　　d. 甲硝唑

54. 猫 EPI 最常见的病因是（　　）

　　a. 胰腺腺泡萎缩

　　b. 外分泌性胰腺发育不良

　　c. 慢性胰腺炎

　　d. 胰腺肿瘤

选择题答案

1. 怀疑有反流的病例中

   c. 疾病通常位于食管内

2. 对于怀疑存在反流的犬，以下哪个影像学诊断应该最先进行，以帮助诊断。

   c. 胸部 X 线片

3. 犬的获得性重症肌无力属于

   c. 抗 Ach 受体的免疫介导性疾病

4. 患有获得性重症肌无力犬的预后

   b. 预后谨慎，仅有 50% 的存活率

5. 对于患有自发性巨食道症的病例，造成死亡最常见的原因是

   d. 吸入性肺炎

6. 治疗食道狭窄通常最重要的治疗方法是

   a. 球囊扩张，必要时重复手术

7. 一个 4 月龄大的幼犬，有反流情况，钡餐食道造影显示造影剂在心基前侧突然消失，且在此处前段食道有扩张情况。最可能的诊断是

   d. 持久性右主动脉弓

8. 对于持久性右主动脉弓实施手术后，其预后如何

   c. 约有一半左右的患犬仍有反流表现

9. 有证据表明猫患有自主神经障碍

   a. 病因可能与肉毒菌 C 型毒素相关

10. 诊断猫患有自主神经障碍主要依据

    a. 临床症状

11. 猫自主神经障碍的治疗

    c. 主要与支持疗法，补充营养和护理为基础

12. 利用毛果芸香碱试验诊断自主神经障碍基于

    b. 由于受试眼的去神经过敏而瞳孔缩小

13. 大块的石头或骨头可以通过犬的胃进入小肠

    c. 由于"看家波（housekeping waves）"在不进食期间幽门开张而通过

14. 犬清晨呕吐胆汁可能患有

    a. 胆汁呕吐综合征，可通过后半夜给予零食来解决

15. 猫虹膜出现铜一样的颜色几乎可以作为以下何种疾病的特殊诊断

    d. 门体静脉分流

16. 犬猫由于代谢性碱中毒而出现呕吐，通常还伴发有

    a. 幽门或十二指肠异物

17. 钡镶聚乙烯球（ barium impregnated polyethylene spheres ）最常用于

    c. 检查肠道梗阻

18. "呕吐器官"是指

c. 十二指肠

19. 化学受体反应区位于

a. 第四脑室底

20. 患有肠道异物性梗阻的动物发生内毒素性休克是由于

c. 梗阻肠段中细菌数量的增加

21. 对一只在过去 4 个月中间歇性呕吐的患犬进行胃肠钡餐造影。在腹背位片中，幽门比正常情况更加居中，且十二指肠处的造影剂量下降。虽然不能作出确诊，但此时最可能的诊断是

b. 部分胃扩张与扭转

22. 以下何种药物对于禁食犬在低剂量时具有促进肠道蠕动的作用

c. 红霉素

23. 心动过缓发生于患有肾上腺皮质功能低下的犬，是由于

a. 高钾血症

24. 以下何种化验可以对肾上腺皮质功能低下作出确诊

d. ACTH 刺激试验

25. 给患有肾上腺皮质功能低下的动物输液应选择

a. 0.9% 生理盐水

26. 患有胰腺炎的猫其血清钴胺素偏低是由于

d. 内在因素下降

27. 叶酸吸收的部位在于

b. 小肠近端

28. 如何将猫的低分化小细胞淋巴肉瘤与淋巴细胞炎性肠道疾病进行鉴别诊断

d. 哪怕使用组织病理学也有一定困难

29. 对于怀疑食入 Gorilla 胶水的患犬，采取的最好治疗方法是

d. 应通过手术的方法将胶块取出

30. 在犬的红细胞 HE 染色中，嗜碱性红细胞

b. 提示发生铅中毒

31. 小红细胞症可发生于什么品种的健康犬血液中

a. 秋田犬

32. 铅如被摄入并吸收，可储存于

b. 骨骼

33. 用 calcium edentate 治疗铅中毒最可能发生的严重副作用是

a. 神经毒性

34. 犬最常见的胃肿瘤是

c. 腺癌

35. 在英国发生糖尿病风险最高的猫品种是

a. 缅甸猫

36. 对于已经发病一个星期的猫，诊断胰腺炎最敏感和特异性最好的方法是

d. 猫胰岛素特异性脂肪酶

37. 猫胰腺炎最常见的临床症状是

a. 厌食

38. 与圆形异物（球或者石头）相比，线性肠道异物

c. 更可能导致肠穿孔

39. 门体静脉分流引起的尿液结晶与尿石属于

d. 尿酸盐

40. 静脉导管通常闭合于

b. 出生后 1~2 周之内

41. 认为最常发生先天性肝外门体静脉分流的品种是

    d. 约克夏

42 含有高肉蛋白的食物禁忌给予患有门体静脉分流的犬只，这是因为可能增加以下风险

    a. 肝脑病

43. 对于给患有门体静脉分流幼犬补充蛋白的好来源有

    c. 三文鱼

44. 乳果糖用于治疗门体静脉分流的患病动物，这是因为

    c. 酸化结肠内容物，从而诱捕氨基酸

45. 患有脂肪肝倾向的猫属于

    a. 肥胖然后厌食

46. 以下何种指标发生异常提示猫可能患有脂肪肝而非胆道炎

    d.AP 升高而 GGT 正常

47. 在胃肠道出血问题上，以下哪个正确

    c. 黑粪症是由于血红蛋白氧化所致

48. 急性胃肠炎性出血通常与其他类型的胃肠出血区别于

    a. PCV 升高

49. 结肠血管发育不良的诊断

    d. 结肠内窥镜中典型的组织病理学发现

50. 犬过敏性肠道综合征的诊断基于

    d. 排除其他疾病以及治疗反应

51. 犬最常见的结肠、直肠肿瘤是

    a. 腺瘤 / 腺癌

52. 猫感染胎儿滴虫

    d. 新鲜的湿粪便中有时可见滋养体

53. 拳师犬的组织细胞性结肠炎对何种药物治疗有反应

    b. 恩诺沙星

54. 猫 EPI 最常见的病因是

    c. 慢性胰腺炎

附录

缩略词

缩略词	英文	中文
AchR	Anticholinesterase receptor	抗胆碱酯酶受体
ACTH	Adrenocorticotrophin hormone	促肾上腺皮质激素
Ad lib	ad libitum（i.e. free choice）	随意
ALT	alanine aminotransferase	丙氨酸氨基转移酶
AP	alkaline phosphatase	碱性磷酸酶
APTT	activatedpartial thromboplastin time	部分凝血活酶时间
ARD	antibiotic responsive diarrhoea	抗生素反应性腹泻
ARE	antibiotic responsive enteropathy	抗生素反应性肠道疾病
BCS	body condition score	体型评分
BIPS	barium impregnated polyethylene spheres	浸钡聚乙烯球
bpm	beats per minute	每分钟心跳数
CFU	Colony forming units	菌落形成单位
CI	contraindicated	禁忌症
CK	creatinine kinase	肌酸激酶
CKD	chronic kidney disease	慢性肾脏疾病
cPLI	canine pancreatic lipase immunoreactivity	犬胰腺脂肪酶免疫反应
CRT	capillary refill time	毛细血管再充盈时间
CRTZ	chemoreceptor trigger zone	化学受体反应区
CT	computed tomography	计算机断层扫描
DEA	dog erythrocyte antigen	犬红细胞抗原
dL	decilitre	分升
DSH	domestic short hair（cat）	短毛家猫
EDTA	Ethylenediaminetetra-acetic acid	乙二胺四乙酸
FeLV	feline leukaemia virus	猫白血病毒
EPI	exocrine pancreatic insufficiency	外分泌胰腺功能不足
FIP	feline infectious peritonitis	猫传染性腹膜炎
FIV	feline immunodeficiency virus	猫免疫缺陷病毒
fPLI	feline pancreatic lipase immunoreactivity	猫胰腺脂肪酶免疫反应活性
g	gram	克
GABA	gamma-Aminobutyric acid	γ-氨基丁酸
GGT	Gamma（γ）glutamyltransferase	γ-谷酰转肽酶
GI	gastrointestinal	胃肠
H₂	histamine（type 2）（e.g. for receptors）	组织胺2（用于受体）
Hb	haemo globin	血红蛋白
HL	hepatic lipidosis	脂肪肝
KCl	potassium chloride	氯化钾
kg	kilogram	千克

缩略词	英文	中文
IBD	inflammatory bowel disease	炎性肠道疾病
L	lumbar, e.g. lumbar vertebra（other than in imaging pictures, where L refers to left）	腰，如腰椎（影像学中 L 指左侧）
LSA	lymphoma	淋巴肉瘤
MCHC	Mean cell haemoglobin concentration	平均红细胞血红蛋白浓度
MCV	mean corpuscular volume	平均红细胞容量
mg	milligram	毫克
min	minute	分钟
mL	millilitre	毫升
MRI	magnetic resonance imaging	核磁共振成像
NSAID	non-steroidal anti-inflammatory drug	非甾体类固醇药物
ng/L	nanograms/litre	纳克/升
nRBC	nucleated red blood cell	有核红细胞
oz	ounce	盎司
PCR	polymerase chain reaction	聚合酶链式反应
PCV	packed cell volume	红细胞压积
PLE	protein losing enteropathy	蛋白丢失性肠道疾病
PLI	pancreatic lipase immunoreactivity	胰腺脂肪酶免疫反应活性
po	per os	口服
PRAA	persistent right aortic arch	持久性右主动脉弓
PSS	porto-systemic shunt	门体静脉分流
PT	prothrombin time	前凝血酶时间
pu/pd	polyuria/polydipsia	多尿/多饮
Q	Every（used for frequency of dosing of medications）	每（用于给药频率）
R	right	右侧
RER	resting energy requirement	静息能量需求
SAMe	S-adenosyl methionine	S-腺苷蛋氨酸
sec	second	秒
si	small intestine	小肠
SIBO	small intestinal bacterial overgrowth	小肠细菌过度生长
T4	thyroxine	甲状腺素
TLI	trypsin-like immunoreactivity	胰岛素样免疫活性反应
μg	microgram	微克
UK	United Kingdom	英国
μL	microlitre	微升
USA	United States of America	美国
WBC	white blood cell	白细胞
wt	weight	重量

2

附录
脱水程度的评估

可以根据患病动物的黏膜干燥程度、皮肤弹性、眼眶凹陷程度以及精神状态等主观地进行评估。

将皮肤提起来形成帐篷状，然后估计其恢复到正常位置所需要的时间。理想情况下，同一患病动物每次对脱水程度进行评估时，应该采用相同的位置进行评估。皮肤隆起的程度受到皮下脂肪的影响——极度消瘦的动物比肥胖动物更容易隆起。

呕吐的动物可能存在流涎而影响对口腔黏膜干燥程度的评估。神经性或者表现温柔亲切的猫以及某些品种的犬也会流涎。

这些评估很少具有准确性。因此患病动物在输液的过程中需要频繁评估，以保证动物的水分需要量且不至于过度输液。

当患病动物的水合情况充足后，其尿液产量应该大于 $1\sim2$ mL/（kg·h），且心率和呼吸频率均在正常范围之内。CRT 在 $1.5\sim2$ s 之内，且黏膜应该粉红与潮湿（除非存在其他影响黏膜颜色的情况）。

低蛋白性血症和少尿 / 无尿的患病动物在静脉输液过程中容易出现输液过量，从而导致肺水肿。所有接受静脉输液的患病动物应该监测是否出现过度输液的症状（焦虑、心动过速、呼吸过快、体重增加、清澈的鼻分泌物以及肺破裂音或者刺耳的肺音）。

脱水程度	症　状
<5%	不存在可发现的临床症状，但可能存在呕吐 / 腹泻，或者水摄入量减少的历史
5%~6%	轻度皮肤隆起（与年龄和体型有关），且可能出现黏膜干燥
7%~8%	皮肤隆起，CRT 延长，黏膜干燥，轻度眼球内陷
9%~12%	皮肤隆起、黏膜干燥、眼睛干燥，脉搏虚弱且快，CRT 延长，喜欢趴卧
13%~15%	严重威胁生命的脱水、休克，侧卧，可能发生死亡

附录

急性与非急性胃肠道疾病

对于何时给患有胃肠道疾病的病例实施介入治疗和手术不太容易。以下的指南仅具有指导性，需要根据每一个具体病例作出决定，且该指南不包括所有疾病。

Ⅰ. 反流

A. 很多慢性反流性病例药物治疗即可，无需手术，这些病例包括：

1. 食道炎

2. 自发性或者某些原因引起的巨食道症

3. 食道蠕动障碍

B. 需要立即介入治疗的反流病例是异物梗阻食道的情况，通常通过内窥镜取出即可，但某些病例需要立即采取手术治疗。

C. 食道狭窄也需要介入治疗。但通过内窥镜实施球囊扩张术是最佳选择。

D. 反流病例中，动物稳定后需要手术介入的病例包括：

1. 食管裂孔疝

2. 血管环异常

3. 某些食管憩室

Ⅱ. 呕吐

（也可见腹泻）

A. 很多呕吐的病例只需药物治疗即可，如果对其麻醉并手术，可能导致病情恶化。这些疾病包括：

1. 急性和慢性胰腺炎（无囊肿或胆管堵塞）

2. 急性或慢性胃肠炎

3. 细小病毒感染

4. 寄生虫

5. 急性肝脏疾病

6. 胃肠道溃疡（不包括穿孔）

7. 毒素的摄入或者饮食不当

8. 食物的副作用

9. 结肠炎

10. 酮症酸中毒性糖尿病

11. 血尿

12. 肾上腺皮质功能减退

13. 前庭疾病

B. 紧急手术——需要立即实施手术的危重病例包括：

1. 胃扩张 – 扭转

2. 肠扭转

3. 急性腹膜炎

4. 肠道嵌闭

5. 横膈膜疝伴有胃或肠道血流受阻

6. 线性异物

7. 完全高位肠道异物性梗阻

C. 动物稳定后需要立即进行手术的病例：

1. 胃扩张但无扭转

2. 胃梗阻，如幽门狭窄或者异物

3. 末梢或者部分肠梗阻

4. 胆道系统梗阻或者破裂

5. 子宫蓄脓

6. 胰腺肿物 / 囊肿

7. 肠套叠

Ⅲ. 小肠腹泻

（也可见于上述的呕吐，很多情况下两者同时发生，或者只有腹泻发生）

A. 需要药物治疗的病例包括：

1. 肠炎

2. 炎症反应性肠道疾病

3. 食物反应性疾病（食物的副作用）

4. 寄生虫

5. 感染性腹泻

6. 抗生素反应性腹泻

7. 细小病毒感染

8. 寄生虫

9. 急性肝脏疾病

10. 胃肠道溃疡（无穿孔）

11. 毒物的摄入

12. 酮症酸中毒性糖尿病

13. 血尿

14. 肾上腺皮质功能低下

15. 前庭疾病

B. 需要立即手术的小肠腹泻性疾病包括：

1. 任何发生穿孔的疾病

2. 肠系膜扭转

3. 小肠异物（通常与呕吐同时发生）

C. 动物稳定后需要立即进行手术的病例包括：

1. 肠套叠

2. 小肠肿物 / 局部肿瘤

Ⅳ. 不紧急但有手术适应症的病例

1. 某些门体静脉分流疾病

Ⅴ. 结肠疾病

A. 通常不需要实施手术的病例：

1. 大部分结肠炎病例

2. 便秘

3. 过敏性肠道综合征

4. 广泛性结肠血管发育不良

5. 不可切除性肿瘤

B. 动物稳定后需要立即采取手术的病例

梗阻性肠炎（如肉芽肿）

C. 通常不紧急，但需要手术的病例：

1. 顽固性便秘（可能需要切除）

2. 局部结肠肿瘤

3. 局部性结肠血管发育不良

Ⅵ. 适用于诊断目的的开腹探查

需要进行活组织检查采样以诊断的开腹探查：

1. 某些肠壁疾病（如在内窥镜下进行黏膜活组织采样不够深的病例）

2. 小肠末端损伤内窥镜无法到达或者无内窥镜的情况

3. 肝脏病

4. 某些胰腺肿物

附录
体况评分

体况评分（BCS）属于一种主观评估动物体况的方法。关于 BCS 有几种方法，每种的分值为 3 分、5 分、6 分或 9 分，本书用的是 9 分评分系统。BCS 系统经过发展和验证，可以为动物的体况提供合理的评估。9分评分系统采用双能量 X 线吸收测量法，可以合理评估身体的脂肪状况。通过 BCS 表可以向动物主人有说服力地告知他 / 她的宠物身体肥胖度。根据品种不同，犬理想的体况为 4~5 分，猫为 5 分。可以通过 BCS 系统来评估动物身体的脂肪百分比。

分值	身体脂肪百分比（％）	身体条件评分	犬	猫
1	≤5	**极度消瘦** 肋骨与骨头突出，从远处即可看到 全身触摸不到任何脂肪。腹部明显内收，毫无肌肉		
2	6~9	**非常瘦** 肋骨与骨头突出可见，没有肌肉，触摸不到脂肪		
3	10~14	**瘦** 肋骨容易触摸到，腰椎顶部可见 腰与腹部明显内收 有很少的脂肪		
4	15~19	**略瘦** 肋骨容易触摸到，由上往下看可见到腰部。腹部内收明显 猫腹部无脂肪		
5	20~24	**理想体况** 肋骨可触及，无过多脂肪覆盖。犬的腰与腹部内收明显 猫的腰有少量脂肪		
6	25~29	**轻微超重** 肋骨有较多脂肪覆盖。由上往下看无法区别腰，但不明显 犬的腹部仍然内收。猫腹部脂肪明显，但不可见		
7	30~34	**超重** 难于触及肋骨 犬：腰区和尾根部有脂肪沉积。可能腹部仍然内收，但腰消失 猫：腹部圆有中度脂肪覆盖		
8	35~39	**肥胖** 无法触及肋骨，腹部圆 犬：在腰和尾根部有大量脂肪沉积。腹部或腰无内收 猫：腹部脂肪突出，腰有脂肪沉积		
9	40~45⁺	**病态性肥胖** 犬：胸部、尾根和脊椎有大量脂肪沉积，腹部膨胀 猫：腰部、面部和四肢有大量脂肪沉积。腹部圆且有大量脂肪块		

附录

成年犬猫血常规与血清生化值的参考范围

本书所有病例的血常规和血清生化参考值均来自于爱丁堡大学兽医病理系，某些急症病例使用的是内部化验室参考值。

幼年犬猫的化验室参考值

指标	单位	犬	猫	指标	单位	犬	猫
血常规				肌酐	μmol/L	40~132	40~177
红细胞	×10^{12}/L	5.5~8.5	5.5~10.0	纤维蛋白原	g/L	2.0~4.0	2.0~4.0
白细胞	×10^9/L	6.0~15.0	7.0~20.0	果糖胺	μmol/L	49~225	100~350
中性粒细胞（分叶）	×10^9/L	3.6~12.0	2.5~12.8	葡萄糖	mmol/L	3.0~5.0	3.3~5.0
中性粒细胞（杆状）	×10^9/L	0~0	0~0	铅（血液）	μg/mL	0.5~2.4	0~1.21
淋巴细胞	×10^9/L	0.7~4.8	1.5~7.0	脂肪酶	IU/L	13~200	0~83
单核细胞	×10^9/L	0.0~1.5	0.07~0.85	总蛋白	g/L	58~73	69~79
嗜酸性细胞	×10^9/L	0.0~1.0	0.0~1.0	尿素	mmol/L	1.7~7.4	2.8~9.8
嗜碱性粒细胞	×10^9/L	0.0~1.0	0.0~1.0	酶			
红细胞压积	L/L	0.39~0.55	0.24~0.45	碱性磷酸酶	IU/L	20~60	10~100
血红蛋白	g/dL	12.0~18.0	8.0~14.0	丙氨酸氨基转移酶	IU/L	21~102	6~83
红细胞平均容量	fL	60~77	28~55	天门冬氨酸氨基转移酶	IU/L	15~65	15~50
红细胞平均血红蛋白浓度	%	32~36	30~36	肌酸激酶	IU/L	50~200	50~200
血小板	×10^9/L	200~500	300~600	γ-谷氨酰转肽酶	IU/L	2~8	1~5
前凝血酶时间	sec	5~12	5~12	矿物质/微量元素			
部分凝血活酶时间	sec	10~20	10~20	钙	mmol/L	2.3~3.0	2.1~2.9
血清生化				镁	mmol/L	0.69~1.18	0.82~1.23
白蛋白	g/Ll	26~35	28~39	无机磷	mmol/L	0.9~2.0	1.4~2.5
淀粉酶	IU/L	225~990	525~960	钠	mmol/L	139~154	145~156
胆汁酸（禁食）	μmol/L	0~7	0~7	钾	mmol/L	3.6~5.6	4.0~5.0
胆红素（总）	μmol/L	0~6.8	0~6.8	维生素（来自得克萨斯州 GI 实验室）			
氯	mmol/L	99~115	117~140	钴胺素	ng/L	251~908	290~1500
胆固醇	mmol/L	3.8~7.0	2.0~3.4	叶酸	μg/L	7.7~24.4	9.7~21.6
皮质醇	nmol/L	20~230	10~250				

缩写：ALT，丙氨酸氨基转移酶；AP，碱性磷酸酶；APTT，部分凝血活酶时间；AST，天门冬氨酸氨基转移酶；CK，肌酸激酶；GGT，γ-谷氨酰转肽酶；Hb，血红蛋白；MCHC，红细胞平均血红蛋白浓度；MCV，红细胞平均容量；PCV，红细胞压积

很少有化验室单独给幼年犬猫列出参考值，但是某些关键的差别还是需要考虑。

血常规

幼年犬猫的 PCV 低于正常犬猫。幼猫 PCV 最低值为 3~4 周龄时，幼犬的 PCV 最低值为 4~5 周龄时。3~4 月龄时升高到成年的范围。幼年犬猫白细胞计数应该在成年参考范围的高限值，3 月龄是比成年参考范围略高，然后处于正常范围之内。

血清生化

生长期间的动物血清中无机磷和钙的浓度偏高，血清无机磷可高达 3.5~3.8 mmol/L，钙的参考值高出成年参考范围高限值 0.5 mmol/L。

总碱性磷酸酶由于骨骼中同工酶的存在，通常是参考范围的 2~3 倍。

血清总蛋白 4~5 月龄之前通常低于成年的参考范围。血清白蛋白浓度在 2 月龄时达到成年参考范围的浓度。血清球蛋白浓度升高更加缓慢。

血清肌酸激酶主要来源于肌肉组织，在幼年犬猫的浓度通常较低。禁食的幼年犬猫其血液中尿素氮低于成年犬猫，其食物也会影响该指标。

6 附录
可提供胃肠道疾病检验的实验室

胃肠实验室

德克萨斯州农工大学（Texas A & M University）的胃肠实验室有良好的检验资源，但有些样品无法由海外运送。联系方式如下：

电子邮件：gilab@cvm.tamu.edu

地址：Gastronintestinal Laboratory 4474 TAMU College of Veterinary Medicine Texas A & M University College Station, TX 77843–4474

电话：（979）862 2861，周一至周五上午 8:00 至下午 5:00（美国中部时间）

传真：（979）862 2861

可提供的检验如下。

●血清类胰蛋白酶免疫活性反应（TLI）：胰脏外分泌功能检验（即诊断 EPI）

●血清钴胺素和药物：小肠功能检验（不具特种特异性）

●胰脂肪酶免疫活性反应（PLI）：犬猫胰腺炎的诊断检验（具有种特异性）

●粪便蛋白酶抑制剂：蛋白流失性肠道疾病检验 – 犬与猫

●血清胆汁酸：肝功能试验 – 犬、猫和其他动物

●犬 C 反应蛋白：全身性炎症反应检验 – 仅限犬

●胚胎三毛滴虫（Tritrichomonas foetus）PCR 检测

●弯曲杆菌：PCR 区分与确认空肠弯曲杆菌、乌普萨拉弯曲杆菌、大肠杆菌、瑞士乳杆菌

●犬血吸虫病：PCR 检测美洲异毕吸虫

●产气荚膜梭菌肠毒素：PCR 检测产气荚膜梭菌肠毒素基因编码

●甲状腺素和皮质醇：总 T4、TSH、平衡透析游离 T4、皮质醇

●血清胃泌素

爱德士实验室

爱德士实验室提供完整的兽医实验室检测服务，爱德士提供 Spec cPL 与 Spec fPL 可定量检测犬、猫的胰腺脂肪酶，诊断胰腺炎。也有多种检测套装可供选择，如 SNAP 梨形鞭毛虫和细小病毒检验。英国爱德士的联系方式如下：

IDEXX Laboratories Ltd

Milton Court

Churchfield Road

Chalfont St Peter

Buckinghamshire SL9 9EW

United Kingdom

电话：+44（0）175 389 1660

传真：+44（0）175 389 1520

重症肌无力

诊断犬、猫重症肌无力的黄金标准，需以免疫沉淀放射免疫法证明抗体对抗受体。

加州大学圣地亚哥分校比较神经肌肉实验室可进行此检验。网站：http://medicine.ucsd.edu/vet_neuromuscular；电子邮件：musclelab@ucad.edu。

滴虫

美国的样品可以送往北卡州立大学兽医学院，其他信息请参阅网站：www.cvm.ncsu.edu/MBS/gookin_jody.htm

英国的 PCR 检验样本可送交爱丁堡首都诊断中心

+44（0）131 535 3145

也可利用牛用诊断系统，由粪便样本培养病原体。检验于无菌塑胶袋内使用液态培养基。塑胶袋内可接种粪便，并于室温下培养，并每两天于显微镜下观察可移动的病原体，共 12 d。这项检验较直接检查粪便更具敏感性，并有助于检测直接抹片为阴性的感染。梨形鞭毛虫与其他类似的病原体，不会在此特定培养基中生长。此诊断系统在英国请咨询爱丁堡首都诊断中心

+44（0）131 535 3145

本书大部分病例的检验进行地点为：

Veterinary Pathology Unit

Easter Bush

Middothian EH25 9RG

United Kingdom

电话：+44（0）131 650 6403

电子邮件：vpu.enquiries@ed.ac.uk

7 附录

西沙必利购买渠道

人医临床已停止使用西沙必利，虽然不易取得，但购得西沙必利并非完全不可能。药物仍可依个别病患动物的需求从国外进口，方法如下：

● 由兽医主管单位取得特殊治疗许可证（STC）

● 必须先向兽医主管单位书面申请，Woodham Lane，New Haw，Addlestone，Surrey，KT15 3LS（01932 336911）

● 可利用线上重复申请

● 更多信息请参考网页：www.vmd.gov.uk

● 进口药商包括：IDIS Ltd，IDIS House，Churchfield Road，Weybridge，Surrey，KT13 8DB；更多信息请参考网页：www.idispharma.com

● 波兰公司 Teva Polska 制造的西沙必利其商品名为 Gasprid，剂型为 10 mg 片剂。Polfa Kutno，ul，sienkiewicza 25，99-300Kutno，电话：+48 24 355 01 000，传真：+48 24 355 03 50；更多信息请参考网页：www.teva.pl/u235/navi/90

● 10 mg 片剂可重制成猫较易服用的剂型（例如 2.5mg 胶囊），于 Nova Laboratories Ltd，Martin House，Gloucester Crescent，Wigston，Leicester LE18 4YL；更多信息请参考网页：www.novalabs.co.uk

● 西沙必利悬浮液保存期限为 28 d

● 如果欧洲无法取得药物，可由美国贩售兽药的网站进口（如 www.vetrxdirect.com；www.diamondbackdrugs.com），但首先应先尝试欧洲境内是否可以购得药物

8 附录
犬的 IBD 评分指数（CIBDAI）

目前已开发出评估犬炎症性肠道疾病（IBD）严重性的评分指数，这有助于治疗病患及统一不同研究中心的相关研究。猫的IBD评分指数也已开发完成。现行犬的炎症性肠道疾病评分标准如下：

A. 精神状态 / 活动力

B. 食欲

C. 呕吐

D. 粪便硬度

E. 排便频率

F. 体重减轻

以 0~3 分评分以上 6 个项目：

0= 正常

1= 轻度变化

2= 中度变化

3= 重度变化

CIBDAI 为这 6 个项目的总等分数，解读为：

0~3= 无临床意义

4~5= 轻度 IBD

6~8= 中度 IBD

9 或更高 = 重度 IBD

9 附录
喂食管

喂食管	优点	缺点
鼻食道管 	方便放置 所需设备最少 无凝血性疾病的禁忌	鼻、面部、食道疾病或有频繁呕吐者为禁忌 管子容易阻塞 放置时间短（3~5 d）
食道管 	孔径较大，因此较易给食 放置难度中等 放置时间可超过 1 周	需要全身麻醉 凝血性疾病、呕吐、食道疾病者为禁忌
胃管（PEG） 	孔径较大，因此较易给食 不太可能因呕吐而脱落 可以由胃管给药	需要全身麻醉 凝血性疾病为禁忌 需较高级的技术与设备 必须留置原位至少 7 d

10 附录
胃肠道疾病治疗用药物及用法

此药物清单并不完整，虽然有些药物为常用药物，但其中许多药物仍未取得在犬猫使用的许可。

药　物	剂　量	注　解
止吐药（使用前应先检查有无阻塞，避免遮掩症状）		
胃复安（Metoclopramide，甲氧氯普胺）	24 h 定期肌肉或皮下注射 1~2mg/kg，或口服 0.2~0.5mg/kg	D2 多巴胺受体颉颃剂。促进上胃肠道蠕动，口服或皮下注射的半衰期较短
多潘立酮（Domperidone）	每 12 h 定期肌肉或静脉注射 0.1~0.3mg/kg，或口服 1~2mg/kg	D2 多巴胺受体颉颃剂不常用
马罗匹坦（Maropitant）	每 24 h 皮下注射 0.5~1.0mg/kg，或每 24 h 口服 2mg/kg	未发现有促进胃肠蠕动的作用。可阻断位于延髓呕吐中枢内的 NK-1 受体
氯丙嗪（Chlorpromazine）	每 8 h 皮下注射 0.2~0.4mg/kg	α2 受体阻断剂。影响 CRTZ 和呕吐中枢
昂丹司琼（Ondansetron）	每 12~24 h 口服 0.5~1.0mg/kg	影响 CRTZ 与迷走神经传入神经元
西沙必利（Cisapride）	犬：作为促动力剂，每 8 h 0.5mg/kg；食道炎：每 8~12 h 口服 0.25mg/kg 猫：慢性便秘（如巨结肠症，结合使用软便剂（如半乳糖苷果糖）每 8~12 h 口服 0.1~1.0mg/kg 或每 8~12 h 口服 5mg/kg（每只猫总剂量）	并非真正的抗呕吐药，但具有促进胃肠蠕动作用。可加速胃排空和缩短肠道停留时间，可减少呕吐。也可用于逆流性食道炎和便秘 / 巨细胞症（猫） 市面上已无法购得，必须特制或进口 禁忌：过敏反应、胃肠穿孔 / 阻塞、出血
治疗腹泻的药物		
地芬诺酯（Diphenoxylate）	每 8 h 口服 0.1~0.2mg/kg	麻醉性止痛药
洛哌丁胺（Loperamide）	每 8 h 口服 0.1~0.2mg/kg	麻醉性止痛药
偶尔使用于细菌性腹泻及其他胃肠道疾病的抗生素		
氨比西林（Ampicillin）	每 6~8 h 静脉注射 10~20mg/kg，也可皮下注射或口服	厌氧菌感染
头孢菌素（Cephalathin）	每 6~8 h 口服 22~44mg/kg	革兰氏阴性菌
克拉霉素（Clarithromycin）	每 12 h 口服 4~12mg/kg	作为治疗幽门螺杆菌的一部分

药　物	剂　量	注　解
阿莫西林克拉维酸钾（Clavulanate-potentiated amoxycillin）	每 8 h 静脉注射 8.75mg/kg 每 24 h 肌肉或皮下注射 8.75mg/kg 每 8~12 h 口服 12.5mg/kg	作为治疗幽门螺杆菌的一部分
恩氟沙星（Enrofloxacin）	每 12 h 口服 3~5mg/kg	治疗革兰氏阴性菌和拳师犬组织球性结肠炎 猫可能造成失明需谨慎使用
红霉素（Erythromycin）	每 8 h 口服 10mg/kg	仅用于弯曲杆菌，可能会引起腹泻
红霉素（Erythromycin）	每 8 h 口服 0.1~50mg/kg	低剂量能促进空腹蠕动，用像犬的胃动素
庆大霉素（Gentamicin）	每 8 h 皮下或静脉注射 2.2mg/kg	仅治疗败血病，具有毒性、耳毒性
泰乐菌素（Tylosin）	每 12 h 口服 10~20mg/kg	有助于治疗部分结肠炎 / 肠炎的病例
甲硝哒唑（Metronidazole）	每 8~12 h 口服 7~15mg/kg	IBD、厌氧细菌感染、梨形鞭毛虫。具致畸性且可能致癌
免疫抑制剂或消炎药		
波尼松龙（Prednisolone）	每 12~48 h 口服 0.5~3mg/kg 视情况而定	在几个月内逐渐降低剂量（如每 2~3 周减少 20%）
环孢素（Ciclosporin）	犬（6 月龄以上）：每 12~24 h 口服 5mg/kg	如甲氰咪胺，是细胞色素 P450 酶抑制剂禁忌药，需谨慎使用。与其他有肾毒性的药物合并使用可造成高血钾症及肾毒性
硝基咪唑硫嘌呤(Azathioprine)	每 24 h 口服 2mg/kg，直到缓解后改为每 48 h 口服 0.5~2mg/kg	骨髓抑制为最严重的潜在不良反应，需监控血液学指标变化
偶氮水杨酸（Olsalazine）	每 12 h 口服 10~20mg/kg	结肠局部非甾体抗炎药。较硫氮磺胺吡啶造成干燥性角膜炎的风险低
硫氮磺胺吡啶（Sulfasalazine）	犬：每 8~12 h 口服 15~30mg/kg（一天最多服用 6g） 猫：每 8~12 h 口服 1~20mg/kg	局部非甾体抗炎药。具造成干燥性角膜炎的风险
H_2 受体阻断剂（用于降低胃酸）		
甲氰咪胺（Cimetidine）	犬：每 8 h 静脉或肌肉注射或口服 5~10mg/kg 猫：每 12 h 静脉或肌肉注射或口服 2.5~5mg/kg	与肝微粒体细胞色素 P450 结合，会造成其他药物的代谢减慢，并可能增加其他药物血液浓度。无促动力作用。
雷尼替丁（Ranitidine）	每 8~12 h 皮下或静脉注射或缓慢静脉注射 2mg/kg	刺激毒蕈碱乙酰胆碱受体，能产生少量促动力作用
法莫替丁（Famotidine）	每 12~24 h 口服 0.5~1.0mg/kg	不会与甲氰咪胺相互作用，不一定有促动力作用
细胞保护剂		
硫糖铝（Sucralfate）	犬：20kg 以下每 6~8 h 口服 500mg/kg，大于 20kg 每 6~8 h 口服 1~2mg/kg 猫：每 8~12 h 口服 250mg/kg	铝离子结合蛋白质渗出液，形成溃疡部位的屏障。促进碳酸氢盐和前列腺素 E 的产生，有助于黏膜防护和修复。可能会减少其他药物的生物利用度，尤其是四环素
迷索前列醇（Misoprostol）	犬：每 8~12 h 口服 2~7.5 μ g/kg 猫：每 8 h 口服 5 μ g/kg	有助于保护胃肠道因非甾体抗炎药造成的溃疡。副作用包括腹泻、呕吐、流产

11 附录

猫脂肪肝治疗用药物及用法

药 物	剂 量	评 论
0.9% NaCl	取决于脱水程度，并存的心脏疾病等	应避免使用含乳酸的液体，因乳酸需要肝脏代谢
氯化钾	取决于低血钾程度	复食症候群可能造成低血钾，最初 72 h 需每日监测。勿超过 0.5 mmol/（kg·h）
磷酸钾	0.01~0.05 mmol/（kg·h），于 NaCl 输液时定速注射	复食症候群可能造成低血磷，如果小于 0.7 mmol/L 建议给予补充。每 6 h 后重新评估。会与含钙液体产生沉淀
硫酸镁	每天 0.3~0.5 mmol/kg，于 NaCl 输液时定速注射	复食症候群可能造成低血镁，并可能继发低血钾。每隔 12~24 h 监测。会与含钙液体产生沉淀
硫胺素	每天 50~100 mg	注射制剂可能产生过敏性反应 – 口服替代
钴胺素	每 7~14 d 皮下注射 1 mg	血清钴胺素正常时，肝脏储存的钴胺素可能已经耗尽
多重维生素制剂	每 500 mL 输液液体内加入 1~2 mL	加入输液液体后需避光
维生素 K_1	每 12 h 0.5~1.0 mg/kg，共 3 剂	给予口服或使用 25G 针头皮下注射。合成凝血因子 Ⅱ、Ⅶ、Ⅸ、Ⅹ 需要维生素 K
马罗皮坦（Maropitant）	每 12~24 h 0.5~1.0 mg/kg	在猫未核准使用
胃复安（Metoclopramide）	24 h 定速注射 1.0 mg/kg	由于缺乏多巴胺受体，对猫的神经中枢止吐作用仍有疑虑，但具有周边促动力作用
雷尼替丁（Ranitidine）	每 8~12 h 2 mg/kg	在猫未核准使用，但因其促动力作用优于甲氰咪胍故较受欢迎
维生素 E	每天 10 IU/kg	抗氧化剂，因厌食或消化不良往往会耗尽
L- 肉碱	每天 250~500 mg	促进线粒体对脂肪酸的利用
牛磺酸	每天 250~500 mg	靠饮食大量摄取，用于与胆汁酸结合
S- 腺苷甲硫胺酸	每天 20~40 mg/kg 每天 90 mg	若经喂食管投予因会破坏药物肠溶性保护剂，而需要投予高剂量。S- 腺苷甲硫胺酸为 L- 肉碱和谷胱甘肽的前体，具有抗氧化和保护肝脏的作用
N- 乙酰半胱氨酸	140 mg/kg：以 NaCl 1∶4 稀释，注射时间需超过 20 min	8~12 h 后再给与补充剂量 70 mg/kg。为谷胱甘肽的前体

延伸阅读

Swallowing and regurgitation(吞咽与逆流)

Jergens AE. 2010. Diseases of the esophagus, In: Ettinger SJ, Feldman EC (eds), Textbook of Veterinary Internal Medicine, 7th edn. Elsevier Saunders, St. Louis, MO, p. 1487–1499.

Lecoindrea Pt， Cadore JL. 1994. Disorders of the oesophagus in domestic carnivores. Pratique Medicale et Chirurgicale de I'Animal de Compagnie 29 (1) :25–43.

Strombeck DR, Guilford WG. 1996. Pharynx and esophagus: normal structure and function, In: Guilford WG, Center SA, Strombeck DR, Williams DA, Meyer DJ (eds), Strombeck's Small Animal Gastroenterology, 3rd edn. WB Saunders, Philadelphia, PA, p. 202–210.

Watrous BJ. 2002. The esophagus, In: Thrall DE (ed), Textbook of Veterinary Diagnostic Radiology, 4th edn, WB Saunders, Philadelphia, PA, p. 329–348.

Idiopathic megaoesophagus in a dog(犬 之 自发性巨食道症)

Gaynor AR, Shofer FS, Washabau RJ. 1997. Risk factors for acquired megaesophagus in dogs, Journal of the American Veterinary Medical Association 211(11): 1 406–1 411,

Guilford WG. 1990. Megaesophagus in the dog and cat. Seminars in Veterinary Medicine and Surgery (Small Animal) 5(1):37–45.

Guilford WG, Stombeck DR. 1996. Diseases of swallowing, In: Guilford WG, Center SA, Strombeck DR, Williams DA, Meyers DJ (eds), Stombeck's Small Animal Gastroenterology, 3rd edn. WB Saunders, Philadelphia,PA, p. 211–238.

Kogan DA, Johnson LR, Sturges BK, et al. 2008. Etiology and clinical outcome in dogs with aspiration pneumonia: 88 cases (2004–2006). Journal of American Veterinary Medical Association 233(11): 1 748–1 755.

Mears EA, Jenkins CC. 1997. Canine and feline megaesophagus. Compendium for Continuing Education 19(3):313–325.

Wahl JM, Clark LA, Tsai KL, et al. 2008. A review of hereditary diseases of the German Shepherd Dog. Journal of Veterinary Behavior 3 (4) :177.

Watrous BJ, Blumenfeld B. 2002. Congenital megaesophagus with hypertrophic osteopathy in a 6–year old dog. Veterinary Radiology and Ultrasound 43(6):545–549.

Myasthenia gravis in a dog(犬之重症肌无力)

Kent M, Glass EN, Acierno M, et al. 2008. Adult onset acquired myasthenia gravis in three Great Dane littermates. Journal of Small Animal Practice 49(12):647–650.

Shelton GD. 2002. Myasthenia gravis and disorders of neuromuscular transmission, In; Shelton GD (ed), The Veterinary Clinics of North America Small Animal Practice. Neuromuscular Diseases. WB Saunders, Philadelphia, PA, 32: 189–206

Shelton GD, Lindstrom JM. 2001. Spontaneous remission in canine myasthenia gravis: implications for assessing human MG therapies. Neurology 57:2 139–2 141.

Shelton GD, Willard MD, Cardinet GH, et al. 1990. Acquired myasthenia gravis. Selective involvement of esophageal, pharyngeal and facial musdes. Journal of Veterinary Internal Medicine 4:281–284.

Yam PS, Shelton GD, Simpson JW. 1996. Megaoesophagus secondary to acquired myasthenia gravis. Journal of Small Animal Practice 37:179–183.

Oesophageal stricture in a cat(猫之食道狭窄)

Adamama–Moraitou KK, Rallis TS, Prassinos NN, et al. 2002. Benign esophageal stricture in the dog and cat: a retrospective study of 20 cases. Canadian Journal of Veterinary Research 66(1):55–59.

Glazer A, Waiters P. 2008. Esophagitis and esophageal strictures. Compendium for Contining Education for the Practicing Veterinarian 30(5):281–292.

Leib MS, Dinnel Hf Ward DL, et al. 2001. Endoscopic balloon dilation of benign esophageal strictures in dogs and cats. Journal of Veterinary Internal Medicine 15(6):547–552.

Sellon R, Willard M. 2003. Esophagitis and esophageal strictures. Veterinary Clinics of North America Small Animal Practice 33(5):934–967.

Phenobarbitone response regurgitation in a dog(犬之 Phenobarbitone 反应性干呕)

Boydeli Pf, Pike Rf, Crossley D, et al. 2000. Sialadenosis in dogs. Journal of the American Veterinary Medical Association 216:872–874.

Breitschwert EB, Breazile JE, Broadhurst JJ. 1979. Clinical and electroencephalographic findings associated with ten cases of suspected limbic epilepsy in the dog. Journal of the American Veterinary Medical Association 15:37–50.

Brooks DG, Hottinger HA, Dunstan RW. 1995. Canine necrotizing sialometaplasia: a case report and review of the literature. Journal of the American Animal Hospital 31:21–25.

Chapman BL, Malik R. 1992. Phenobarbitone-responsive hypersiaiism in two dogs. Journal of Small Animal Practice 33:549–552.

Cook MM, Guilford WG. 1992. Necrotizing sialoadenitis in a wire–haired fox terrier, New Zealand Veterinary Journal 40:69–72.

Kelly DF, Lucke VM, Denny HR, et al. 1979. Histology of salivary gland infarction in the dog, Veterinary Pathology 16:438–443.

Levitski RE, Trepanier LA. 2000. Effect of tinning of blood collection on serum phenobarbital concentrations in dogs with epilepsy. Journal of the American Veterinary

Medical Association 217(2):200–204.

Mawby Dl, Bauer MS, LIoyd–Bauer PM. 1991. Vasculitis and necrosis of the mandibular salivary glands and chronic vomiting in a dog, Canadian Veterinary Journal 32:562–564.

Schroeder H, Berry WL. 1998. Salivary gland necrosis in dogs: as retrospective study of 19 cases. Journal of Small Animal Practice 39:121–125.

Stonehewer J, Mackin AJ, Tasker S, et al. 2000. Idiopathic phenobarbital–responsive hypersialosis in the dog: an unusual form of limbic epilepsy? Journal of Small Animal Practice 41:416–421.

Oesophageal foreign body in a dog(犬之食道狭窄)

Burrows CF. 2010. Gastrointestinal disorders, part 2 Esophagus, In: Schaer M (ed)f Clinical Medicine of the Dog and Cat Manson Publishing Ltd, London, p. 328–341.

Gianella P, Pfmatter NS, Burgener IA, 2009. Oesophageal and gastric endoscopic foreign body removal: complications and follow–up of 102 dogs. Journal of Small Animal Practice 50(12):649–654.

Guilford WG. 1996. Disease of swallowing, in: Guilford WG, Center SA, Strombeck DR, Williams DA, Meyer DJ (eds), Strombeck's Small Animal Gastroenterology, WB Saunders, Philadelphia, PA, p. 211–238.

Leib M, Sartor LL. 2008. Esophageal foreign body obstruction caused by a dental chew treat in 31 dogs (2000–2006), journal of the American Veterinary Medical Association 232(7);1 021–1 025.

Luthi C, Neiger R. 1998, Esophageal foreign

bodies in dogs:51 cases (1992–1997). The European Journal of Comparative Gastroenterology 3:7–11.

Persistent right aortic arch in a dog(犬之永久性有主动脉弓)

Fingeroth JM, Fossum TW. 1987. Late–onset regurgitation associated with persistent right aortic arch in two dogs. Journal of the American Veterinary Medical Association 191:981–983.

Guilford WG, Stombeck DR. 1996. Diseases of swallowing, In: Guilford WG, Center SA, Strombeck DR, Williams DA, Meyer DJ (eds), Stombeck's Small Animal Gastroenterology, 3rd edn. WB Saunders, Philadelphia, PA, p. 211–238.

Gunby JM, Hardie RJ, Bjorling DE. 2004. Investigation of the potential heritabiiity of persistent right aortic arch in Greyhounds. Journal of the American Veterinary Medical Association 224(7):1 120–1 122.

Loughin CA, Marino DJ, 2008. Delayed primary surgical treatment in a dog with a persistent right aortic arch, Journal of the American Animal Hospital Association 44(5):258–261.

Muldoon MM, Birchard SJ, Ellison GW, 1997. Long–term results of surgical correction of persistent right aortic arch in dogs (1980–1995). Journal of the American Veterinary Medical Association 210(12):1 761–1 763.

Patterson DF. 1989，Hereditary congenital heart defects in dogs. Journal of Small Animal Practice 30(3): 153–160, 165.

Shires PK, Liu W. 1981, Persistent right aortic arch in dogs: a long term follow–up after surgical correction. Journal of the American Animal Hospital Association 17:773–776.

VanGundy T. 1989. Vascular ring anomalies. Compendium for Continuing Education for the Practicing Veterinarian 11(1):36–48.

Feline dysautonomia(猫之自律神经失调)

Cave TA, Knottenbeit C, Mellor DJ, et al. 2003. Outbreak of dysautonomia (Key–Gaskel! syndrome) in a closed colony of pet cats. Veterinary Record 153(13):387–392.

Edney ATN, Gaskell CJ, Sharp NJH (eds). 1987. Feline dysautonomia an emerging disease. Waltham Symposium No 6. Journal of Small Animal Practice 28:333–415.

Nunn F, Cave TA, Knottenbeit C, et al. 2004. Association between Key–Gaskell syndrome and infection by Clostridium botulinum type C/D. Veterinary Record 155(4): 111–115.

Sharp NJ. 1990. Feline dysautonomia. Seminars in Veterinary Medicine and Surgery (Small Animal) 5(1):67–71.

Gastrointestinal physiology – the normal stomach and small intestines(胃肠道生理学 – 正常的胃和小肠)

Maskell IE, Johnson JV.1993. Digestion and absorption, In: Burger I (ed), The Waltham Book of Companion Animal Nutrition. Pergamon Press, Oxford, p. 25–44.

Ruaux CG, Steiner JM, Williams DA. 2001. Metabolism of amino acids in cats with severe cobaiamin deficiency. American Journal of Veterinary Research 62:1 852–1 858.

Strombeck DR. 1996. Small and large intestine, In: Guilford WG, Center SA, Strombeck DR, Williams DA, Meyer DJ (eds). Strombeck's Small Animal Gastroenterology. WB Saunders, Philadelphia, PA, p. 318–350.

Strombeck DR, Guilford WG. 1996. Gastric structure and function, In: Guilford WG, Center SA, Strombeck DR, Williams DA, Meyer DJ (eds), Strombeck's Small Animal Gastroenterology. WB Saunders, Philadelphia, PA, p. 239–255.

Vomiting(呕吐)

Allen FJ, Guilford WG. 2000. Assessment of gastrointestinal motility, In: Bonagura JD (ed), Kirk's Current Veterinary Therapy XIII. WB Saunders, Philadelphia, PA, p. 611–613.

Guilford WG. 1996. Approach to clinical problems in gastroenterology, In: Guilford WG, Center SA, Strombeck DR, Williams DA, Meyer DJ (eds), Strombeck's Small Animal Gastroenterology, 3rd edn. WB Saunders, Philadelphia, PA, p. 50–76.

Guilford WG, Jones BR, Markweli PJ, et al. 2001. Food sensitivity in cats with chronic idiopathic gastrointestinal problems. Journal of Veterinary Internal Medicine 15:7–23.

Guilford WG, Strombeck DR. 1996. Vomiting:pathophysiology and pharmacological control, In: page:227

Guilford WG, Center SA, Strombeck DR, et al. Meyer DJ (eds), Strom beck's Small Animal Gastroenterology, 3rd edn, WB Saunders, Philadelphia, PA, p. 256–260.

Hall JA. 1997. Clinical approach to chronic vomiting, In: August JR (ed), Consultations in Feline Medicine, 3rd edn. WB Saunders, Philadelphia, PA, p. 61–67.

Jergens AE. 1994. Diagnosis and symptomatic

therapy of acute gastroenteritis. Compendium for Continuing Education for the Practicing Veterinarian 16(12):1 555–1 564.

Prosek R, Pechman RD, Taboada J. 2000. Using radiographs to diagnose the cause of vomiting in a dog. Veterinary Medicine 95(9):688–690.

A foreign body in the small intestine of a dog(犬之小肠内异物)

Guilford WG, Strombeck DR. 1996. Intestinal obstixiction, pseudo–obstruction, and foreign bodies, In: Guilford WG, Center SA, Strombeck DR, Williams DA, Meyers DJ (eds), Strombeck's Small Animal Gastroenterology, 3rd edn, WB Saunders, Philadelphia, PA, p. 487–582.

Hayes G. 2009. Gastrointestinal foreign bodies in dogs and cats: a retrospective study of 208 cases. Journal of Small Animal Practice 50(11):576–583.

Shaiken L. 1997. Determining the type of intestinal obstruction. Veterinary Medicine 92(11):950–951.

Tyrrell D, Beck C. 2006. Survey of the use of radiography vs. ultrasonography in the investigation of gastrointestinal foreign bodies in small animals. Veterinary Radiology and Ultrasound 47 (4) :404–408.

Chronic partial gastric dilatation in a dog(犬之慢性局部胃扩张)

Brockman DJ, Holt DE, Washabau RJ. 2000. Pathogenesis of acute canine gastric dilatation–volvulus syndrome: is there a unifying hypothesis? Compendium for Continuing Education for the Practicing Veterinarian 22(12):1 108–1 114.

Giickman LT, Glickman NW, Schellenberg DB, et al. 1997. Multiple risk factors for the gastric dilatation–volvulus syndrome in dogs: a practitioner/owner case<ontrol study. Journal of the American Animal Hospital Association 33:197.

Giickman LT, Glickman NW, Scheilenberg DB, et al. 2000. Non–dietary risk factors for gastric dilatation–volvulus in large and giant breed dogs. Journal of the American Veterinary Medical Association 217:1492.

Glickman LT, Lantz GC, Scheilenberg DB, et al. 1998. A prospective study of survival and recurrence following the acute gastric dilatation–volvulus syndrome in 136 dogs. Journal of the American Animal Hospital Association 34:253.

Guilford WG. 1996. Gastric dilatation, gastric dilatation– volvulus, and chronic gastric volvulus, In: Guilford WG, Center SA, Strombeck DR, Williams DA, Meyers DJ (eds), Strombeck's Small Animal Gastroenterology, 3rd edn. WB Saunders, Philadelphia, PA, p. 303–317.

Ward MR, Patronek GJ, Glickman LX. 2003e. Benefits of prophylactic gastropexy for dogs at risk of gastric dilatation–volvulus. Preventative Veterinary Medicine 60(4):319–329.

Pancreatitis and alimentary lymphoma in a dog(犬之胰脏炎与消化道淋巴瘤)

Coyle KA, Steinberg H. 2004. Characterization of lymphocytes in canine gastrointestinal lymphoma. Veterinary Pathology 41(2):141–146.

Ettinger SN. 2003. Principles of treatment for

canine lymphoma. Clinical Techniques in Small Animal Practice 18(2):92–97.

Guilford WG, Stombech DR. 1996. Neoplasms of the gastrointestinal tract, APUD tumors, endocrinopathies and the gastrointestinal tract, In: Guilford WG, Center SA, Strombeck DR, Williams DA, Meyers DJ (eds), Strombeck's Small Animal Gastroenterology, 3rd edn. WB Saunders, Philadelphia, PA, p. 519–531.

Lowe AD. 2004. Alimentary lymphosarcoma in a 4–year–old Labrador retriever. Canadian Veterinary Journal 45(7):610–612.

Miura T, Maruyama H, Sakai M, et al. 2004. Endoscopic findings on alimentary lymphoma in 7 dogs. Journal of Veterinary Medical Science 66(5):577–580.

Steiner J. 2009. Canine pancreatic disease, In: Bonagura JD# Twedt DC (eds), Kirk's Current Veterinary Therapy XIV. Saunders Elsevier, Philadelphia, p. 534–537.

Hypoadrenocorticism in a dog(犬之肾上腺皮质机能低下症)

Adler JA, Drobatz KJ, Hess RS. 2007. Abnormalities of serum electrolyte concentrations in dogs with hypoadrenocorticism. Journal of Veterinary Internal Medicine 21(6): 1 168–1 173.

Boysen SR. 2008. Fluid and electrolyte therapy in endocrine disorders: diabetes meilitus and hypoadrenocorticism. Clinical Techniques in Small Animal Practice 38(3): 699–717, xiii–xiv.

Greco DS. 2007. Hypoadrenocorticism in small animals. Clinical Techniques in Small Animal Practice 22(1)32–35.

Hertage M. 2005. Hypoadrenocorticism, In: Ettinger SJ, Feldman EC (eds), Textbook of Veterinary Internal Medicine, 6th edn. Elsevier Saunders, Philadelphia, p. 1 612–1 621.

Lennon EM, Boyle TE, Hutchins RG, et al. 2007. Use of basal serum or plasma cortisol concentrations to rule out a diagnosis of hypoadrenocorticism in dogs: 123 cases (2000–2005).Journal of the American Veterinary Medical Association 231(3):413–416.

Meeking S. 2007. Treatment of acute adren insufficiency. Clinical Techniques in Small Animal Practice 22(1):36–39.

Nielsen L, Bell R, Zoia A, et al. 2008. Low ratios of sodium to potassium in the serum of 238 dogs. Veterinary Record 162(14):431–435,

Thompson AL, Scott–Moncrieff JC, Anderson JD. 2007. Comparison of classic hypoadrenocorticism with glucocorticoid–deficient hypoadrenocorticism in dogs: 46 cases (1985–2005). Journal of the American Veterinary Medical Association 230(8): 1 190–1 194.

Lymphocytic inflammatory bowel distase/ alimentary lymphoma in a cat(猫之淋巴球性发炎性肠道疾病 / 消化道淋巴瘤)

Carreras JK, Goldschmidty M, Lamb M, et al. 2003. Feline epitheliotropic intestinal malignant lymphoma: 10 cases (1997–2000). journal of Veterinary Internal Medicine 17(3):326–331.

Carsten EA, Williard GK. 2001, Gastrointestinal lymphoma and inflammatory bowel disease, In; August JR (ed), Consultations in Feline Interna! Medicine, 4th edn. WB Saunders, Philadelphia, PA, p. 499–505.

Evans SE, Bonczynski JJ, Broussard JD, et al. 2006, Comparison of endoscopic and full-thickness biopsy specimen for diagnosis of inflammatory bowel disease and alimentary tract lymphoma in cats. Journal of the American Veterinary Medical Association 229(9): 1 447–1 450.

Fondacaro JV, Richter KP, Carpenter JL，et al. 1999. Feline gastrointestinal lymphoma: 76 cases (1988–1996). European Journal of Comparative Gastroenterology 4(2):5–11.

Grover S. 2005. Gastrointestinal lymphoma in cats. Compendium for Continuing Education for the Practicing Veterinarian 27(10):741–750.

Pohlman LM, Higginbotham ML, Welles EG, et al. 2009. Immunophenotypic and histologic classification of 50 cases of feline gastrointestinal lymphoma. Veterinary Pathology 46 (2) :259–268.

Richter KP, 2003. Feline gastrointestinal lymphoma. Veterinary Clinics of North America Small Animal Practice 33(5):1083–1098.

Simpson KW, Fyfe J, Cornetta A, et al., 2001. Subnormal concentrations of serum cobalamin (vitamin B12) in cats with gastrointestinal disease. Journal of Veterinary Internal Medicine 15(1):26–32.

Steiner JM. 2009, Cobalamin deficiency in dogs & cats: why should we care? Proceedings of the ACVIM Forum, 2–6 June, 2009. Montreal, Canada, p. 504–506.

Valli VE, Jacobs RM, Norris A, et al. 2000. The histologic classification of 602 cases of feline lymphoproliferative disease using the National Cancer Institute working formulation. Journal of Veterinary Diagnostic Investigation 12(4)295–306.

Ingestion of glue by a dog(犬之误食胶水)

Bailey T. 2004. The expanding threat of polyurethane adhesive ingestion. Veterinary Technician June. 427–428.

Cope RB. 2004, Four new small animal toxicoses. Australian Veterinary Practice 34(3):121–123.

Horstman CL, Eubig PA, Cornell KK, et al. 2003. Gastric outflow obstruction after ingestion of wood glue in a dog. Journal of the Animal Hospital Association 39 (1) :47–51.

Leib MS, Duncan RB. 2005. Diagnosing gastric Helicobacter infections in dogs and cats. Compendium for Continuing Education for the Practising Veterinarian 27(3):221–228.

Leib MS, Duncan RB, Ward DL, 2007. Triple antimicrobial therapy and add suppression in dogs with chronic vomiting and gastric Helicobacter spp. Journal of Veterinary Internal Medicine 21 (6): 1 185–1 192,

Lubich C, Mrvos R, Krenzelok EP. 2004, Beware of Gorilla Glue ingestions. Veterinary and Human Toxicology 463:153–154.

Lead ingestion in a puppy(幼犬之误食铅)

Gwaltney-Brant SM. 2009. Chapter 28 Lead toxicosis in small animals, In: Bonagura JD and Twedt DC (eds), Kirk's Current Veterinary Therapy XIV. Saunders Elsevier, St Louis, MO, p. 127–130.

Marin C. 2006, What's your diagnosis? Journal of Small Animal Practice 47(7):413–415.

Morgan RV, Moore FM, Pearce LK, et al. 1991. Clinical and laboratory findings in small companion animals with lead poisoning; 347

cases (1977–1986). Journal of the American Veterinary Medical Association 199(1):93–97.

Morgan RV, Moore FM, Pearce LK, et al. 1991. Demographic data and treatment of small companion animals with lead poisoning 347 cases (1977–1986). Journal of the American Veterinary Medical Association 199(1):98–102.

Ramsey DT, Casteel SW, Faggella AM, et al. 1996. Use of orally administered succimer (meso–2,3– dimercaptosuccinic acid) for treatment of lead poisoning in dogs. Journal of the American Veterinary Medical Association 208(3):371–375.

Gastric adenocarcinoma in a dog(犬之胃腺癌)

Guilford WG, 1996. Neoplasms of the gastrointestinal tract, APUD tumors, endocrinopathies and the gastrointestinal tract, In: Guilford WG, Center SA, Strombeck DR, Williams DA, Meyer DJ (eds), Strombeck,s Small Animal Gastroenterology. WB Saunders, Philadelphia, PA, p, 519–531.

Phillips BS. 2001. Tumors of the intestinal tract, In: Withrow SJ, MacEwen EG (eds), Small Animal Clinical Oncology. WB Saunders, Philadelphia, PA, p. 335–346.

Simpson KW. 2005. Diseases of the stomach, in: Ettinger SJ, Feldman EC (eds), Textbook of Veterinary Internal Medicine. Elsevier Saunders, St Louis, MO, p. 1310–1331.

Sullivan M, Lee R, Fisher EW, et al. 1987. A study of 31 cases of gastric carcinoma in dogs. Veterinary Record 120(4):79–83.

Pancreatitis in a cat(猫之胰脏炎)

Akol KG, Washabau RJ. 1993. Acute pancreatitis in cats with hepatic lipidosis. Journal of Veterinary Internal Medicine 7:205–209.

Hill RC, Van Winkle TJ. 1993. Acute necrotizing pancreatitis and acute suppurative pancreatitis in the cat. A retrospective study of 40 cases (1976–1989) Journal of Veterinary Internal Medicine 7:25–33.

Steiner JM, Medinger 11, Williams DA. 1996. Development and validation of a radioimmunoassay for feline trypsin–like immunoreactivity, American Journal of Veterinary Research 57:1 417–1 420.

Williams DA. 1996. The pancreas, In: Guilford WG, Center SA, Strombeck DR, Williams DA, Meyer DJ (eds), Strombeck^ Small Animal Gastroenterology. WB Saunders, Philadelphia, PA, p. 381–410.

Williams DA. 2009. Feline exocrine pancreatic disease, In: Kirk RW and Bonagura JD (eds), Current Veterinary Therapy XIV. Saunders Elsevier, Philadelphia, p. 538–543.

Linear foreign body in a cat(猫之线性异物)

Basher AW, Fowler JD. 1987. Conservative versus surgical management of gastrointestinal linear foreign bodies in the cat. Veterinary Surgery 16(2): 135–138.

Bebchuk TN. 2002. Feline gastrointestinal foreign bodies. Veterinary Clinics of North American Small Animal Practice (4) :861–880.

Clarke JO, Dorman DC. 2000. Toxicities from newer over–the– counter drugs, In: Bonagura JE (ed), Kirk's Current Veterinary Therapy XIII. WB Saunders, Philadelphia, PA, p. 227–231.

Felts JF, Fox R, Burk RL. 1984. Thread and sewing needles as gastrointestinal foreign bodies in the cat: a review of 64 cases. Journal of the American Veterinary Medical Association 184(1):56–59.

Guilford WG, Strom beck DR. 1996. Intestinal Obstruction, pseudo-obstruction and foreign bodies, in: Guilford WG, Center SA, Strombeck DR, Williams DA, Meyer DJ (eds), Strom beck's Small Animal Gastroenterology. WB Saunders, Philadelphia, PA# p. 487–502.

Hickman MA, Cox SR, Mahabir S, et al. 2008. Safety, pharmacokinetics and use of the novel NK–1 receptor antagonist maropitant (Cerenia) for the prevention of emesis and motion sickness in cats. Journal of Veterinary PharmaGplogy and Therapeutics 31(3):220–229.

MacPhail C. 2002. Gastrointestinal obstruction. Clinical Techniques in Small Animal Practice 17 (4):178–183.

Porto-systemic shunt in a dog(犬之肝门脉体循环分流)

Broome CJ, Walsh VP, Braddock JA. 2004. Congenital portosystemic shunts in dogs and cats. New Zealand Veterinary Journal 52 (4):154–162.

Doran IB Barr FJ, Moore AH, et al. 2008. Liver size, bodyweight, and tolerance to acute complete occlusion of congenital extrahepatic portosystemic shunts in dogs. Veterinary Surgery 37(7):656–662.

Kummeling A, van Sluijs FJ, Rothuizen J. 2004. Prognostic implications of the degree of shunt narrowing and of the portal vein diameter in dogs with congenital portosystemic shunts. Veterinary Surgery 33(1): 17–24.

Matthews KG, Bunch S. 2005. Vascular liver

diseases, In: Ettinger SJ, Feldman EC (eds), Textbook of Veterinary Medicine, 6th edn. Saunder Elsevier, Philadelphia, PA, p. 1 453–1 463.

Mehi ML, Kyles AE, Hardie EM, et al. 2005. Evaluation of ameroid ring constrictors for treatment for single extrahepatic portosystemic shunts in dogs: 168 cases (1995–2001) Journal of the American Veterinary Medical Association 226(12):2 020–2 030.

Tobias K. 2009. Portosystemic shunts, In: Bonagura JD, Twedt DC (eds), Kirk's Current Veterinary Therapy XIVe Saunders Elsevier, Philadelphia, PA, p. 581–586.

Zwingenberger A. 2009. CT diagnosis of portosystemic shunts. Veterinary Clinics of North American Small Animal Practice 39 (4):783–792.

Hepatic lipidosis in a cat(猫之脂肪肝)

Center SA. 2005. Feline hepatic lipidosis. Veterinary Clinics of North America 35(1):225–269.

Holan KM. 2008. Feline hepatic lipidosis, In: Bonagura JD, Twedt DC (eds), Kirk's Current Veterinary Therapy XIV. Elsevier Saunders, St Louis, Missouri, MO, pe 570–575.

Han E. 2004. Oesophageal and gastric feeding tubes in ICU patients. Clinical Techniques in Small Animal Practice 19(1):22–31.

Zoran DL. 2004. The carnivore connection to nutrition in cats, journal of the American Veterinary Medical Association 221(11):1 559–1 567.

Intestinal disorders： diarrhea(肠道疾病:

腹泻）

Leib MS, Codner EC, Monroe WE. 1991. A diagnostic approach to chronic large bowel diarrhea in dogs. Veterinary Medicine 86:892–899.

Leib M, Matz M. 1997. Diseases of the intestines, In: Leib MS, Monroe WE (ed), Practical Small Animal Internal Medicine. WB Saunders, Philadelphia, PA, p. 685–760.

Leib MS, Monroe WE, Codner EC. 1991. Performing rigid or flexible colonoscopy in dogs with chronic large bowel diarrhea. Veterinary Medicine 86:900–912.

Penninck D, Nyland X LY K, et al. 1990. Ultrasonographic evaluation of gastrointestinal diseases in small animals. Veterinary Radiology 31:134–141.

Twedt DC. 1992, Clostridium perfringens–associated enterotoxicosis in dogs, In: Kirk RW, Bonagura JD (eds). Current Veterinary Therapy XL WB Saunders, Philadelphia, PA, p. 602–604.

Williams DA (1987). New tests of pancreatic and small intestinal function. Compendium for Continuing Education Practicing Veterinarian 9:1167–1175,

Small intestinal diarrhea(小肠性腹泻)

Guilford WG, Strombeck DR. 1996. Classification, pathophysiology, and symptomatic treatment of diarrheal diseases, In; Guilford WG, Center SA, Strombeck DR, Williams DA, Meyers DJ, (eds), Strombeck's Small Animal Gastroenterology, 3rd edn. WB Saunders, Philadelphia, PA, p, 351–366.

Hall EJ, German AJ. 2005. Diseases of the small intestine, In: Ettinger SJ, Feldman Ed (eds), Textbook of Veterinary internal Medicine, 6th edn. Elsevier Saunders, St. Louis, MO, p. 1 332–1 377.

Leib M, Matz M. 1997. Diseases of the intestines, In: Leib MS, Monroe WE (ed). Practical Small Animal Internal Medicine. WB Saunders, Philadelphia, PA, p. 685–760.

Protein Losing enteropathy in a dog(犬之蛋白质流失性肠病)

Craven M, Simpson JW, Ridyard AE, et al. 2004. Canine inflammatory bowel disease: retrospective analysis of diagnoses and outcome in 80 cases (1995–2002). Journal of Small Animal Practice 45:336–342.

Fogle JE, Bissett SA. 2007. Mucosal immunity and chronic idiopathic enteropathies in dogs. Compendium for Continuing Education for the Practicing Veterinarian 29(5):290–302.

Guilford WG. 1996. Idiopathic inflammatory bowel disease, In: Guilford WG# Center SA# Strombeck DR, Williams DA, Meyer DJ (eds), Strombeck,s Small Animal Gastroenterology. WB Saunders, Philadelphia, PA, p. 451–486,

Kathrani A, Steiner JM, Suchodoiski J, et al. 2009. Elevated canine pancreatic lipase immunoreactivity concentration in dogs with inflammatory bowel disease is associated with a negative outcome. Journal of Small Animal Practice 50(3):126–132.

Moore LE. 2009. Protein–losing enteropathy, In: Bonagura JE, Twedt DC (eds), Kirk's Current Veterinary Therapy XIV, Saunders Elsevier, Philadelphia, PA, p. 512–514.

Peterson PB, Willard MD. 2003. Protein–losing

enteropathies. Veterinary Clinics of North American Small Animal Practice 33(5):1 061–1 082.

Inflammatory bowel disease and adverse reaction to food in a dog（犬之发炎性肠道疾病与对食物的不良反应）

Adams VJ, Campbell RC, Waldner CL, et al. 2005. Evaluation of client compliance with short–term administration of antimicrobials to dogs. Journal of the American Veterinary Medical Association 226(4):567–574

Brown CM, Armstrong PJ, Globus H. 1995. Nutritional management of food allergy in dogs and cats. Compendium of Continuing Education for the Practicing Veterinarian 17:637–659.

Craven M, Simpson JW, Ridyard AE, et al. 2004. Canine inflammatory bowel disease: retrospective analysis of diagnoses and outcome, 追 踪 in 80 cases (1995–2002). Journal of Small Animal Practice 45:336–342.

Guilford WG. 1996. Adverse reactions to food, In: Guilford WG, Center SA# Strombeck DR, Williams DA, Meyer DJ (eds), Strombeck,s Small Animal Gastroenterology, WB Saunders, Philadelphia, PA, p. 436–450.

Guilford WG. 1996. idiopathic inflammatory bowel disease, In: Guilford WG, Center SA, Strombeck DR, Williams DA, Meyer DJ (eds), Strombeck's Small Animal Gastroenterology. WB Saunders, Philadelphia, PA, p. 451–486.

Guilford WG, Jones BR, Markwel PJ, et al. 2001. Food sensitivity in cats with chronic idiopathic gastrointestinal problems. Journal of Veterinary Internal Medicine 15:7–13.

Moore LE. 2009. ProteirHosing enteropathy, In: Bonagura JE, Twedt DC (eds), Kirk's Current Veterinary Therapy XIV. Saunders Elsevier, Philadelphia, PA, p. 512–514.

Tapp X Griffin C, Rosenkrantz W, et al. 2002. Comparison of a commercial limited–antigen diet versus home–prepared diets in the diagnosis of canine adverse food reaction. Veterinary Therapeutics 3(3):244–251.

Intussusception in a cat（猫之肠套叠）

Applewhite AA, Hawthorne JC, Cornell KK. 2001. Complications of enteroplication for the prevention of intussusception recurrence in dogs: 35 cases (1989–1999) Journal of the American Veterinary Medical Association 219(10):1 415–1 418.

Bellenger CR, Beck JA. 1994. Intussusception in 12 cats. Journal of Small Animal Practice 35(6):295–298.

Burkitt JM, Drobatz KJ, Saunders HM, et al. 2009. Signalment, history, and outcome, track of cats with gastrointestinal tract intussusception: 20 cases (1986–2000) Journal of the American Veterinary Medical Association 234(6):771–776,

Guilford WG. 1996. Idiopathic inflammatory bowel disease, In: Guilford WG, Center SA, StrombeckDR, Williams DA, Meyer DJ(eds),Strombeck's Small Animal Gastroenterology. WB Saunders, Philadelphia, PA, p. 451–486.

Patsikas MN, Papazoglou LG, Papaioannou NG. 2003. Ultrasonographic findings of intestinal intussusception in seven cats. Journal of Feline Medicine and Surgery 5(6):335–343.

Schwandt CS. 2008. Low-grade or benign intestinal tumours contribute to intussusception: a report on one feline and two canine cases. Journal of Small Animal Practice 49(12):651-654.

Feline exocrine pancreatic insufficiency（猫之胰外分泌不足）

DuFort RM, Matros L. 2005. Acquired Coagulopathies, in: Ettinger SJ, Feldmann EC (eds), Textbook of Veterinary Internal Medicine, 6th edn, Elsevier Saunders, St. Louis, MO, p. 1 933-1 937.

Fyfe J. 1993. Feline intrinsic factor (IF) is pancreatic in origin and mediates ileal cobalamin (CBL) absorption. Journal of Veterinary Internal Medicine 7:133.

Holzworth J, Coffin DU. 1953. Pancreatic insufficiency and diabetes meliitus in a cat, Cornell Veterinarian 45:502-512.

Hoskins JD, Turk JR, Turk MA. 1982. Feline pancreatic insufficiency. Veterinary Medicine Small Animal Clinics 77:1 745-1 748.

Perry LA, Williams DA, Pidgeon GL, et al. 1991. Exocrine pancreatic insufficiency with associated coagulopathy in a cat Journal of the American Animal Hospital Association 27:109-114.

Reed N, Gunn-Moore DG, Simpson K. 2007. Cobalamin, folate and inorganic phosphate abnormalities in ill cats. Journal of Feline Medicine and Surgery 9: 278-288.

Simpson KW, Fyfe J, Cornetta A, et aL, 2001. Subnormal concentrations of serum cobalamin (vitamin B12) in cats with gastrointestinal disease. Journal of Veterinary Internal Medicine 15:26-32.

Steiner JM, Williams DA. 1997. Feline exocrine pancreatic disorders: insufficiency, neoplasia and uncommon conditions. Compendium for Continuing Education for the Practicing Veterinarian 19:836-847.

Steiner JM, Williams DA. 1999. Feline exocrine pancreatic disorders. Veterinary Clinics of North America Small Animal Practice 29:551-575.

Steiner JM, Williams DA. 2000. Serum feline trypsin-like immunoreactivity in cats with exocrine pancreatic insufficiency. Journal of Veterinary Internal Medicine 14:627-629.

Westermarck E. 1987. Treatment of pancreatic degenerative atrophy with raw pancreas homogenate and various enzyme preparations. Journal of Veterinary Medicine Series A 34:728-733,

Westermarck E, Wiberg M, Steiner JM, et al. 2005. Exocrine pancreatic insufficiency in dogs and cats, In: Ettinger SJ, Feldmann EC (eds), Textbook of Veterinary Internal Medicine, 6th edn. Elsevier Saunders, St. Louis, MO, p. 1 492-1 495.

Williams DA, 1995. Feline exocrine pancreatic insufficiency, In: Kirk RW, Bonagur JD (eds), Current Veterinary Therapy XII. WB Saunders, Philadelphia, PA, p, 732-735.

Parvovirus infection in a dog（犬之小病毒感染）

Davies M. 2008. Canine parvovirus strains identified from clinically ill dogs in the United Kingdom. Veterinary Record 163:543-545

Davis-Wurzler GM. 2006. Current vaccination

strategies in puppies and kittens. Veterinary Clinics of North America: Small Animal 36:607–640.

deMari K, Maynard L, Eun HM, et al. 2003. Treatment of canine parvovira! enteritis with interferon–omega in a placebo–controlled field trial. Veterinary Record 152:105–108.

Guilford WG, Strombeck DR. 1996, Gastrointestinal tract infections, parasites and toxicoses, In: Guilford WG, Center SA, Strombeck DR, Williams DA, Meyer DJ (eds), Strombeck's Small Animal Gastroenterology. WB Saunders, Philadelphia, PA, p. 411–432.

Lamm CG, Rezabek GB, 2008. Parvovirus in domestic companion animals. Veterinary Clinics of North America: Small Animal 8:837–850.

Mohour AJ, Leisewitz AL, Jacobson LS, et al. 2003. Effect of early enteral nutrition on intestinal permeability, intestinal protein loss, and outcome in dogs with severe parvovirai enteritis. Journal of Veterinary Internal Medicine 7(6):791–798.

Prittie J. 2004. Canine parvovirus enteritis: a review of diagnosis, management and prevention. Journal of Veterinary Emergency and Critical Care 14(3):167–176.

Introduction to haematochezia and melaena（血便与黑便概论）

Guilford WG. 1996. Approach to clinical problems in gastroenterology, In: Guilford WG, Center SA, Strombeck DR, Williams DA, Meyer DJ (eds), Strombeck's Small Animal Gastroenterology. WB Saunders, Philadelphia, PA, p, 50–76.

Haemorrhagic gastroenteritis in a dog（犬之出血性胃肠炎）

Guilford WG, Strombeck DR. 1996, Acute hemorrhagic enteropathy (Hemorrhagic gastroenteritis: HGE). In: Guilford WG, Center SA, Strombeck DR, Williams DA, Meyer DJ (eds), Strombeck's Small Animal Gastroenterology. WB Saunders, Philadelphia, PA, p, 433–435.

Hall EJ, German AJ. 2006. Diseases of the small intestine, In: Ettinger SJ, Feldman EC (eds), Textbook of Veterinary Internal Medicine, 6th edn_ Elsevier Saunders, Philadelphia, PA, p. 1 332–1 377.

Sasaki J, Gorvo M, Asahina M, et al. 1999. Hemorrhagic enteritis associated with Clostridium perfringens type A in a dog. Veterinary Medicine and Science 61(2): 175–177.

Spielman BL, Garvey MS. 1993, Hemorrhagic gastroenteritis in 15 dogs. Journal of the American Animal Hospital Association. 29(4):341–344.

Colonic vascular ectasia in a dog（犬之结肠血管扩张症）

Daugherty MA, Leib MS, Lanz O, Duncan RB. 2006. Diagnosis and surgical management of vascular ectasia in a dog. Journal of the American Veterinary Medical Association 229:975–979.

Goldman CK, Parnell NK, Holland CH. 2008. Hormone therapy for treatment of colonic vascular ectasia in 2 dogs, journal of Veterinary Internal Medicine 22:1 048–1 051.

Rogers KS# Butler LM, Edwards JF, et al. 1992. Rectal hemorrhage associated with vascular ectasia in a young dog. Journal of the American Veterinary Medical Association 200:1 349–1 351.

Van Cutsem E, Rutgeerts P, Vantrappen G. 1990. Treatment of bleeding gastrointestinal vascular malformation with oestrogen–progesterone. The Lancet 335:953–955.

Intestinal leiomyoma in a dog（犬之肠道平滑肌肌瘤）

Forst D, Lasota J# Miettinen M. 2003. Gastrointestinal stromal tumors and leiomyomas in the dog: a histopathologic, immunohistochemical, and molecular genetic study of 50 cases. Veterinary Pathology 40(1):42–54.

Guilford WG. 1996. Adverse reactions to food, In: Guilford WG, Center SA, Strombeck DR, Williams DA, Meyer DJ (eds), Strombeck's Small Animal Gastroenterology. WB Saunders, Philadelphia, PA, p. 436–450.

Maas CPHJ. 2008. A new look at intestinal smooth muscle tumours; clinical, histologic and immunohistochemical aspects for reclassification. Proceedings of 18th ECVIM–CA Congress. 4–6 September 2008, Ghent, Belgium.

Maas CPHJ, ter Haar G, van der Gaag I, et al. 2007. Reclassification of small intestinal and cecal smooth muscle tumors in 72 dogs: clinical, histologic, and immunohistochemical evaluation. Veterinary Surgery 36(4):302d13.

Myers NC, Penninck DG. 1994. Ultrasonographic diagnosis of gastrointestinal smooth muscle tumours in the dog. Veterinary Radiology and Ultrasound 35(5):391–397.

Penninck DG. 1998. Ultrasonographic characterization of gastrointestinal tumours. Veterinary Clinics of North America 28:777–797.

Powers BE, Hoopes PJ# Ehrhart EJ. 1995. Tumor diagnosis, grading and staging. Seminars in Veterinary Medicine and Surgery 10:158–167.

Corticosteroid induced gastrointestinal ulceration in a dog（犬之皮质类固醇诱发胃肠道溃疡）

Boston SE, Moens MM, Kruth SA, et al. 2003. Endoscopic evaluation of the gastroduodenal mucosa to determine the safety of short–term concurrent administration of meloxicam and dexamethasone in healthy dogs. American Journal of Veterinary Research 64(11): 1 369–1 375,

Crawford LM, Wilson RD. 1982. Melena associated with dexamethasone therapy in the dog. Journal of Small Animal Practice 23:91–97.

Guilford WG, Strombeck DR. 1996. Chronic gastric disease, In: Guilford WG, Center SA, Strombeck DR, Williams DA, Meyers DJ (eds), Strombeck's Small Animal Gastroenterology, 3rd edn, WB Saunders, Philadelphia, PA, p. 275–302

Moreland KJ. 1988. Ulcer disease of the upper gastrointestinal tract in small animals: Pathophysiology, diagnosis, and management Compendium for Continuing Education for the Practicing Veterinarian 10(11): 1 265–1 279.

Rohrer CR, Hill RC, Fischer A, et al. 1999. Gastric hemorrhage in dogs given high doses of methylprednisolone sodium succinate. American Journal of Veterinary Research 60(8):977–981.

Introduction to the colon and colonic disorders（结肠与结肠疾病概论）

Leib MS, Codner EC, Monroe WE. 1991. A diagnostic approach to chronic large bowel diarrhea in dogs. Veterinary Medicine 86:892–899.

Leib MS, Monroe WE, Codner EC. 1991. Performing rigid or flexible colonoscopy in dogs with chronic large bowel diarrhea. Veterinary Medicine 86:900–912.

Parnell NK, 2009. Chronic colitis, In: Bonagura JD, Twedt DC (eds), Kirk's Current Veterinary Therapy XIV. Saunders Elsevier, Missouri, p. 515–520.

Washabau RJ, Holt DE. 2000. Feline constipation and idiopathic megacolon, In: Bonagura J (ed). Kirk's Current Veterinary Therapy XIII. WB Saunders, Philadelphia, PA, p. 648–652.

Washabau RJ, Holt DE, 2005. Diseases of the Large Intestine In: Ettinger SJ, Feldmann EC (eds), Textbook of Veterinary Internal Medicine, 6th edn. Elsevier Saunders, St. Louis, MO, p. 1 401–1 406.

Webb CB. 2009. Anal–rectal disease, In: Bonagura JD, Twedt DC (eds), Kirk's Current Veterinary Therapy XIV. Saunders Elsevier, St. Louis, MO, p. 531–533.

Feline constipation and megacolon（猫之便秘与巨结肠症）

Davenport DJ, Remillard RL, Simpson KW, et al. 2000. Constipation/megacolon, In; Hand M, Thatcher C, Remillard R, Roudebush P (eds), Small Animal Clinical Nutrition, 4th edn. Mark Morris Institute, MO, p. 778–882.

Washabau Rj, Holt DE. 2000. Feline constipation and idiopathic megacolon, In: Bonagura J (ed). Kirk's Current Veterinary Therapy XIII. WB Saunders, Philadelphia, PA, p. 648–652.

Washabau RJ, Holt DE. 2005. Diseases of the large intestine, In: Ettinger SJ, Feldmann EC (eds), Textbook of Veterinary Internal Medicine, 6th edn. Elsevier Saunders, St. Louis, MO, p. 1 401–1 406.

Tritrichomonas in two kittens（幼猫之滴虫感染）

Foster DM, Gookin JL, Poore MF, et al. 2004. Outcome of cats with diarrhea and Tritrichomonas foetus infection. Journal of the American Veterinary Medical Association 225:888–889.

Gookin JU, Breitschwerdt EB, Levy MG, et al. 1999. Diarrhea associated with trichomoniasis in cats. Journal of the American Veterinary Medical Association 215:1 450–1 454.

Gookin JL, Copple CN, Papich MG, et aL, 2006. Efficacy of ronidazole for treatment of feline Tritrichomonas foetus infection. Journal of Veterinary interna! Medicine 20(3):536–543.

Gookin JL, Staufer SH, Coccaro MR, et al. 2007. Efficacy of tinidazole for treatment of cats experimentally infected with Tritrichomonas foetus. American Journal of Veterinary Research 68(10): 1 085–1 088.

Gookin JL, Stebbins ME, Hunt E, et al. 2004. Prevalence and risk factors for feline Tritrichomonas foetus and Giardia infection. Journal of Clinical Microbiology 42(6):2 207–2 710.

Gunn–Moore DA, McCann TM, Reed N, et al. 2007. Prevalence of Tritrichomonas foetus infection in cats with diarrhoea in the UK. Journal of Feline Medicine and Surgery

9:214–218,

Mardeli EJ, Sparkes AH. 2006. Chronic diarrhoea associated with Tritrichomonas foetus in a British cat. The Veterinary Record 158:765–766.

Rosado TW, Specht A, Marks SL. 2007. Neurotoxicosis in 4 cats receiving ronidazole. Journal of Veterinary Internal Medicine 21(2):328–331.

Colorectal neoplasia in a dog（犬之结直肠肿瘤）

Frank JD, Reimer SB, Kass PH, et al. 2007. Clinical Outcomes of 30 Cases (1997–2004) of Canine Gastrointestinal Lymphoma. Journal of the American Animal Hospital Association 43:313–321.

Guilford WG. 1996. Neoplasms of the gastrointestinal tract, APUD tumors, endocrinopathies and the gastrointestinal tract, In: Guilford WG, Center SA, Strombeck DR, Williams DA, Meyer DJ (eds), Strombeck's Small Animal Gastroenterology. WB Saunders, Philadelphia, PA, p. 519–531.

Holt PE, Lucke VM. 1985. Rectal neoplasia in the dog: a clinicopathological review of 31 cases. Veterinary Record 116(15):400–405,

Knottenbelt CM, Simpson JW, Tasker S, et al. 2000. Preliminary clinical observations on the use of piroxicam in the management of rectal tubulopapillary polyps. Journal of Small Animal Practice, 41(9):393–397.

Lowe AD. 2004. Alimentary lymphosarcoma in a 4–year–old Labrador retriever Canadian. Veterinary Journal 45(7):610–612.

Mealey KL, Bentjen SA, Gay JM, et al.

2003. Dexamethasone treatment of a canine, but not human, tumour ceil line increases chemoresistance independent of P–glycoprotein and multidrug resistance–related protein expression. Veterinary and Comparative Oncology 1(2):67–75.

Colonic inflammatory bowel disease in a cat（猫之结肠性发炎性肠道疾病）

Guilford WG. 1996. Idiopathic inflammatory bowel disease, In: Guilford WG, Center SA, Strombeck DR, Williams DA, Meyer DJ (eds), Strombeck's Small Animal Gastroenterology. WB Saunders, Philadelphia, PA, p. 451–486.

Guilford WG, Jones BR, Markweil PJ, et al., 2001. Food sensitivity in cats with chronic idiopathic gastrointestinal problems. Journal of Veterinary Internal Medicine 15:7–13.

Moore LE. 2009. Protein–losing enteropathy, In: Bonagura JE, Twedt DC (eds), Kirk's Current Veterinary Therapy XIV. Saunders Elsevier, Philadelphia, PA, p. 512–514.

Parnell NK. 2009. Chronic colitis, In: Bonagura JE, Twedt DC (eds), Kirk's Current Veterinary Therapy XIV. Saunders Elsevier, Philadelphia, PA, p. 515–520.

Reference ranges for haematology and serum chemistry values for adult cats and dogs(成年犬猫血液学和血清生化学检查数据参考范围)

Chandler ML. 1992. Pediatric normal blood values, In: Kirk R, Bonagura JD (eds), Current Veterinary Therapy. WB Saunders, Philadelphia, PA, p. 981–984.